高等学校应用型特色规划教材

工程力学简明教程

景荣春　主　编

刘建华　郑建国　宋向荣　黄海燕　副主编

清华大学出版社
北　京

内 容 简 介

本书为高等学校应用型特色规划教材，并列入 2007 年江苏省高等学校立项精品教材。本书根据"高等学校工科本科工程力学基本要求"编写。全书共分 14 章，涵盖静力学、材料力学最基本的内容。其中，静力学包括静力学基本概念和物体受力分析、力系的简化、力系的平衡方程及其应用和静力学应用专题 4 章；材料力学包括绪论、轴向拉伸和压缩、扭转、弯曲内力、弯曲应力、弯曲变形、应力状态与强度理论、组合变形的强度问题、压杆稳定和冲击与疲劳 10 章。

全书以工程实际为背景，注重力学概念和工程实用性，力求理论与应用并重、知识传授与能力培养并重，由浅入深，精选各种例题、思考题和习题，例题的分析重视启发式教学，重视学生综合素质的培养。

本书可作为一般高等院校工科本科非机、非土类各专业少学时"工程力学"课程的教材，也可供高职高专与成人高校师生及有关工程技术人员参考。

本书封面贴有清华大学出版社防伪标签，无标签者不得销售。
版权所有，侵权必究。举报：010-62782989，beiqinquan@tup.tsinghua.edu.cn。

图书在版编目(CIP)数据

工程力学简明教程/景荣春主编；刘建华，郑建国，宋向荣，黄海燕副主编. —北京：清华大学出版社，2007.7（2024.8重印）
（高等学校应用型特色规划教材）
ISBN 978-7-302-15365-8

Ⅰ.①工… Ⅱ.①景… ②刘… ③郑… ④宋… ⑤黄… Ⅲ.①工程力学—高等学校—教材 Ⅳ.①TB12

中国版本图书馆 CIP 数据核字(2007)第 079952 号

责任编辑：张　瑜
封面设计：陈刘源
版式设计：北京东方人华科技有限公司
责任校对：李玉萍
责任印制：曹婉颖

出版发行：清华大学出版社
网　　址：https://www.tup.com.cn，https://www.wqxuetang.com
地　　址：北京清华大学学研大厦 A 座　　邮　编：100084
社 总 机：010-83470000　　邮　购：010-62786544
投稿与读者服务：010-62776969，c-service@tup.tsinghua.edu.cn
质量反馈：010-62772015，zhiliang@tup.tsinghua.edu.cn

印 装 者：天津鑫丰华印务有限公司
经　　销：全国新华书店
开　　本：185mm×260mm　　印　张：17.5　　字　数：418 千字
版　　次：2007 年 7 月第 1 版　　印　次：2024 年 8 月第 15 次印刷
定　　价：45.00元

产品编号：018249-03

前　言

少学时"工程力学"是高等工科院校中许多专业普遍开设的一门重要的技术基础课程，全部内容在工程中均有很广泛的应用。工程力学知识的学习也是贯彻全面素质教育内涵的重要组成部分。

为了更好地适应当前我国高等教育跨越式发展需要，满足我国高校从精英教育向大众化教育的重大转移阶段中社会对应用型人才培养的要求，在清华大学出版社的积极支持下，根据编者多年讲授"工程力学"课程的教学和改革实践及体会，编写了本书。

本书使用对象定位于一般高等工科院校(非重点大学)本科、民办本科和要求较高的高专(职)开设工程力学课程的各专业学生，综合考虑一般高校学生的数理基础、工程力学课程课内学时普遍减少和应用型人才的培养目标等诸多因素，本书内容满足要求较低的本科专业和要求较高的专科专业。符号全部采用 GB 3100～3102—93《量和单位》中规定的有关通用符号(其中"不变量"用正体，"可变量"用斜体，静力学矢量用粗斜体；专有量用大写，一般"整体量"用大写，"局部量"、"普通量"用小写)，内容难度尽量浅一些，讲得通俗一些，容易理解一些。考虑到工程力学"理论'好懂'，习题难做"，要求学员除了认真听课外，还要认真对待书中的思考题和习题，以克服眼高手低的困境。只有这样，才能较快的理解掌握工程力学的基本概念、基本理论、基本方法及要点和难点。

本书编写分工为：景荣春编写第 1，2，3，4，5，8 章；郑建国编写第 6，7 章和附录 A；宋向荣编写第 9，10 章，刘建华编写第 11，12 章；黄海燕编写第 13，14 章。由景荣春教授任主编并统稿。

本书在编写过程中参考了近年来国内外一些优秀教材，吸取了它们的许多长处，并选用了其中的部分例题、思考题和习题。在此向这些教材的编著者致以衷心感谢。

限于编者水平，缺点和错误在所难免，衷心希望用户和读者批评指正，以便重印或再版时不断提高和完善。

编　者

2007 年 3 月

目 录

工程力学引言 1

第1章 静力学基本概念与物体受力分析 2
1.1 静力学基本概念 2
1.2 静力学公理 5
1.3 基本约束及其约束力 6
1.4 物体的受力分析与受力图 10
小结 13
思考题 14
习题 14

第2章 力系的简化 17
2.1 汇交力系 17
2.2 力偶系 18
2.3 力的平移定理与任意力系简化 20
小结 24
思考题 25
习题 26

第3章 力系的平衡方程及其应用 29
3.1 平面力系平衡方程及其应用 29
3.2 平面物体系平衡问题 33
3.3 静定与超静定概念 37
3.4 空间力系平衡方程及其应用 38
小结 41
思考题 41
习题 43

第4章 静力学应用专题 47
4.1 平面简单桁架 47
4.1.1 平面简单桁架的构成 47
4.1.2 平面简单桁架的内力分析 48
4.2 滑动摩擦 50
4.2.1 滑动摩擦 51

4.2.2 摩擦角与自锁 52
4.2.3 考虑摩擦的平衡问题 53
4.3 滚动阻碍的概念 56
小结 56
思考题 57
习题 59

第5章 材料力学绪论 62
5.1 材料力学的任务 62
5.2 变形固体及其理想化 63
5.3 内力、截面法和应力的概念 64
5.4 位移、变形与应变 66
5.5 杆件变形的基本形式 67
小结 68
思考题 69

第6章 轴向拉伸和压缩 70
6.1 拉压杆截面上的内力和应力 70
6.1.1 拉压杆横截面上的内力 70
6.1.2 拉压杆截面上的应力 71
6.2 材料在拉伸或压缩时的力学性能 ... 75
6.2.1 低碳钢拉伸时的力学性能 76
6.2.2 铸铁拉伸时的力学性能 79
6.2.3 材料在压缩时的力学性能 80
6.3 圣维南原理 应力集中 81
6.4 失效、许用应力与强度条件 82
6.5 胡克定律与拉压杆的变形 84
6.5.1 拉压杆的轴向变形与胡克定律 84
6.5.2 拉压杆的横向变形与泊松比 ... 85
6.5.3 变截面杆的轴向变形 85
6.6 简单拉压超静定问题 87
小结 90
思考题 90

习题 91

第7章 扭转 95

7.1 扭转的概念和实例 95
7.2 外力偶矩的计算 扭矩和扭矩图 95
7.3 纯剪切 99
  7.3.1 薄壁圆筒扭转时的切应力 99
  7.3.2 切应力互等定理 100
  7.3.3 剪切胡克定律 100
7.4 圆轴扭转时横截面上的应力 100
  7.4.1 圆轴扭转切应力的
        计算公式 100
  7.4.2 最大扭转切应力
        强度条件 103
7.5 圆轴扭转时的变形与刚度条件 104
  7.5.1 圆轴扭转变形的计算公式 104
  7.5.2 圆轴扭转的刚度条件 105
7.6 非圆截面杆扭转的概念 108
  7.6.1 自由扭转与约束扭转 108
  7.6.2 矩形截面杆的扭转 109
小结 110
思考题 111
习题 111

第8章 弯曲内力 114

8.1 弯曲的概念与实例 114
8.2 剪力和弯矩 115
  8.2.1 剪力和弯矩 115
  8.2.2 剪力和弯矩的正负约定 115
8.3 剪力方程和弯矩方程 剪力图和
     弯矩图 117
8.4 载荷、剪力和弯矩之间的关系 120
  8.4.1 分布载荷、剪力、弯矩的
        微积分关系 120
  8.4.2 集中力、集中力偶作用处内力
        变化情况 121
小结 125
思考题 125

习题 125

第9章 弯曲应力 128

9.1 纯弯曲的概念 128
9.2 弯曲正应力 128
  9.2.1 纯弯梁横截面上的正应力 128
  9.2.2 横力弯曲时的正应力与
        强度条件 132
  9.2.3 提高弯曲强度的措施 135
9.3 弯曲切应力 137
  9.3.1 矩形截面梁 137
  9.3.2 工字型截面梁 139
  9.3.3 梁的切应力强度条件 139
小结 141
思考题 141
习题 142

第10章 弯曲变形 146

10.1 弯曲变形的实例 146
10.2 梁的挠曲线微分方程 146
10.3 积分法求梁的位移 148
10.4 叠加法求梁的位移 150
10.5 简单超静定梁 155
10.6 提高弯曲刚度的措施 156
小结 158
思考题 158
习题 159

第11章 应力状态分析 强度理论 162

11.1 一点的应力状态的概念 162
11.2 平面应力状态分析 主应力 163
  11.2.1 关于应力的正负约定 163
  11.2.2 任意斜截面上的应力 163
  11.2.3 主平面的方位与
         极值正应力 164
  11.2.4 极值切应力 165
  11.2.5 应力圆 165
11.3 特殊三向应力状态下的极值应力 170

11.3.1　3组特殊截面的应力状态..........170
　　　11.3.2　三向应力状态的应力圆和
　　　　　　　极值应力..................................171
　11.4　广义胡克定律与应变能密度............172
　　　11.4.1　广义胡克定律........................172
　　　11.4.2　主应力状态下的线应变........173
　　　11.4.3　应变能密度............................173
　　　11.4.4　体积改变能密度与畸变能
　　　　　　　密度..................................175
　11.5　强度理论..177
　　　11.5.1　断裂强度理论........................177
　　　11.5.2　屈服强度理论........................178
　小结..181
　思考题..181
　习题..182

第12章　组合变形的强度问题............186

　12.1　组合变形与叠加原理的概念............186
　12.2　斜弯曲..186
　　　12.2.1　斜弯曲时的变形....................187
　　　12.2.2　斜弯曲时的应力....................188
　12.3　弯扭组合的强度问题........................190
　小结..193
　思考题..193
　习题..194

第13章　压杆稳定..................................197

　13.1　压杆稳定的概念..............................197
　13.2　两端铰支细长压杆的临界载荷........198
　13.3　其他支座细长压杆的临界载荷........200
　13.4　欧拉公式的适用范围　经验公式....201
　　　13.4.1　欧拉公式的适用范围............201
　　　13.4.2　经验公式................................202
　　　13.4.3　临界应力总图........................204

　13.5　压杆稳定条件与合理设计................204
　　　13.5.1　压杆稳定条件........................204
　　　13.5.2　压杆的合理设计....................209
　小结..210
　思考题..211
　习题..212

第14章　冲击与疲劳..............................215

　14.1　冲击..215
　　　14.1.1　冲击应力与动荷因数............215
　　　14.1.2　提高构件抗冲击能力的
　　　　　　　措施..................................218
　14.2　疲劳..219
　　　14.2.1　疲劳的概念............................219
　　　14.2.2　交变应力................................219
　　　14.2.3　疲劳失效................................221
　　　14.2.4　疲劳极限................................222
　　　14.2.5　影响构件疲劳极限的
　　　　　　　主要因素..........................223
　　　14.2.6　提高构件疲劳强度的措施....224
　小结..225
　思考题..225
　习题..225

附录A　平面图形的几何性质..............228

附录B　常用金属材料的
　　　　主要力学性能......................240

附录C　梁的挠度与转角......................241

附录D　型钢表......................................243

习题答案..256

索引..263

参考文献..268

主 要 符 号 表

A	面积	n	转速,安全因数
a	间距	P	功率
b	宽度,间距	p	压力,总应力,单位长度轴向力
C	质心,重心,积分常数	q	分布载荷
c	间距	R	半径
D	直径,积分常数	r	半径,应力比
d	直径,距离,力偶臂	S	静矩
E	弹性模量,能	T	扭矩,周期
E_k	动能	t	时间
E_p	势能	u	轴向位移
F	力,集中载荷,动滑动摩擦力	V	体积
F_{Ax}, F_{Ay}	A 处约束力分量	V_ε	应变能
F_{cr}	临界力	v	速度
F_N	轴力,法向约束力	v_ε	应变能密度
F_R	合力	v_d	畸变能密度
F_R'	主矢	v_V	体积改变能密度
F_r	径向力	W	功,弯曲截面系数,重量
F_S	剪力	W_p	扭转截面系数
F_s	静滑动摩擦力	W_t	相当扭转截面系数
F_T	张力	w	挠度
F_t	切向力	x, y, z	坐标
f	动摩擦因数	α	角
f_s	静摩擦因数	β	角
G	切变模量	γ	角,切应变
h	高度	Δ	变形,位移
I	惯性矩	$\Delta\sigma$	应力幅
I_p	极惯性矩	δ	位移,厚度,延伸率
I_t	相当极惯性矩	ε	线应变
I_{xy}	惯性积	ε'	横向应变
i	惯性半径	θ	体积应变,转角,单位长度扭转角
k	刚度系数	λ	柔度,长细比
k_d	动荷因数	μ	泊松比,长度因数
l	长度,跨度	ρ	曲率半径
M	力偶矩,弯矩	σ	正应力
M_e	外力偶矩	$[\sigma]$	许用应力
M_f	滚动阻力偶	σ_b	强度极限
M_O	对点 O 的矩	σ_c	压应力
M_y, M_z	弯矩	σ_{cr}	临界应力
m	分布力偶	σ_d	动应力
N	循环次数	σ_t	拉应力
N_0	循环基数,疲劳寿命		

工程力学引言

1. 工程力学的内容

本书所介绍的**工程力学**包括**静力学**和**材料力学**最基本的内容。其中:
(1) 静力学——研究力的基本概念、力系等效简化和平衡及其应用;
(2) 材料力学——研究变形固体在线弹性范围的强度、刚度和稳定性问题。

2. 学习工程力学的目的

工程力学是一门很实用的工程技术基础课程,学习该课程的主要目的如下。
(1) 工程力学是一切力学课程的基础,也是许多专业基础课程和专业课程的基础。
(2) 许多工程问题可直接利用工程力学知识解决。因此,通过工程力学的学习,要初步学会近似处理工程实际问题的方法,包括工程实际问题的力学建模。
(3) 工程力学知识的学习是贯彻全面素质教育内涵的一部分。

3. 学习工程力学的方法

工程力学理论性强,同时又密切接触工程实际。因此要求读者具备较好的数学物理基础,并需要对力学模型的工程背景有较多的认识。学生在学习工程力学时,除了认真听课和精读课本基本内容外,还要注意观察周围工程实际构件,同时独立按时完成相应内容的思考题和习题作业,这对消化、掌握课程基本概念、基本理论、基本方法是至关重要的一步。初学工程力学的人,往往觉得理论好懂,但又深感其习题难做,这主要是对工程力学研究对象和研究问题的进一步深入认识不足。工科大学培养的学生要能解决实际问题,需要多练,包括实验操作。

工作和生活中会遇到更多的工程力学知识,可参看相关的多学时《理论力学》和《材料力学》教科书。

第1章　静力学基本概念与物体受力分析

本章介绍静力学的基本概念，阐述静力学公理，并介绍工程中几种常见的典型约束和约束力的分析及物体的受力图绘制。

1.1　静力学基本概念

1. 力与力系

(1) 力

力是物体间的相互作用，这种作用将使物体的运动状态发生变化(外效应)，或使物体变形(内效应)。对物体而言，力是**定位矢量**，其量纲为牛顿(N)。力在直角坐标系中表示为

$$F = F_x i + F_y j + F_z k = (F_x, F_y, F_z) \tag{1-1}$$

如图 1.1 所示。式(1-1)中，F_x，F_y，F_z 分别为力矢 F 在轴 x，y，z 上的投影，为代数量。

物体相互接触时，无论是施力体还是受力体，力总是分布作用在一定接触面上的，例如，作用在烟囱上的风压力和水平桌面对粉笔盒的支承力，如图 1.2(a)所示。在很多情况下，这种分布力比较复杂，例如，人的鞋底对地面的作用力及鞋底上各点受到的地面支承力都是不均匀的。如果分布力作用的面积很小，为了分析计算方便，可以将分布力简化为作用于一点的合力，称为**集中力**，例如，静止的汽车通过轮胎作用在马路上的力，如图 1.2(b)所示。

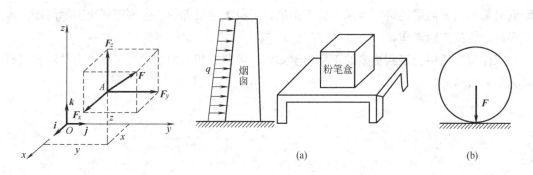

图 1.1　力的直角坐标表示　　　　图 1.2　分布力与集中力示意

(2) 力系

力系是指作用在物体上的一群力。若两个力系分别作用于同一物体而效应相同，则这两个力系称为**等效力系**。若力系与某一个力等效，则此力就称为该力系的**合力**，而力系中的各力，则称为此合力的**分力**。

2. 平衡

平衡是指物体相对于惯性参考系(地面可近似视为惯性参考系)保持静止或匀速直线平移运动的状态。如桥梁、机床的床身、作匀速直线飞行的飞机等，都处于平衡状态。平衡是物体运动的一种特殊形式。物体平衡时，其所受的力系称为**平衡力系**。平衡力系中的任一力对于其余的力来说都称为**平衡力**。

3. 刚体

刚体是指在力的作用下，其内部任意两点之间的距离始终保持不变的物体，这是实际物体经过简化后的静力学模型。

4. 力矩

(1) 力对点之矩

力矩是力使物体绕某一点转动效应的量度。因为是对某一点而言，故称为**力对点之矩**，该点称为**力矩中心**，简称**矩心**。

考察空间任意力 F 对点 O 之矩，如图 1.3 所示。设力 $F=(F_x, F_y, F_z)$，点 O 到力 F 作用点 A 的矢量称为**矢径**，在三维坐标系中，矢径 $r=(x,y,z)$。定义力对点 O 之矩等于矢径 r 与力 F 的矢积，即

$$M_O(F) = r \times F = \begin{vmatrix} i & j & k \\ x & y & z \\ F_x & F_y & F_z \end{vmatrix} = M_{Ox}i + M_{Oy}j + M_{Oz}k \tag{1-2}$$

M_{Oz} 称为 $M_O(F)$ 在过点 O 的轴 z 上的投影，余类推。由式(1-2)有

$$M_{Ox} = yF_z - zF_y, \quad M_{Oy} = zF_x - xF_z, \quad M_{Oz} = xF_y - yF_x \tag{1-3}$$

上述定义表明，力对点之矩是空间定位矢量，作用在力矩中心。

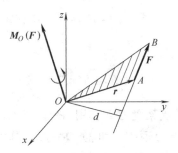

图 1.3 力对点之矩

(2) 力对轴之矩

力对轴之矩是力使物体绕某一轴转动效应的量度。图 1.4(a)所示为可绕轴转动的门，在其上点 A 作用有任意方向的力 F。将 F 分解为 $F=F_z+F_{xy}$，其中 F_z 平行于轴 Oz，F_{xy} 平行于与轴 Oz 垂直的 Oxy 平面。力 F 对门所产生的绕轴 Oz 转动的效应可用其两个分力 F_z，

F_{xy} 所产生的效应代替。实践表明，与轴 Oz 共面的 F_z 对门不能产生绕轴 Oz 的转动效应，只有分力 F_{xy} 对门产生绕轴 Oz 的转动效应。这个转动效应可用垂直于轴 Oz 的 Oxy 平面上的分力 F_{xy} 对点 O 之矩 $M_O(F_{xy})$ 来度量，由图1.4(b)可知

$$M_z(F) = M_O(F_{xy}) = xF_y - yF_x \tag{1-4}$$

比较式(1-3)与式(1-4)，有

$$M_z(F) = M_{Oz} = [M_O(F)]_z$$

同理
$$M_x(F) = M_{Ox} = [M_O(F)]_x \tag{1-5}$$
$$M_y(F) = M_{Oy} = [M_O(F)]_y$$

即力对点之矩在过该点的轴上的投影等于力对该轴的矩(代数量)，此即**力矩关系定理**，如图1.5所示。图1.5中，$M_{Oz}(F)$ 为 $M_O(F)$ 在轴 Oz 上投影，为代数量，图示 $M_{Oz}(F)$ 所标"箭头"应理解为与轴 z 同向为正，反向为负。

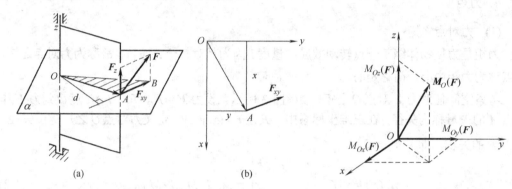

图1.4　力对轴之矩　　　　图1.5　力对点和力对轴的力矩间的关系

5. 合力矩定理

若力系存在合力，则合力对某一点之矩，等于力系中所有力对该点之矩的矢量和，此称为**合力矩定理**，即

$$M_O(F_R) = \sum_{i=1}^{n} M_O(F_i) \tag{1-6}$$

其中

$$F_R = \sum_{i=1}^{n} F_i$$

【**例1-1**】如图1.6所示的支架受力 F 作用，图中 l_1，l_2，l_3 与角 α 均为已知。求 $M_O(F)$。

【**解**】 若直接由力 F 对点 O 取矩，即 $M_O(F) = Fd$，其中 d 为**力臂**，如图1.6中所示。显然，在图示情形下，确定 d 的过程比较麻烦。

若先将力 F 分解为两个分力 $F_x = (F\sin\alpha)i$ 和 $F_y = (F\cos\alpha)j$，再应用合力矩定理，则较为方便。于是有

$$M_O(F) = M_O(F_x) + M_O(F_y)$$
$$= -(F\sin\alpha)l_2 k + (F\cos\alpha)(l_1 - l_3)k$$
$$= F[(l_1 - l_3)\cos\alpha - l_2 \sin\alpha] k$$

$$M_{Oz}(\boldsymbol{F}) = F\,[(l_1-l_3)\cos\alpha - l_2\sin\alpha]$$

显然，由此还可算得力 $\boldsymbol{F}$ 对点 O 的力臂

$$d = |\,(l_1-l_3)\cos\alpha - l_2\sin\alpha\,|$$

上述分析与计算结果表明，应用合力矩定理，有时可使计算过程简化。

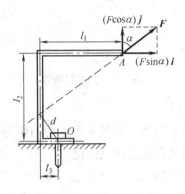

图 1.6　例 1-1 图

1.2　静力学公理

公理是人们在生活与生产实践中长期积累的经验总结，又经过实践反复检验，可以认为是真理而不需证明。在一定范围内它正确反映了事物最基本、最普遍的客观规律。

公理 1　力的平行四边形法则

作用在物体上同一点的两个力可以合成为一个合力，合力的作用点也在该点，大小和方向由这两个力为边构成的平行四边形的主对角线确定。用矢量表示为

$$\boldsymbol{F} = \boldsymbol{F}_1 + \boldsymbol{F}_2 \tag{1-7}$$

公理 2　二力平衡条件

作用在同一刚体上的两个力平衡的充要条件是这两个力等值、反向且共线。

公理 3　加减平衡力系原理

在给定力系上增加或减去任意的平衡力系，并不改变原力系对刚体的作用效果。

推论 1　力的可传性

作用于刚体上的力可沿其作用线滑移至刚体内任意点而不改变它对刚体的作用效应。

证明　设 $\boldsymbol{F}$ 为作用于刚体上点 A 的已知力(图 1.7(a))，在力的作用线上任一点 B 加上一对大小均为 F 的平衡力 $\boldsymbol{F}_1$，$\boldsymbol{F}_2$(图 1.7(b))，由公理 3 可知新力系($\boldsymbol{F}$，$\boldsymbol{F}_1$，$\boldsymbol{F}_2$)与原力系等效。而 $\boldsymbol{F}$ 和 $\boldsymbol{F}_1$ 是平衡力系，故减去后不改变力系的作用效应(图 1.7(c))。所以，剩下的力 $\boldsymbol{F}_2$ 与原力系 $\boldsymbol{F}$ 等效。力 $\boldsymbol{F}_2$ 与力 $\boldsymbol{F}$ 大小相等，作用线和指向相同，只是作用点由 A 滑移至 B。

推论表明，对刚体而言，力的作用点已不是决定力的作用效应的一个要素，它应为力的作用线所取代。因此，作用于刚体上的**力的三要素**是力的大小、方向和作用线。

可沿作用线滑动的矢量称为**滑动矢量**。作用于刚体上的力是滑动矢量。

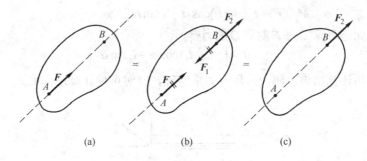

图 1.7 力的可传性

推论 2　三力平衡汇交定理

作用于刚体上三个相互平衡的力,若其中两个力的作用线汇交于一点,则此三个力必在同一平面内,且第三个力的作用线必通过汇交点。

证明　如图 1.8 所示,在刚体的 A, B, C 三点上,分别作用三个相互平衡的力 F_1, F_2, F_3。根据力的可传性,将力 F_1 和 F_2 移到汇交点 O,然后由公理 1 得合力 F_{12},力 F_3 应与 F_{12} 平衡。由于两个力平衡必须共线,所以 F_3 必定与力 F_1 和 F_2 共面,且通过力 F_1 与 F_2 的交点 O。定理得证。

公理 4　作用和反作用定律

两物体间存在作用力与反作用力,此两力等值、反向、并同时分别作用在这两个有相互作用的物体上。

公理 5　刚化原理

变形体在某一力系作用下处于平衡,如将此变形体刚化为刚体,则其平衡状态不变。

如图 1.9 所示,柔性绳在一对拉力作用下处于平衡,若将其刚化为刚性杆时,则平衡状态保持不变。反之则不然,一对等值、共线的压力作用可使刚性杆平衡,但却不能使柔性绳平衡。由此可知,刚体上力系的平衡条件只是变形体平衡的必要条件,而非充分条件。

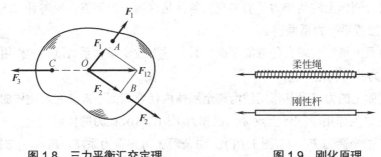

图 1.8　三力平衡汇交定理　　　　图 1.9　刚化原理

1.3　基本约束及其约束力

工程中的机器和结构都是由若干个零件和构件通过相互接触或相互连接而成。约束则是接触和连接方式的力学简化模型。

物体的运动，如果没有受到其他物体的直接限制，如运动中的飞机、火箭、人造卫星、足球、乒乓球等，这类物体称为**自由体**。物体的运动，若受到其他物体的直接限制，例如在地面上行驶的车辆受到地面的限制、桥梁受到桥墩的限制、各种机械中的轴受到轴承的限制等，这类物体称为**受约束体**或**非自由体**。

限制物体运动的周围物体称为**约束**。约束对被约束物体(研究对象)的作用称为**约束力**。与约束力相区别，主动地作用于物体，以改变其运动状态的力称为**主动力**，工程中也称为**载荷**或**荷载**，重力、风力、水压力、电磁力等均属此类。主动力的方向和大小在工程力学的计算中通常是预先给定的。当物体在主动力作用下产生运动或运动趋势而受到约束阻碍时，这种阻碍即表现为约束作用于被约束物体的约束力。因此，约束力是一种被动力，其方向和大小不能预先确定，只能由约束的性质和主动力的状况被动地确定。约束力的方向总是与该约束所能阻碍的物体运动方向相反。注意，约束是相对于研究对象(被约束物体)而言的。

1. 柔性约束

缆索、工业带、链条等都可理想化为**柔性约束**，统称为**柔索**。这种约束的特点是其所产生的约束力只能沿柔索方向，并且只能是拉力，不能是压力，因而又称**单侧约束**。

图1.10(a)所示为皮带和皮带轮，若以轮为研究对象，皮带对轮的约束力较复杂，皮带与轮所有接触点都有力的作用。研究对象取轮和与它接触的皮带，约束是皮带的其余部分，约束力沿轮缘切线方向，均为拉力，如图1.10(b)所示，轮心所受约束为铰链约束，将在后面讨论。

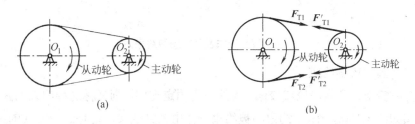

图 1.10 柔性约束力

2. 刚性约束

约束体与被约束体都是刚体，因而两者之间的接触为刚性，这种约束称为**刚性约束**。大多数情况下，刚性约束产生双侧约束力，因而又称**双侧约束**。某些情况下，刚性约束也产生单侧约束力。下面介绍几种常见的刚性约束。

(1) 光滑面约束

两个物体的接触面处光滑无摩擦时，约束只能限制被约束物体沿两者接触面公法线且指向约束的运动，而不限制沿接触面切线方向的运动。因此，光滑面约束的约束力只能沿着接触面的**公法线**，并指向被约束物体。图1.11(a)、(b)所示分别为光滑曲面对刚性球的约束和齿轮传动机构中齿轮Ⅱ对齿轮Ⅰ的约束。

桥梁、屋架结构中采用的**辊轴支承**，又称**滑动铰链**，如图 1.12(a)所示，也是一种光滑面约束。采用这种支承结构，主要是考虑到由于温度的改变，桥梁长度会有一定量的伸缩，为使这种伸缩自由，辊轴可以沿伸缩方向作微小滚动。当不考虑辊轴与接触面之间的摩擦时，辊轴支承是光滑面约束。其简图和约束力方向如图 1.12(b)或 1.12(c)所示。

需要指出的是，某些工程结构中的辊轴支承，既限制被约束物体向下运动，也限制向上运动。因此，约束力 F_N 垂直于接触面，可能背向接触面，也可能指向接触面。

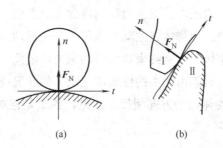

图 1.11 光滑面约束及其约束力

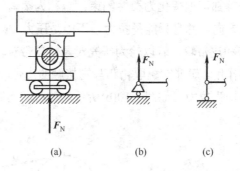

图 1.12 辊轴及其简图和约束力

(2) 光滑圆柱铰链约束

光滑圆柱铰链，简称柱铰或铰链，若约束为固定支座，则又称这种约束为**固定铰支座**。其结构简图如图 1.13(a)所示，约束与被约束物体由销钉连接。这种连接方式的特点是限制被约束物体只能绕销钉轴线转动，而不能有移动。

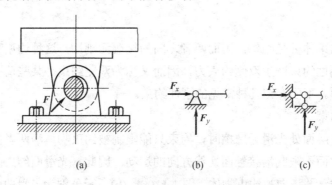

图 1.13 圆柱铰链及其简图和约束力

若将销钉与被约束物体视为一个整体，则其与约束(固定支座)之间为线(销钉圆柱体的母线)接触，在平面图形上则为一点。

接触线(或点)的位置随载荷的方向而改变，因此在光滑接触的情况下，这种约束的约束力通过圆孔中心，方向和大小均不确定，通常用分量表示。在平面问题中这些分量分别为 F_x，F_y。即 $F=(F_x，F_y)$。这种约束的力学符号如图 1.13(b)或 1.13(c)所示。

支承传动轴的**向心轴承**，如图 1.14(a)所示，也是一种固定铰支座，其力学符号如图 1.13(b)或图 1.14(b)所示。

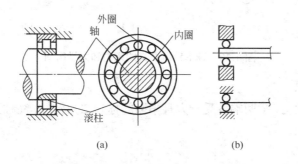

图 1.14 向心轴承及其力学简图

实际工程结构中，铰链约束除了约束为固定支座外，还有两种构件通过铰链连接，称为**活动铰链**，又称**中间铰**，其实际结构简图如图 1.15(a)所示。这时两个相连的构件互为约束与被约束物体，其约束力与固定铰支座相似，如图 1.15(b)所示。图 1.15(c)所示为这种铰链的力学符号。

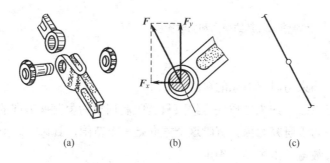

图 1.15 活动铰链及其简图

(3) 球形铰链约束

球形铰链简称**球铰**，也有固定球铰与活动球铰之分。其结构简图如图 1.16(a)所示，被约束物体上的球头与约束上的球窝连接。这种约束的特点是被约束物体只能绕球心作空间转动，而不能有空间任意方向的移动。因此，球铰的约束力为空间力，一般用 3 个分量表示(见图 1.16(b))：$F=(F_x，F_y，F_z)$。其力学符号如图 1.16(c)所示。

(4) 止推轴承约束

图 1.17(a)所示止推轴承，除了与向心轴承一样具有作用线不定的径向约束力外，由于

限制了轴的轴向运动,因而还有沿轴线方向的约束力,如图 1.17(b)所示。其力学符号如图 1.17(c)所示。

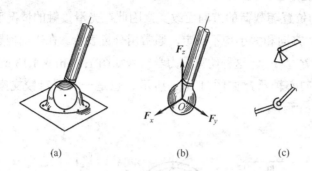

图 1.16 球形铰链及其约束力和力学简图

(5) 二力杆约束

不计自重的刚性构件,两端各受一力且平衡的称为**二力构件**,简称为**二力杆**,如图 1.18 所示。

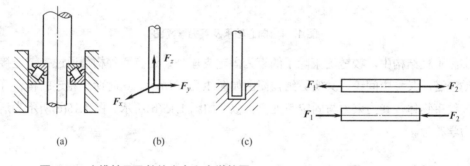

图 1.17 止推轴承及其约束力和力学简图　　　图 1.18 二力杆

3. 约束力特点

(1) **作用点**　约束与研究对象的接触点。

(2) **方向或作用线**　约束性质决定约束只能限制研究对象某些方向的运动,只能在这些方向的反方向施力于研究对象。有时这个方向是一个范围,具体方向由主动力确定。

(3) **大小或代数量**　由主动力确定。

1.4 物体的受力分析与受力图

1. 解除约束与受力图

在研究平衡物体上力的关系或运动物体上作用力与运动的关系时,都需要首先对物体进行**受力分析**,即确定作用在物体上的力的数目、作用点、方向或作用线。为了清楚地显示物体的受力状态,通常需假想地将被研究的物体或物体系(也称受力体或研究对象)从周围物体(施力体)分离出来,单独画出其简图,并用矢量标明作用其上的全部主动力和约束力。分离的过程称为取**分离体**(或**隔离体**)，最后所得的标明全部作用力的图称为**受力图**。非自由体是受约束的，这时被去掉约束，代之以相应的约束力，这个过程称为**解除约束**。

2. 画受力图的步骤

画受力图是求解静力学和动力学问题的重要基础，其基本步骤如下。

(1) 选定研究对象，并单独画出其分离体(分离体图中外约束不画出)；
(2) 在分离体上画出所有作用于其上的主动力(一般皆为已知力)；
(3) 在分离体的每一个外约束处，根据约束特征画出其相应的**外约束力**。

【例 1-2】 画出图 1.19(a) 所示杆 AB 的受力图，所有接触处均为光滑接触。

【分析】 研究对象为杆 AB，各光滑面接触约束力沿公法线方向且指向被约束物体。

【解】 见图 1.19(b)。

【讨论】

(1) 注意光滑接触处的约束力方向；
(2) 作业时，应有分析思考过程，但不必将分析过程写出，下同。

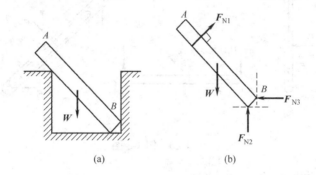

图 1.19　例 1-2 图

当选择若干个物体组成的物体系为研究对象时，作用于物体系上的力可分为两类：物体系以外物体作用于物体系内各个物体的力称为**外力**，物体系内物体间相互作用的力称为**内力**。应该指出，内力和外力的区分不是绝对的，只对相对确定的研究对象，区分内力和外力才有意义。注意在物体系的整体、部分及单个物体的受力图中，作用于物体上的力的符号、方向应根据作用与反作用定律彼此协调。下面通过例题说明。

【例 1-3】 不计构件自重[①]，画出图 1.20(a)所标字符各构件(均为光滑接触)的受力图。

【分析】

(1) 整体受力如图 1.20(b)所示。O，B 二处为固定铰链，约束力各为两个分力。D 处为主动力 F。(其余各处为内约束，其约束力不画出)
(2) 杆 AO 受力如图 1.20(c)所示。其中 O 处受力与图 1.20(b)一致；C，A 两处为中间铰，其约束力各画成如图 1.20(c)所示两个分力。

---

① 全书未标明自重者一律不计自重。

(3) 杆 CD 受力如图 1.20(d)所示。其中 C 处受力与杆 AO 在 C 处的受力为作用力和反作用力(注意方向和符号协调);杆 CD 上所带销钉 E 处受到杆 AB 中斜槽光滑面约束力 F_E,与斜槽垂直;D 处作用有主动力 **F**。

(4) 杆 AB 受力如图 1.20(e)所示。其中 A 处受力与杆 AO 在 A 处的受力为作用力和反作用力;杆 AB 中 E 处与杆 CD 在 E 处的受力为作用力和反作用力;B 处的约束力与图 1.20(b)所示一致。

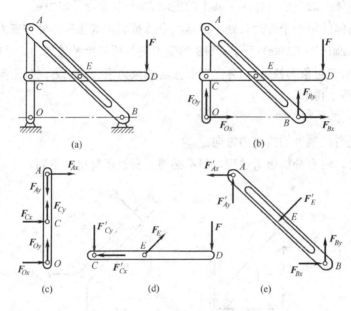

图 1.20 例 1-3 图

【解】 见图 1.20(b),(c),(d)和(e)。

【讨论】 特别注意作用力与反作用力的协调画法与标注。

【例 1-4】 画出如图 1.21(a)所标字符各构件(均为光滑接触)的受力图。

【分析】

(1) 整体受力如图 1.21(b)所示。A 为固定铰链,画两个分力;K 处为辊轴支承,有方向向上的约束力 F_K;H 处为柔索,画拉力 F_T。

(2) 杆 CB 为二力杆,受力如图 1.21(d)所示。其 C,B 端受力(设为拉力)与杆 CD 的 C 端及杆 AB 的 B 端受力为作用力与反作用力。

(3) 杆 CID 受力如图 1.21(c)所示。I 和 D 处为中间铰,约束力画两个分力;因杆 BC 为二力杆,故 C 处约束力方向沿 CB 方向,只能画成图示一个力。

(4) 杆 AB 受力如图 1.21(e)所示;A 处和 K 处约束力应与图 1.21(b)所示一致;I 处受力与图 1.21(c)中 I 处所受的力为作用力和反作用力;同样因杆 BC 为二力杆,故 B 处约束力方向沿 BC 方向,只能画成图示一个力。

(5) 轮 D 与重物 W 受力如图 1.21(f)所示:H 处张力 F_T 与图 1.21(b)所示一致;D 处与图 1.21(c)中 D 处所受的力为作用力与反作用力。

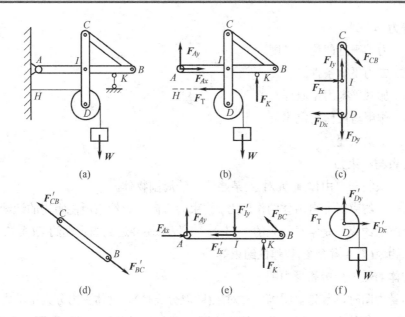

图 1.21 例 1-4 图

【解】 见图 1.21(b)，(c)，(d)，(e)和(f)。

【讨论】 若将杆 CD 与轮 D 一起组成一个研究对象(局部构件组合)，请读者画出它的受力图。

小　　结

(1) 力——物体间的相互作用；力是矢量，力有三要素。对一般物体而言，力是定位矢量；对刚体而言，力是滑移矢量。力在直角坐标系中可表示为
$$F = F_x i + F_y j + F_z k$$

(2) 等效力系——两个力系对同一物体的作用效应相同。

(3) 平衡——物体相对惯性系静止或作匀速直线平移。

(4) 刚体——受力不变形的物体。

(5) 力对点之矩是定位矢量：
$$M_O(F) = r \times F = M_{Ox} i + M_{Oy} j + M_{Oz} k$$

(6) 力对轴之矩是代数量。

(7) 合力矩定理——合力对点 O(轴 z)的力矩等于力系中所有力对点 O(轴 z)力矩的矢量和(代数和)。

对点 O $\qquad M_O(F_R) = \sum_{i=1}^{n} M_O(F_i)$

对轴 z $\qquad M_z(F_R) = \sum_{i=1}^{n} M_z(F_i)$

(8) 静力学公理

公理 1　力的平行四边形法则。
公理 2　二力平衡条件。
公理 3　加减平衡力系原理。
公理 4　作用与反作用定律。
公理 5　刚化原理。

(9) 约束与约束力

约束——限制非自由体(研究对象)某些位移的周围物体。

约束力——约束对非自由体的作用力。约束力方向与该约束所能阻碍的运动方向相反。

本章介绍的约束只是常见约束的一部分，工程中还会遇到固定端约束(第 2 章介绍)、非光滑接触约束(第 4 章介绍)和弹性约束等。

(10) 物体的受力分析和受力图

画物体受力图时，首先要明确研究对象(即取分离体)。物体受力分为主动力和约束力。要注意分清内力与外力，在受力图上约定只画研究对象所受的外力；还要注意作用力与反作用力之间的相互关系。

思　考　题

1-1 说明下列式子的意义和区别：
① $F_1 = F_2$；② $\boldsymbol{F}_1 = \boldsymbol{F}_2$；③力 $\boldsymbol{F}_1$ 等效于力 $\boldsymbol{F}_2$。

1-2 试区别 $\boldsymbol{F}_R = \boldsymbol{F}_1 + \boldsymbol{F}_2$ 和 $F_R = F_1 + F_2$ 两个等式代表的意义。

1-3 二力平衡条件与作用和反作用定律都是说二力等值、反向、共线，两者有什么区别？

1-4 为什么说二力平衡条件、加减平衡力系原理和力的可传性等都只能适用于刚体？

1-5 什么叫二力构件？分析二力构件受力时与构件的形状有无关系。

习　　题

1-1 图示沿正立方体的前侧面 AB 方向作用一个力 F，则该力对哪些轴之矩相等？

1-2 图示力 F 的作用线在平面 $OABC$ 内，对各坐标轴之矩哪些为 0，哪些不为 0？

1-3 图(a)，图(b)所示，Ox_1y_1 与 Ox_2y_2 分别为正交与斜交坐标系。试将同一力 F 分别对两坐标系进行分解和投影，并比较分力与力的投影。

1-4 图示长方体的 3 条边：$EF=a$，$GB=b$，$AD=c$，沿 3 条边作用力系 $\boldsymbol{F}_1$，$\boldsymbol{F}_2$，$\boldsymbol{F}_3$。求此力系对点 H 之矩和对轴 HC 之矩。

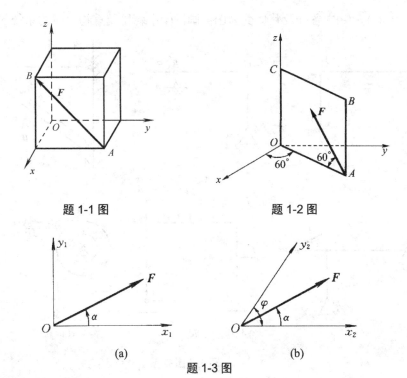

题 1-1 图　　　　　题 1-2 图

题 1-3 图

1-5 求图示力 F 对点 A 的力矩。

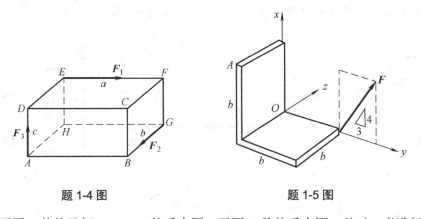

题 1-4 图　　　　　题 1-5 图

1-6 画图(a)整体及杆 AB，CD 的受力图；画图(b)整体受力图。并对二者进行比较。

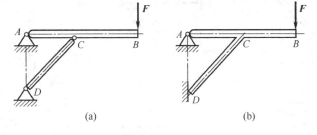

题 1-6 图

1-7 画图(a)～(e)中各杆及整体受力图；画图(f)中棘轮及重物组成的系统的受力图。

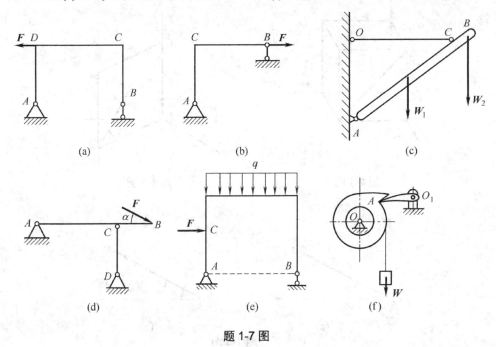

题 1-7 图

1-8 画出下列每个标注字符的物体的受力图(中间铰不单独画受力图，可以视为与其连接的任一物体合为一个研究对象)，所有接触为光滑面接触。

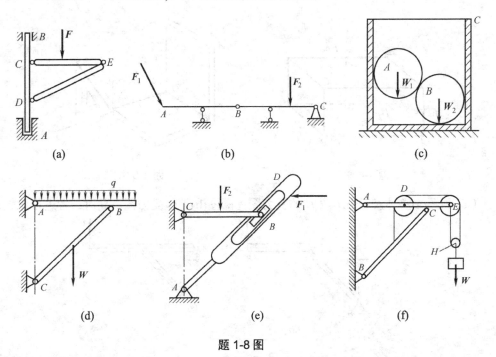

题 1-8 图

第2章 力系的简化

为了研究方便，根据力系中各力的作用线是分布在空间还是平面，将力系区分为**空间力系**和**平面力系**两类。每一类又可按力的作用线是相交于一个共同点、相互平行或成任意分布而区分为**汇交力系**、**平行力系**和**任意力系**3类。

有时为了研究问题方便，需要利用力系等效原理，用简单的力系去等效替换一个复杂力系，此过程称为**力系的简化**。本章将研究汇交力系、力偶系和任意力系的简化问题。

2.1 汇交力系

作用线汇交于一点的力系称为**汇交力系**，如图 2.1 所示。对刚体而言，该力系中所有各力均可沿其作用线向汇交点 O 滑移，然后由力的平行四边形法则依次对每两个力进行合成(几何法)，例如可先将 F_1，F_2 合成，再将其合力与 F_3 合成，……，最后与 F_n 合成简化为一个过汇交点 O 的合力 F_R，用矢量求和形式表示为

$$F_R = \sum F_i \tag{2-1}$$

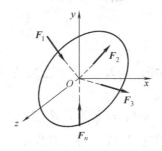

图 2.1 汇交力系

矢量求和过程也可利用矢量相对某个坐标系的投影进行。如图 2.1 所示，设 F_{ix}，F_{iy}，F_{iz}($i=1,\ldots,n$) 和 F_{Rx}，F_{Ry}，F_{Rz} 分别为汇交力系诸力 F_i 和合力 F_R 相对于以点 O 为原点的坐标系 $Oxyz$ 各轴上的投影，则

$$\left.\begin{array}{l} F_R = F_{Rx}\,i + F_{Ry}\,j + F_{Rz}\,k \\ F_i = F_{ix}\,i + F_{iy}\,j + F_{iz}\,k \end{array}\right\} \tag{2-2}$$

代入式(2-1)，得

$$F_{Rx} = \sum F_{ix}, \quad F_{Ry} = \sum F_{iy}, \quad F_{Rz} = \sum F_{iz} \tag{2-3}$$

上式表明，汇交力系的合力在某轴上的投影等于力系诸力在同一轴上投影的代数和，这称为力系简化的**解析法**。合力 F_R 的大小和相对于 $Oxyz$ 各轴的方向余弦为

$$\left.\begin{aligned}F_R &= \sqrt{(\sum F_{ix})^2 + (\sum F_{iy})^2 + (\sum F_{iz})^2}\\ \cos(\boldsymbol{F}_R, \boldsymbol{i}) &= \sum F_{ix}/F_R\\ \cos(\boldsymbol{F}_R, \boldsymbol{j}) &= \sum F_{iy}/F_R\\ \cos(\boldsymbol{F}_R, \boldsymbol{k}) &= \sum F_{iz}/F_R\end{aligned}\right\} \quad (2\text{-}4)$$

【例 2-1】 铆接薄板在孔心 A，B 和 C 处受 3 个力作用，如图 2.2(a)所示。$F_1 = 100\,\text{N}$，沿铅直方向；$F_2 = 50\,\text{N}$，力的作用线通过点 A；$F_3 = 50\,\text{N}$，沿水平方向，也通过点 A，尺寸如图。求该力系的合力。

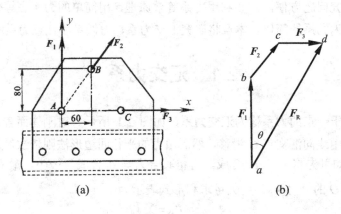

图 2.2 例 2-1 图

【解】

(1) 几何法

按大小比例及方位作**力多边形** $abcd$，其封闭边 ad 即确定了合力 F_R 的大小和方向。由图 2.2(b)按比例量得

$$F_R \approx 160\,\text{N}, \quad \theta \approx 30°$$

【讨论】几何法直观，但对空间问题，手工作图不方便。

(2) 解析法 建立图 2.2(a)所示直角坐标系 Axy。

$$\sum F_x = F_3 + F_2 \times 3/5 = 50\,\text{N} + 50\,\text{N} \times 3/5 = 80\,\text{N}$$
$$\sum F_y = F_1 + F_2 \times 4/5 = 100\,\text{N} + 50\,\text{N} \times 4/5 = 140\,\text{N}$$
$$\boldsymbol{F}_R = (80\boldsymbol{i} + 140\boldsymbol{j})\,\text{N}$$

由上式得

$$F_R = \sqrt{(80\,\text{N})^2 + (140\,\text{N})^2} = 161\,\text{N}$$
$$\theta = \arctan(80/140) = 29.74° = 29°44'$$

2.2 力 偶 系

1. 力偶的定义

等值、反向、作用线互相平行但不重合的两个力所组成的力系，称为**力偶**。力偶中两个力所组成的平面称为**力偶作用面**。力偶中两个力作用线之间的垂直距离称为**力偶臂**。

工程中力偶的实例是很多的。例如，图 2.3 所示为专用拧紧汽车车轮上螺母的工具。加在其上的两个力 F_1 和 F_2 等值、反向、平行但不共线，它们组成一个力偶。这一个力偶通过工具施加在螺母上，使螺母拧紧或松开。

2. 力偶的性质

性质 1 力偶没有合力

力偶虽然是由两个力所组成的力系，但力偶已是最基本的力系，且力偶不能与单个力平衡，力偶只能与力偶平衡。

性质 2 力偶对刚体的运动效应是使刚体转动

考察图 2.4 所示由 F 和 F' 组成的力偶(F，F')，其中 $F' = -F$。点 O 为空间的任意点。应用合力矩定理，力偶(F，F')对点 O 之矩

$$\begin{aligned}M_O = \sum M_O(F_i) &= r_A \times F + r_B \times F' \\ &= r_A \times F + r_B \times (-F) \\ &= (r_A - r_B) \times F = r_{BA} \times F\end{aligned} \quad (2\text{-}5)$$

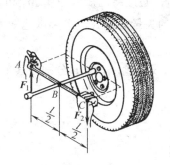 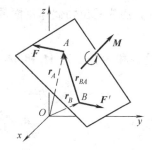

图 2.3 力偶实例   图 2.4 力偶矩矢量

其中 r_{BA} 为自 B 至 A 的矢径。读者可以任取其他点，也可以得到同样的结果。这表明力偶对任意点之矩与该点的位置无关。于是，不失一般性，式(2-5)可写成

$$M = r_{BA} \times F \quad (2\text{-}6)$$

其中的 M 称为**力偶矩矢量**。

推论 1 只要保持力偶矩矢量不变，可同时改变组成力偶的力和力偶臂的大小，且力偶可在其作用面内任意移动和转动，而不会改变力偶对刚体的运动效应。

推论 2 只要保持力偶矩矢不变，力偶可从一个作用平面平移至另一平行平面内，而不会改变力偶对刚体的运动效应。

由推论 1，2 (其证明可参看文献[2]) 可知，对刚体而言，力偶为**自由矢量**，即只要保持力偶矩矢(方位、大小和转向)不变，力偶可自由平移，滑移和旋转。

3. 力偶系合成

由于对刚体而言，力偶矩矢为自由矢量，因此对于力偶系中每个力偶矩矢，总可以平

移至空间某一个点。从而形成一个共点矢量系,对该共点矢量系利用矢量的平行四边形法则(类似汇交力系合成法),两两合成,最终得一个矢量,此即该力偶系的合力偶矩矢,为不变量,即合力偶矩矢与简化中心无关。用矢量式表示为

$$M = M_1 + M_2 + \cdots + M_n = \sum M_i \tag{2-7}$$

【例 2-2】 图 2.5 所示刚体 $ABCDO$ 的面 ABC 和面 ACD 上分别作用有力偶 M_1 和 M_2,已知 $M_1 = M_2 = M_0$,刚体各部分尺寸示于图中,求作用在刚体上的合力偶。

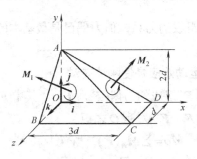

图 2.5 例 2-2 图

【分析】 为了应用式(2-7)计算合力偶矩矢量,必须将已知的力偶 M_1 和 M_2 写成矢量表达式。为此,应先写出力偶作用面的单位法线的矢量表达式,再乘以已知力偶矩矢量的模 M_1 和 M_2。

【解】 设 r_1 和 r_2 分别为 M_1 和 M_2 作用面的法线矢量,n_1 和 n_2 分别为其单位法线矢量。二者关系为

$$n_1 = \frac{r_1}{|r_1|}, \quad n_2 = \frac{r_2}{|r_2|} \tag{a}$$

其中

$$r_1 = r_{CA} \times r_{CB} = (-3d\boldsymbol{i} + 2d\boldsymbol{j} - d\boldsymbol{k}) \times (-3d\boldsymbol{i}) = 3d^2(\boldsymbol{j} + 2\boldsymbol{k}) \tag{b}$$

$$r_2 = r_{CD} \times r_{DA} = (-d\boldsymbol{k}) \times (-3d\boldsymbol{i} + 2d\boldsymbol{j}) = d^2(2\boldsymbol{i} + 3\boldsymbol{j}) \tag{c}$$

将式(b),(c)代入式(a),得

$$n_1 = (\boldsymbol{j} + 2\boldsymbol{k})/\sqrt{5}, \quad n_2 = (2\boldsymbol{i} + 3\boldsymbol{j})/\sqrt{13} \tag{d}$$

由此得

$$M_1 = M_1 n_1 = M_0(\boldsymbol{j} + 2\boldsymbol{k})/\sqrt{5}, \quad M_2 = M_2 n_2 = M_0(2\boldsymbol{i} + 3\boldsymbol{j})/\sqrt{13}$$

合力偶矩矢

$$M = M_1 + M_2 = M_0(0.555\boldsymbol{i} + 1.279\boldsymbol{j} + 0.894\boldsymbol{k})$$

2.3　力的平移定理与任意力系简化

1. 力的平移定理

考察图 2.6(a)所示之作用在刚体上点 A 的力 F_A,为使该力等效地从点 A 平移至点 B,

先在点 B 施加一对与 F_A 平行的平衡力 F_A'' 和 F_A'，并使 $F_A' = F_A = -F_A''$，如图 2.6(b)所示。这时由加减平衡力系公理知道，这 3 个力组成的力系与原来作用在点 A 的一个力等效。

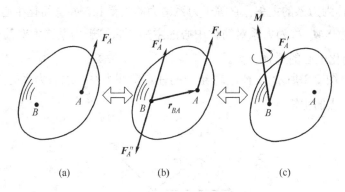

图 2.6 力的平移定理

在图 2.6(b)中，力 F_A 与力 F_A'' 组成一个力偶，其力偶矩矢由式(2-6)确定，如图 2.6(c)所示。此时作用在点 B 的力 F_A' 和力偶 M 与原来作用在点 A 的一个力 F_A 等效。读者不难发现，这一个力偶的力偶矩矢等于原来作用在点 A 的 F_A 对点 B 之矩。

上述分析结果表明：作用在刚体上的力可以向任意点平移，但必须同时附加一个力偶，该附加力偶的力偶矩矢等于平移前的力对新作用点之矩。这就是**力的平移定理**。

2. 空间任意力系简化

空间中呈任意分布的力系称为**空间任意力系**。考察作用在刚体上的空间任意力系(F_1，F_2，…，F_n)，如图 2.7(a)所示。显然对此力系已无法像空间汇交力系那样，用平行四边形法则来化简。现在刚体上任取一点，例如点 O，此点称为**简化中心**。应用力的平移定理，将力系中所有的力 F_1，F_2，…，F_n 逐个向简化中心 O 平移，最后得到汇交于点 O 的由 F_1'，F_2'，…，F_n' 组成的汇交力系，以及由所有附加力偶 M_1，M_2，…，M_n 组成的力偶系，如图 2.7(b)所示。

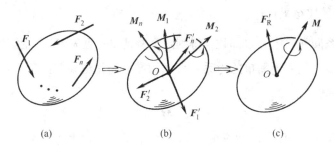

图 2.7 任意力系简化

平移后得到的汇交力系和力偶系，可以分别合成为一个作用于点 O 的力 F_R'，以及力偶 M_O，如图 2.7(c)所示。其中

$$F_R' = \sum F_i' = \sum F_i, \quad M_O = \sum M_i = \sum M_O(F_i) \tag{2-8}$$

式(2-8)中 $M_O(F_i)$ 为平移前力 F_i 对简化中心 O 之矩。

上述表明，空间任意力系向任一点简化可得到一个力和一个力偶。这个力通过简化中心，其力矢 F_R' 称为力系的**主矢**，它等于力系诸力的矢量和，并与简化中心的选择无关；这个力偶的力偶矩矢 M_O 称为力系对简化中心的**主矩**，它等于力系诸力对简化中心之矩矢的矢量和，并与简化中心的选择有关。

【例2-3】 图2.8所示为 F_1，F_2 组成的任意空间力系，求该力系的主矢 F_R' 以及力系对 O，A，E 3点的主矩。

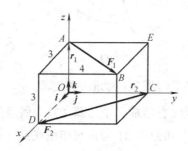

图2.8 例2-3图

【解】 力系中的二力可写成

$$F_1 = 3i + 4j, \quad F_2 = 3i - 4j$$

由式(2-8)得力系的主矢为

$$F_R' = \sum F_i = 6i$$

这是沿轴 x 正方向，数值为6的矢量。

应用式(2-8)以及矢量相乘方法有

$$M_O = \sum M_O(F_i) = r_1 \times F_1 + r_2 \times F_2 = 3k \times (3i+4j) + 4j \times (3i-4j) = -12i + 9j - 12k$$

$$M_A = \sum r_i \times F_i = 0 + r_{AC} \times F_2 = (4j - 3k)(3i - 4j) = -12i - 9j - 12k$$

$$M_E = \sum r_i \times F_i = r_{EA} \times F_1 + r_{EC} \times F_2 = -4j \times (3i+4j) - 3k \times (3i-4j) = -12i - 9j + 12k$$

3. 空间力系简化结果讨论

空间任意力系向简化中心 O 简化，得到两个特征量：主矢 F_R' 和主矩 M_O 后，还可根据不同情形，进一步简化为更简单的力系，可能的最后简化结果有：

(1) **平衡**。此时

$$F_R' = 0, \quad M_O = 0 \tag{2-9}$$

由式(2-9)，(1-6)可知，力系平衡时，其简化结果与简化中心无关。

(2) **合力偶**。此时 $F_R' = 0$，$M_O \neq 0$。其力偶矩等于力系对点 O 的主矩，由式(2-8)和合力矩定理可知，此时其简化结果与简化中心也无关。

(3) **合力**。此时可能是 $F_R' \neq 0$，$M_O = 0$，主矢即合力，其作用线通过点 O，大小、方向决定于力系的主矢；也可能是 $F_R' \neq 0$，$M_O \neq 0$，但 $F_R' \cdot M_O = 0$，即 F_R' 与 M_O 互相垂

直,根据力的平移定理的逆推理,F_R' 和 M_O 最终可简化为一个合力 F_R,如图 2.9(a)所示。

(4) **力螺旋**。此时 $F_R' \neq 0$,$M_O \neq 0$,且 $F_R' \cdot M_O \neq 0$。这有两种可能:① F_R' 与 M_O 平行,这种情况称为**力螺旋**;② F_R' 与 M_O 不平行,此时可将主矩 M_O 分解为沿 F_R' 作用线方向的 M 和垂直于 F_R' 作用线的 M_1,这样,F_R' 和 M_1 可进一步简化为与 M 平行的 F_R。此时 M,F_R 组成力螺旋。如图 2.9(b)所示。螺丝刀拧紧螺钉(图 2.10),以及钻头钻孔时,作用在螺丝刀及钻头上的力系都是力螺旋。

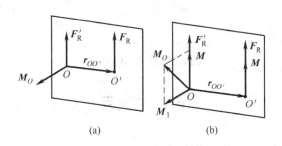

图 2.9 力系进一步简化

注意:平面力系(所有力的作用线共面)与空间力系简化的最后结果的差别在于平面力系不可能产生力螺旋。

4. 固定端约束

约束与被约束物体彼此固结为一体的约束,称为**固定端**,被约束物体的空间位置由约束完全固定而没有任何相对活动可能。常见的有:车床上装卡加工工件的卡盘对工件的约束(图 2.11(a));大型机器(例如摇臂钻床)中立柱对横梁的约束(图 2.11(b));房屋建筑中墙壁对悬臂梁的约束(图 2.11(c))。当受固定端约束的物体受到空间主动力系作用时,则固定端所受到的约束力系是一个空间力系,在固定端约束范围内任选一点(一般选图 2.12 中的点 A)作为简化中心,可将约束力简化为一个力 F_A 和一个力偶 M_A,或用它们沿坐标轴的 6 个分量表示(图 2.12(a)),当受固定端约束物体受到平面主动力系作用时,则固定端所受到的约束力系是一个平面力系(例如图 2.12(b)中平面 xy),用 F_{Ax},F_{Ay} 和 M_A 表示。

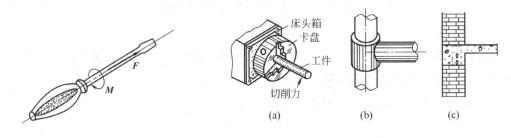

图 2.10 力螺旋实例   图 2.11 固定端实例

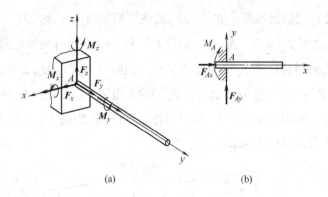

(a) (b)

图 2.12 固定端约束力

小　　结

本章用力的平行四边形法则分析汇交力系的合成；接着讨论了力偶及力偶的性质，说明对刚体而言，力偶矩矢是自由矢量(也有三要素)，从而对力偶系进行矢量合成；在此基础上，利用力向一点平移定理，对空间任意力系进行简化，得主矢和主矩两个重要概念，并对简化结果进行了讨论。

本章的重点是力向一点平移定理、力系的简化和结果。

本章难点是空间力偶的概念。

本章的主要内容包括：

1. 汇交力系

(1) 几何法：根据力的平行四边形法则，合力矢为

$$F_R = \sum_{i=1}^{n} F_i$$

合力矢作用线通过汇交点。

(2) 解析法：合力的解析式

$$F_R = \sum F_{ix}\boldsymbol{i} + \sum F_{iy}\boldsymbol{j} + \sum F_{iz}\boldsymbol{k}$$

2. 力偶系

力偶是由等值、反向、不共线的两个平行力组成的特殊力系。力偶没有合力，也不能用一个力来平衡。单个力偶已是最简单的力系，不能再简化。

力偶对刚体的作用效果可用力偶矩矢 M 表示：

$$M = r_{BA} \times F$$

力偶矩矢与矩心无关，是自由矢量。其三要素为大小、转向和作用面方位。

若两个力偶的力偶矩矢相等，则称其等效。

力偶系合成结果为一个合力偶，其合力偶矩矢为

$$M = \sum M_i = \sum M_{ix}\boldsymbol{i} + \sum M_{iy}\boldsymbol{j} + \sum M_{iz}\boldsymbol{k}$$

3. 力的平移定理

平移一个力的同时必须附加一个力偶，附加力偶矩等于平移前的力对新作用点的矩。

4. 空间任意力系

向点 O 简化得到一个作用在简化中心 O 的主矢 $\boldsymbol{F}_R' = \sum \boldsymbol{F}_i$ 和一个主矩 $\boldsymbol{M}_O = \sum \boldsymbol{M}_O(\boldsymbol{F}_i)$。

主矢与简化中心无关，主矩与简化中心有关。

5. 空间任意力系简化的最后结果

空间任意力系简化的最后结果可能是平衡、合力偶、合力或力螺旋中的一种情形。

平面任意力系简化的最后结果只可能是平衡、合力偶或合力中的一种情形。

思 考 题

2-1 某平面力系向 A，B 两点简化的主矩皆为零，此力系简化的最终结果可能是一个力吗？可能是一个力偶吗？可能平衡吗？

2-2 什么力系的简化结果与简化中心无关？

2-3 一平面汇交力系的汇交点为 A，B 是该力系平面内的另一点，且满足方程 $\sum M_B(\boldsymbol{F}) = 0$。若该力系不平衡，则该力系简化的结果是什么？

2-4 试比较力矩与力偶矩二者的异同。

2-5 图示等边三角形板 ABC，边长为 a，今沿其边缘作用大小均为 F 的 3 个力，方向如图(a)所示，求 3 个力的合成结果。若 3 个力的方向改变成如图(b)所示，其合成结果如何？

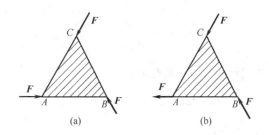

思考题 2-5 图

2-6 作用在刚体上的 4 个力偶，若其力偶矩矢都位于同一平面内，则一定是平面力偶系吗？

2-7 作用在刚体上的 4 个力偶的力偶矩矢自行封闭，则一定是平衡力系？为什么？

2-8 在任意力系中，若其力多边形自行封闭，则该力系的最后简化结果可能是什么？

2-9 空间平行力系简化的结果是什么？可能合成为一个力螺旋吗？

习 题

2-1 图示固定在墙壁上的圆环受 3 条绳索的拉力作用，力 F_1 沿水平方向，力 F_3 沿铅直方向，力 F_2 与水平线成 40° 角。3 个力的大小分别为 F_1=2 000 N，F_2=2 500 N，F_3=1 500 N。求 3 个力的合力。

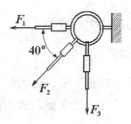

题 2-1 图

2-2 齿轮箱有 3 个轴，其中轴 A 水平，轴 B 和 C 位于 yz 铅垂平面内，轴上作用的力偶如图所示，求合力偶。

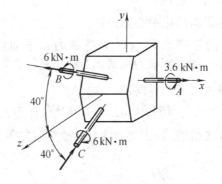

题 2-2 图

2-3 平行力(F，$-2F$)间距为 d，求其合力。

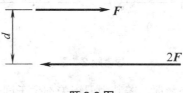

题 2-3 图

2-4 已知一个平面力系对 $A(3,0)$，$B(0,4)$ 和 $C(-4.5,2)$ 3 点的主矩分别为：$M_A = 20$ kN·m，$M_B = 0$，$M_C = -10$ kN·m。求该力系合力的大小、方向和作用线。

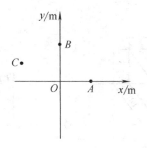

题 2-4 图

2-5 已知 $F_1 = 150 \text{ N}$，$F_2 = 200 \text{ N}$，$F_3 = 300 \text{ N}$，$F = F' = 200 \text{ N}$。求力系向点 O 的简化结果，并求力系合力的大小及其与原点 O 的距离 d。

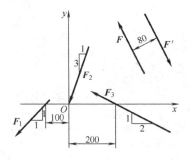

题 2-5 图

2-6 图示力系 $F_1 = 25 \text{ kN}$，$F_2 = 35 \text{ kN}$，$F_3 = 20 \text{ kN}$，力偶矩 $M = 50 \text{ kN·m}$。各力作用点坐标如图所示。求：①力系向点 O 简化的结果；②力系的合力。

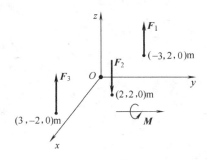

题 2-6 图

2-7 图示载荷 $F_1 = 100\sqrt{2} \text{ N}$，$F_2 = 200\sqrt{3} \text{ N}$，分别作用在立方形的顶点 A 和 B 处。将此力系向点 O 简化，求其简化的最后结果。

2-8 3 个大小均为 F 的力分别与 3 根轴平行，且在 3 个坐标平面内。问 l_1, l_2, l_3 需满足何种关系，此力系才可简化为一个合力？

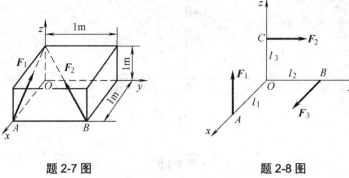

题 2-7 图　　　　题 2-8 图

第3章 力系的平衡方程及其应用

力系平衡是指该力系等价于零力系,力系对物体的运动状态不起作用。由第2章力系简化结果可得:任意力系平衡的必要和充分条件是该力系的主矢和主矩皆为零,即

$$F_R' = \sum F = 0, \quad M_O = \sum M_O(F) = 0 \tag{3-1}$$

式(3-1)写成投影式为

$$\begin{aligned}\sum F_x = 0, \quad \sum F_y = 0, \quad \sum F_z = 0 \\ \sum M_x = 0, \quad \sum M_y = 0, \quad \sum M_z = 0\end{aligned} \tag{3-2}$$

式(3-2)即为**空间任意力系的平衡方程**。它表明平衡力系的所有力在直角坐标系各轴上投影的代数和均为零,且对各坐标轴之矩的代数和也均为零。

下面先讨论其较简单的情况,也是重点要求掌握的内容。

3.1 平面力系平衡方程及其应用

1. 平面任意力系平衡方程的基本形式

当力系中所有力的作用线位于同一平面时,该力系称为**平面任意力系**。以 Oxy 坐标平面为力系的作用面(图 3.1),则式(3-2)中:$\sum F_z \equiv 0$,$\sum M_x \equiv 0$,$\sum M_y \equiv 0$,且 $\sum M_z$ 可写成 $\sum M_O$,于是式(3-2)简化为

$$\sum F_x = 0, \quad \sum F_y = 0, \quad \sum M_O = 0 \tag{3-3}$$

式(3-3)称为**平面任意力系平衡方程**的基本形式,式中前两式为投影式,第三式为力矩式。力系平衡时,对任意点主矩为零,因此矩心 O 可取任意点。

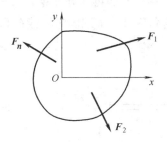

图 3.1 平面任意力系

【**例 3-1**】 简支梁受力和尺寸如图 3.2(a)所示(q 为载荷集度,单位长度的载荷),$F_1 = F_2 = qa$,$F_3 = \sqrt{2}qa$,求 A,B 处约束力。

【**分析**】 C 处作用1个力偶,它对任意点的力矩等于力偶矩,对任意轴的投影为零;分布力 q 的合力作用线位于 AB 中点,图 3.2(b)中已合成。A 处2个未知分力,B 处1个未知力,共3个未知力,平面任意力系有3个独立的平衡方程,可解。求 F_3 对点 A 的力矩可

用合力矩定理，分解为与坐标轴平行的正交分力。

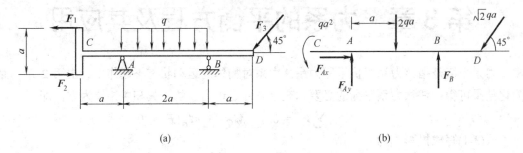

图 3.2　例 3-1 图

【解】　受力如图 3.2(b)所示。

$\sum M_A = 0$，$qa^2 - 2qa \cdot a + F_B \cdot 2a - \sqrt{2}qa \sin 45° \cdot 3a = 0$

$F_B = 2qa$

$\sum F_x = 0$，$F_{Ax} - \sqrt{2}qa \cos 45° = 0$

$F_{Ax} = qa$

$\sum F_y = 0$，$F_{Ay} - 2qa + F_B - \sqrt{2}qa \sin 45° = 0$

$F_{Ay} = qa$

【讨论】

(1) 对单个刚体为研究对象，解答中可不说明研究对象，且允许在题图上直接画约束力(即图 3.2(b)可不画，而在图 3.2(a)中相应约束处直接画约束力，假想已将约束解除)。若选用常规坐标系，图上可不画出坐标轴。

(2) 因力偶对任意点的矩为力偶矩本身，故只需考虑它在力矩平衡方程中的代数值。

(3) 静力学中的分布载荷多为矩形载荷和三角形分布载荷，记住其合力的大小与作用线位置，在实际计算时可直接应用，不必再积分计算。

【例 3-2】　图 3.3(a)所示直角弯杆，A 端固定，载荷和尺寸如图所示，求固定端 A 处的约束力。

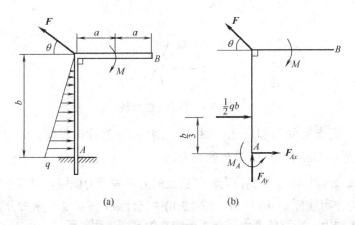

图 3.3　例 3-2 图

【分析】 以直角弯杆为研究对象，A 为固定端，约束力用 F_{Ax}, F_{Ay} 和 M_A 表示，3 个未知量，1 个研究对象有 3 个独立的平衡方程，可解。作用在 AB 段的三角形分布载荷的合力大小为 $qb/2$，作用线离点 A 为 $b/3$。以点 A 为矩心写力矩方程，方程中不出现未知力 F_{Ax}, F_{Ay}，可求得 M_A，然后再用投影方程求 F_{Ax}, F_{Ay}。图上的主动力偶 M 为绝对值符号。

【解】 整体受力见图 3.3(b)。

$$\sum M_A = 0, \quad M_A - M + F\cos\theta \cdot b - (qb/2)\cdot b/3 = 0$$

$$M_A = M - Fb\cos\theta + qb^2/6$$

$$\sum F_x = 0, \quad F_{Ax} + qb/2 - F\cos\theta = 0$$

$$F_{Ax} = F\cos\theta - qb/2$$

$$\sum F_y = 0, \quad F_{Ay} + F\sin\theta = 0$$

$$F_{Ay} = -F\sin\theta$$

【讨论】

(1) 注意固定端 A 处有约束力偶。

(2) 答案中 F_{Ay} 为负值表示其实际方向与假设相反；当给定具体数值，M_A 为正时，转向如图，M_A 为负时，转向与图示反向。

(3) 本题也可先用投影方程，后用力矩方程求解。

2. 平面平行力系平衡方程

作用于平面 Oxy 内的平面平行力系(参见例 3-3 的图 3.4)，设轴 y 与各力平行，则 $\sum F_x \equiv 0$，故式(3-3)简化为

$$\sum F_y = 0, \quad \sum M_O = 0 \tag{3-4}$$

【例 3-3】 图 3.4 所示为行动式起重机，已知轨距 $b=3$ m，机身重 $W_1 = 500$ kN，其作用线至右轨的距离 $e = 1.5$ m，起重机的最大载荷 $W = 250$ kN，其作用线至右轨的最大距离 $l = 10$ m。欲使起重机满载时不向右倾倒，空载时不向左倾倒，求平衡重 W_2 之值，设其作用线至左轨的距离 $a = 6$ m。

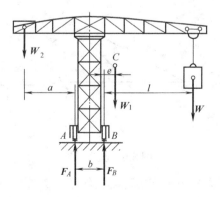

图 3.4 例 3-3 图

【分析】 以起重机为研究对象，满载时作用于起重机上的力有主动力 W_1，W_2，W 及约束力 F_A 和 F_B，这些力组成平面平行力系。W_2 需保证机身满载时平衡而不向右倾倒，限制条件为 $F_A \geq 0$，临界情况 $F_A = 0$；再考虑空载时，$W=0$，要保证机身空载时平衡而不向左倾倒，限制条件为 $F_B \geq 0$，临界情况 $F_B = 0$。可以解不等式方程，也可以解临界状态，后者较方便。

【解】

(1) 满载保证机身不向右倾倒，临界情况 $F_A = 0$。

$$\sum M_B = 0, \quad W_2(a+b) - W_1 e - Wl = 0$$

$$W_2 = \frac{Wl + W_1 e}{a + b} = 361\,\text{kN}$$

(2) 空载时 $W=0$，保证机身不向左倾倒，临界情况 $F_B = 0$。

$$\sum M_A = 0, \quad W_2 a - W_1(b+e) = 0$$

$$W_2 = \frac{W_1}{a}(b+e) = 375\,\text{kN}$$

因此，平衡重 W_2 之值应满足以下关系

$$361\,\text{kN} \leq W_2 \leq 375\,\text{kN}$$

【讨论】

(1) 平衡稳定问题除满足平衡条件外，还要满足限制条件。所得关系式中等号是临界状态。工程上为了安全起见，一般取上、下临界值的中值，本例可取 $W_2 \approx 368\,\text{kN}$。

(2) 思考本题为什么没用投影方程？

3. 平面汇交力系平衡方程

对于作用于坐标平面 Oxy 内的平面汇交力系，汇交点为 O，显然 $\sum M_O \equiv 0$，故式(3-3)简化为

$$\sum F_x = 0, \quad \sum F_y = 0 \tag{3-5}$$

【例 3-4】 如图 3.5(a) 所示，求 A，B 处的约束力。

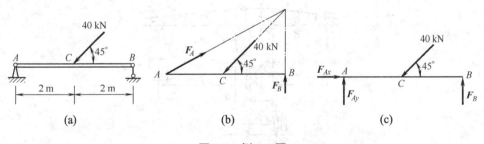

图 3.5 例 3-4 图

【分析】 本题可用三力平衡汇交定理确定约束力 F_A 的作用线，如图 3.5(b)所示，由式(3-5)计算，但计算各约束力的值不如用如图 3.5(c)所示的平面任意力系求解方便。建议读者分别用图 3.5(b)，(c)进行计算后比较。

4. 平面力偶系平衡方程

对于作用于平面 Oxy 内的力偶系,由于每个力偶均由等值、反向、共线的两个力组成,因此, $\sum F_x \equiv 0$, $\sum F_y \equiv 0$,故式(3-3)简化为 $\sum M_O = 0$,即

$$\sum M = 0 \tag{3-6}$$

【例 3-5】 圆弧杆 AB 与折杆 BDC 在 B 处铰接, A, C 处均为固定铰支座,结构受力偶 M 作用,如图 3.6(a)所示,图中 $l = 2r$,且 r , M 已知,求 A , C 处约束力。

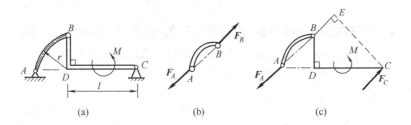

图 3.6 例 3-5 图

【分析】 本题表面上是两个刚体组成的物体系平衡,但由于圆弧杆 AB 为二力构件。 A, B 两处的约束力 F_A, F_B 作用线与 AB 连线重合,方向相反,大小相等,设杆 AB 受拉力,受力图如图 3.6(b)所示。以整体为研究对象, C 处为固定铰支座,有一个方向待定的约束力,由于主动力只有一个力偶,为保持系统平衡,约束力 F_C 和 F_A 必组成一个力偶,与主动力偶平衡。于是整体受力如图 3.6(c)所示。

【解】 整体为研究对象,受力如图 3.6(c)所示。

$$CE = \frac{\sqrt{2}}{2}r + \frac{\sqrt{2}}{2}l = \frac{3\sqrt{2}}{2}r$$

$$\sum M = 0, \quad M + F_C \cdot CE = 0$$

$$F_C = F_A = -\frac{\sqrt{2}M}{3r}$$

【讨论】

(1) 本题的关键是二力构件 AB 的确认,从而可知 A, B 处约束力作用线,工程中设二力构件受拉力,解出为负值时,说明实际受压力。

(2) 作业时,若不需要求中间铰 B 受力,则图 3.6(b)可不画出。

(3) 对受力图 3.6(c),也可用平面一般力系平衡方程 $\sum M_A = 0$,得同样结果。

(4) 当 F_A 作用线设定后(只能沿 AB), C 处约束力也可设成正交两分力,请读者画出其受力图,用平面一般力系平衡方程(先用力矩式 $\sum M_C = 0$,后用投影式)分析其结果。

3.2 平面物体系平衡问题

由两个或两个以上的物体组成的系统,称为**物体系**。为了解决物体系的平衡问题,需

将平衡的概念加以扩展：系统若整体平衡，则组成系统的每一个局部及每一个物体也必然平衡。应用这一重要概念以及平衡方程可求解物体系的平衡问题。

物体系平衡问题，有的要求全部外约束力，有的还要求构件之间的相互作用力(内力)。其特点是：只取整体为研究对象，不能确定全部待求量；而必须从**中间铰**处拆开，分别取研究对象分析。但不一定要把每个物体都拆开，应根据具体问题的已知量和待求量，分析如何拆分更方便求解。如何拆、如何选取研究对象(包括以整体为研究对象)是解物体系平衡问题的关键。方法是从可以解出部分待求量或者求出的未知力对后续求解有用的研究对象开始。

【例 3-6】 图 3.7(a)所示结构由 T 字梁与直梁在 B 处铰接而成。已知 $F = 2\,\text{kN}$，$q = 0.5\,\text{kN/m}$，$M = 5\,\text{kN}\cdot\text{m}$，$l = 2\,\text{m}$，求支座 C 及固定端 A 处约束力。

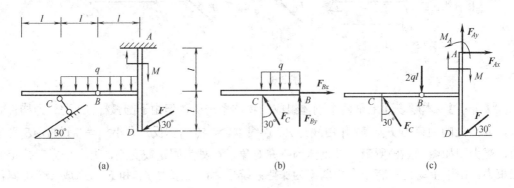

图 3.7 例 3-6 图

【分析】 本题为两个物体组成的系统，以整体为研究对象，图 3.7(c)有 4 个未知量，只有 3 个独立方程，不能解。应先从中间铰 B 处拆开，以最简单的受力杆 CB 为研究对象，受力如图 3.7(b)所示，只有 3 个未知力，可求。在求出 F_C 后，以整体为研究对象，此时只有 3 个未知量，可求固定端 A 处约束力。

【解】

(1) 杆 BC 为研究对象，受力如图 3.7(b)所示。

$\sum M_B = 0$，$F_C \cos 30° \cdot l - ql \cdot l/2 = 0$

$$F_C = \frac{\sqrt{3}}{3} ql = \frac{\sqrt{3}}{3} \times 0.5\,\text{kN/m} \times 2\,\text{m} = 0.577\,\text{kN}$$

(2) 整体为研究对象，受力如图 3.7(c)所示。

$\sum F_x = 0$，$-F_C \sin 30° - F \cos 30° + F_{Ax} = 0$

$$F_{Ax} = \frac{1}{2} F_C + \frac{\sqrt{3}}{2} F = 2.02\,\text{kN}$$

$\sum F_y = 0$，$F_C \cos 30° - q \cdot 2l - F \cos 60° + F_{Ay} = 0$

$$F_{Ay} = 2ql + \frac{1}{2} F - \frac{\sqrt{3}}{2} F_C = 2.50\,\text{kN}$$

$\sum M_A = 0$，

$$M_A - F_C\cos 30° \times 2l - F_C\sin 30° \times l + q \cdot 2l \cdot l - F\cos 30° \cdot 2l - M = 0$$
$$M_A = 10.5 \text{ kN} \cdot \text{m}$$

【讨论】第(2)步若取 ABD 为研究对象，受力图如何画？此时解答第(1)步应补充什么？

【例 3-7】 图 3.8(a)所示平面拱架，A 为固定端，B 为固定铰链，D，C 为中间铰链。作用力 $F_1 = 3$ kN，$F_2 = 6$ kN；尺寸 $a = R = 2$ m。求 A，B 处约束力。

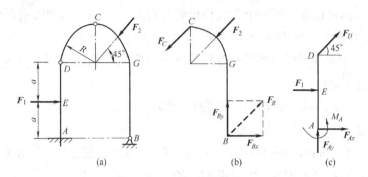

图 3.8 例 3-7 图

【分析】 若以拱架整体为研究对象，有 3 个独立的平衡方程，而固定端 A 处有 3 个未知力(M_A, F_{Ax}, F_{Ay})，固定铰链 B 处有 2 个未知力(F_{Bx}, F_{By})，共 5 个未知力，不能解。拱架有 3 个杆件，其中圆弧杆 CD 为二力构件，杆 CD 受力的作用线与 CD 连线重合，这给以下分析奠定了基础。

折杆 BGC，在 C 处的约束力 F_C 作用线已知，B 处为固定铰链，有 2 个分力 F_{Bx}, F_{By}，共 3 个未知力，受力如图 3.8(b)，有 3 个平衡方程，可解。

当求出 F_C 后，取杆 AD 为研究对象，只有 A 处有 3 个未知力，受力如图 3.8(c)所示，用 3 个方程可解。

【解】

(1) 折杆 BGC 受力如图 3.8(b)所示。

$\sum M_B = 0$，

$F_C\cos 45° \times (2a + R) + F_C\sin 45° \times R +$
$\qquad F_2\cos 45° \times (2a + R\sin 45°) + F_2\sin 45° \times (R - R\cos 45°) = 0$
$$F_C = -4.50 \text{ kN}$$

$\sum F_x = 0$，$F_{Bx} - F_C\cos 45° - F_2\cos 45° = 0$
$$F_{Bx} = 1.06 \text{ kN}$$

$\sum F_y = 0$，$F_{By} - F_C\sin 45° - F_2\sin 45° = 0$
$$F_{By} = 1.06 \text{ kN}$$

(2) 杆 AD 受力如图 3.8(c)所示。
$$F_D = F_C$$
$\sum M_A = 0$，$-F_D\cos 45° \times 2a - F_1 a + M_A = 0$
$$M_A = -6.73 \text{ kN} \cdot \text{m}$$

$$\sum F_x = 0, \quad F_{Ax} + F_D \cos 45° + F_1 = 0$$
$$F_{Ax} = 0.182 \text{ kN}$$
$$\sum F_y = 0, \quad F_{Ay} + F_D \sin 45° = 0$$
$$F_{Ay} = 3.18 \text{ kN}$$

【讨论】

(1) B 处为固定铰链，有一个方向待定的约束力 F_B，以上求解时用两个分力表示为 F_{Bx}，F_{By}，由于作用于折杆 BGC 上的力 F_C 与 F_2 是平行力，折杆 BGC 平衡，F_B 应与 F_C，F_2 平行，从而可用平面平行力系平衡方程 $\sum M_C = 0$ 直接求 F_B(不求中间未知量 F_C)，进而以整体为对象求 A 处约束力。

(2) 由本题可见，解物体系平衡问题的思路为：判别有无二力构件，从中间铰拆开，由只有 3 个或最少未知力的对象出发。

【例 3-8】 图 3.9(a)所示平面构架，A，C，D，E 处为铰链连接，杆 BD 上的销钉 B 置于杆 AC 的光滑槽内，F=200 N，力偶矩 M=100 N·m，求 A，B，C 处受力。

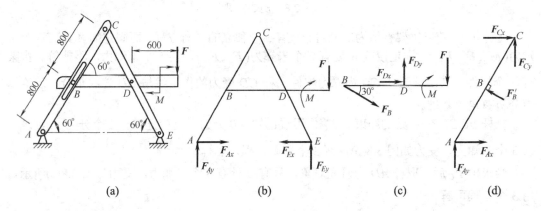

图 3.9 例 3-8 图

【分析】 本题所求未知量都在杆 ABC，以此为对象，受力如图 3.9(d)所示，5 个未知量，3 个方程，要先由其他对象求出 2 个未知量。杆 BD，受力图 3.9(c)，有 3 个未知量，可求 F_B。整体为对象，受力如图 3.9(b)所示，有 3 个独立的平衡方程，在 A，E 处共 4 个未知力，其中 3 个交于一点，用 $\sum M_E = 0$，可解出 F_{Ay}。

【解】

(1) 整体为研究对象，受力如图 3.9(b)所示。
$$\sum M_E = 0, \quad -F_{Ay} \times 1.6 \text{ m} - M - F \times (0.6 \text{ m} - 0.4 \text{ m}) = 0$$
$$F_{Ay} = -87.5 \text{ N}$$

(2) 研究对象为杆 BD，受力如图 3.9(c)所示。
$$\sum M_D = 0, \quad F_B \times 0.8 \text{ m} \times \sin 30° - M - F \times 0.6 \text{ m} = 0$$
$$F_B = 550 \text{ N}$$

(3) 研究对象为杆 ABC，受力如图 3.9(d)所示。

$$\sum M_C = 0, \quad F_{Ax} \times 1.6 \text{ m} \times \sin 60° - F_{Ay} \times 0.8 \text{ m} - F_B \times 0.8 \text{ m} = 0$$

$$F_{Ax} = 267 \text{ N}$$

$$\sum F_x = 0, \quad F_{Ax} - F_B' \cos 30° + F_{Cx} = 0$$

$$F_{Cx} = 209 \text{ N}$$

$$\sum F_y = 0, \quad F_{Ay} + F_B' \sin 30° + F_{Cy} = 0$$

$$F_{Cy} = -188 \text{ N}$$

【讨论】本题没有对每个研究对象都列出 3 个平衡方程,而是根据需要共列 5 个方程,将矩心取在不要求的约束力作用处,正好解出要求的 5 个未知力,第(1),(2)步解答次序可互换。选取对象是关键,选取矩心是技巧。

3.3 静定与超静定概念

在前面讨论的平衡问题中,未知力个数等于独立平衡方程数,因而能由平衡方程解出全部未知力。这类问题称为**静定问题**,相应的结构称为**静定结构**。例如本章前面给出的各例及图 3.10。

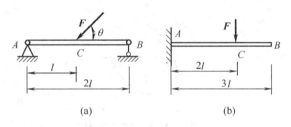

图 3.10 静定结构

工程上为了提高结构的强度和刚度,常常在静定结构上再加一个或几个约束,从而造成未知约束力的个数大于独立平衡方程的数目。因而,仅仅由静力学平衡方程无法求得全部未知约束力,需要补充变形条件。此类问题称为**超静定问题**或**静不定问题**,相应的结构称为**超静定结构**或**静不定结构**。例如图 3.11(a), (b)所示。

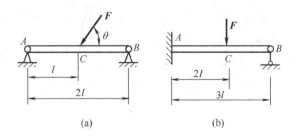

图 3.11 超静定结构

超静定问题中,未知量的个数与独立的平衡方程数目之差,称为**超静定次数**。与超静定次数对应的约束对于结构保持静定是多余的,称为**多余约束**。读者要会正确判断简单结构的超静定次数。判断结构静定与否的方法是:把结构全部拆成单个构件,计算未知量的总个数与独立平衡方程的总个数,加以比较。注意作用力与反作用力大小相等(两者只计 1 个未知量),及不同力系有不同的独立方程数。超静定问题的解法将在本书材料力学部分介绍。

3.4 空间力系平衡方程及其应用

本章开头给出了空间任意力系的平衡方程(3-2)。空间问题比较复杂,静力学一般只要求掌握单体空间力系平衡问题。

1. 空间汇交力系平衡方程

空间力系中所有力的作用线汇交于一点的力系称为**空间汇交力系**。以空间汇交力系的汇交点 O 作为坐标原点,如图 3.12 所示,则式(3-2)中 3 个对轴的力矩方程为恒等式,于是其独立的平衡方程为

$$\sum F_x = 0, \quad \sum F_y = 0, \quad \sum F_z = 0 \tag{3-7}$$

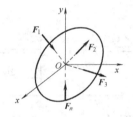

图 3.12 空间汇交力系

【例 3-9】 图 3.13(a)所示起重三脚架各杆均长 $l = 2.5$ m,两端为铰接。铰 D 上挂有重量为 $W = 20$ kN 的重物,且知 $\theta_1 = 120°$,$\theta_2 = 90°$,$\theta_3 = 150°$,$OA = OB = OC = r = 1.5$ m,求各杆受力。

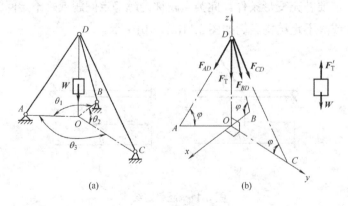

图 3.13 例 3-9 图

【分析】 因各杆均为二力杆,可画出铰 D 受力图 3.13(b),诸力 F_T,F_{AD},F_{BD},F_{CD}

构成空间汇交力系,且已知 $F_T = W$,于是有 3 个未知力,3 个方程,可解。取坐标系 $Oxyz$,由已知条件,可知 F_{AD},F_{BD},F_{CD} 与坐标平面 Oxy 的夹角均为 φ,且

$$\cos\varphi = \frac{1.5 \text{ m}}{2.5 \text{ m}} = \frac{3}{5}, \quad \sin\varphi = \frac{4}{5}$$

此外,从已知的角度 θ_1,θ_2,θ_3,可知各力在平面 Oxy 的投影与轴 x(或与轴 y)间的夹角,故力 F_{AD},F_{BD},F_{CD} 的投影应采用两次投影法计算。

【解】 以铰 D 为研究对象,由图 3.13(b),用平衡方程

$$\sum F_x = 0, \quad F_{AD}\cos\varphi \cdot \cos 60° - F_{BD}\cos\varphi = 0 \tag{a}$$

$$\sum F_y = 0, \quad -F_{AD}\cos\varphi \cdot \sin 60° + F_{CD}\cos\varphi = 0 \tag{b}$$

$$\sum F_z = 0, \quad -(F_{AD} + F_{BD} + F_{CD})\sin\varphi - W = 0 \tag{c}$$

解得

$$F_{AD} = -10.57 \text{ kN}, \quad F_{BD} = -5.28 \text{ kN}, \quad F_{CD} = -9.15 \text{ kN}$$

结果中负号表示三杆均受压。

【讨论】 对于单个研究对象的空间力系,为了较清楚地表示研究对象所受各力在空间的方位,允许在原结构图上画受力图(约定假想这种受力图已解除约束),不必像本例题那样取铰 D 的分离体单独画受力图 3.13(b)。

2. 空间力偶系平衡方程

全部由空间力偶组成的力系称为**空间力偶系**。由于空间力偶系的主矢恒为零,故式(3-2)中 3 个投影式为恒等式,其独立的平衡方程为

$$\sum M_x = 0, \quad \sum M_y = 0, \quad \sum M_z = 0 \tag{3-8}$$

3. 空间平行力系平衡方程

空间各力作用线相互平行的力系称为**空间平行力系**。若取坐标系 $Oxyz$ 的轴 Oz 与各力平行(图 3.14),则式(3-2)中,$\sum F_x \equiv 0$,$\sum F_y \equiv 0$,$\sum M_z \equiv 0$,于是其独立的平衡方程为

$$\sum F_z = 0, \quad \sum M_x = 0, \quad \sum M_y = 0 \tag{3-9}$$

【例 3-10】 圆桌的三条腿成等边三角形 ABC 如图 3.15(a)所示。圆桌半径 $r = 500$ mm,重 $W = 600$ N。在三角形中线 CD 上点 M 处作用铅垂力 $F = 1500$ N,$OM = a$。求:使圆桌不致翻倒的最大距离 a。

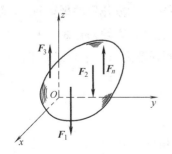

图 3.14 空间平行力系

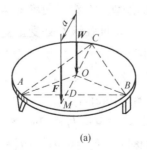

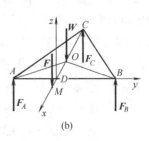

图 3.15 例 3-10 图

【分析】 桌腿与地面的接触面摩擦不计，可视为光滑面。圆桌为研究对象，受力如图 3.15(b)所示，为空间平行力系。取坐标系如图，圆桌可能绕轴 y 翻倒，临界情况，$F_C = 0$。

【解】 由受力图 3.15(b)得
$$\sum M_y = 0, \quad F \cdot DM - W \cdot OD = 0$$
$$OD = 0.5r, \quad DM = a - 0.5r$$
$$a = 0.5r(1 + \frac{W}{F}) = 0.5 \times 500 \text{ mm} \times \left(1 + \frac{600 \text{ N}}{1\,500 \text{ N}}\right) = 350 \text{ mm}$$

【讨论】 本题属倾覆问题，倾覆轴为轴 y，倾覆力矩为 $F \cdot DM$，稳定力矩为 $W \cdot OD$。由稳定力矩大于倾覆力矩的条件可直接解出 a。

4. 空间任意力系平衡方程应用举例

【例 3-11】 如图 3.16(a)，(b)所示，使水涡轮转动的力偶矩 $M_z = 1\,200 \text{ N·m}$，在锥齿轮 B 处受到的力分解为 3 个分力：圆周力 F_t，轴向力 F_a 和径向力 F_r。这些力的比例为 $F_t : F_a : F_r = 1 : 0.32 : 0.17$。已知水涡轮连同轴和锥齿轮的总重量为 $W = 12 \text{ kN}$，其作用线沿轴 Cz，锥齿轮的平均半径 $OB = 0.6 \text{ m}$，其余尺寸如图，求止推轴承 C 和轴承 A 的约束力。

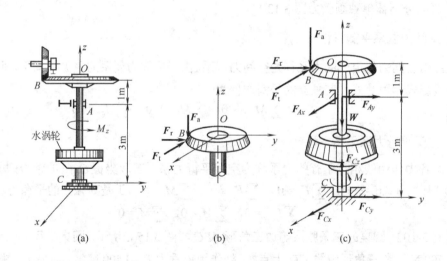

图 3.16　例 3-11 图

【分析】 本题为"轴-锥齿轮-涡轮"组成的单刚体受空间力系作用的平衡问题。轴在向心轴承 A 处受水平正交二分力，止推轴承 C 处受正交三分力，本题共有 8 个未知力，但已知 $F_t : F_a : F_r = 1 : 0.32 : 0.17$，相当于两个补充方程，加空间任意力系 6 个独立的平衡方程，因此可解。先对轴 z 列力矩平衡方程，可求 F_t。

【解】 整体受空间力系如图 3.16(c)所示。
$$\sum M_z = 0, \quad M_z - F_t \cdot OB = 0, \quad F_t = 2\,000 \text{ N}$$
$$F_t : F_a : F_r = 1 : 0.32 : 0.17, \quad F_a = 640 \text{ N}, \quad F_r = 340 \text{ N}$$
$$\sum M_y = 0, \quad F_{Ax} \times 3 \text{ m} - F_t \times 4 \text{ m} = 0, \quad F_{Ax} = 2\,667 \text{ N}$$

$\sum M_x = 0$, $-F_{Ay} \times 3\,\text{m} - F_r \times 4\,\text{m} + F_a \times 0.6\,\text{m} = 0$, $F_{Ay} = -325\,\text{N}$

$\sum F_x = 0$, $F_{Ax} + F_{Cx} - F_t = 0$, $F_{Cx} = -667\,\text{N}$

$\sum F_y = 0$, $F_{Ay} + F_{Cy} + F_r = 0$, $F_{Cy} = -15\,\text{N}$

$\sum F_z = 0$, $F_{Cz} - W - F_a = 0$, $F_{Cz} = 12\,640\,\text{N}$

【讨论】注意在空间力系平衡问题的 6 个平衡方程中,应尽可能使每个方程的未知数少,避免解联列方程组。通常是先取力矩轴与尽可能多的未知力平行或相交,使这些力在力矩方程中不出现,例如本解答中第一个方程。列出的 6 个方程的次序应灵活选取。有时由于问题本身特点和所求,6 个平衡方程不一定全部用上。

小 结

(1) 空间任意力系平衡的充要条件是力系的主矢和对于任意点的主矩都等于零,即

$$F_R' = \sum F_i = 0, \quad M_O = \sum M_O(F) = 0$$

(2) 空间任意力系平衡方程为

$$\sum F_x = 0, \sum F_y = 0, \sum F_z = 0, \sum M_x = 0, \sum M_y = 0, \sum M_z = 0$$

各种具体力系又有各自独立的平衡方程,其中重点是平面任意力系平衡方程 (设力系在 Oxy 平面内):

$$\sum F_x = 0, \quad \sum F_y = 0, \quad \sum M_O = 0$$

(3) 物体系平衡特点:系统若整体平衡,则组成系统的每一个局部以及每一个物体也必然是平衡的。解这类问题的要领是从中间铰处拆开,从最简单的受力对象出发,列方程时尽量使方程只含 1 个未知量,若遇有载荷要简化,应先拆后简化。

思 考 题

3-1 如图(a),(b),(c)所示的 3 种结构,$\theta = 60°$。如 B 处都作用有相同的水平力 F,问铰链 A 处的约束力是否相同。请作图表示其大小与方向。

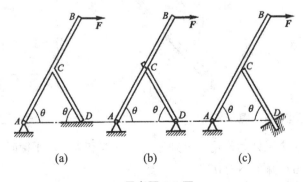

思考题 3-1 图

3-2 在刚体的 A, B, C, D 4 点作用有 4 个大小相等的力，此 4 个力沿 4 个边恰好组成封闭的力多边形，如图所示。此刚体是否平衡？若力 F_1 和力 F_1' 都改变成反向，此刚体是否平衡？

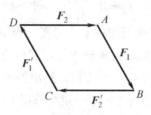

思考题 3-2 图

3-3 在图(a)，(b)，(c)中，若力或力偶对点 A 的矩都相等，它们引起的支座约束力是否相同？

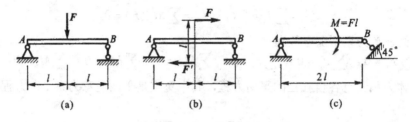

思考题 3-3 图

3-4 图示两种机构，图(a)中销钉 E 固结于杆 CD 而插在杆 AB 的滑槽中；图(b)中销钉 E 固结于杆 AB 而插在杆 CD 的滑槽中。不计摩擦，$\theta = 45°$，如在杆 AB 上作用有矩为 M_1 的力偶，上述两种情况下平衡时，A，C 处的约束力和杆 CD 上作用的力偶是否相同？

3-5 长方形平板如图所示。载荷强度分别为 q_1，q_2，q_3，q_4 的均匀分布载荷(亦称剪流)作用在板上，欲使板保持平衡，则载荷强度间数值关系如何？

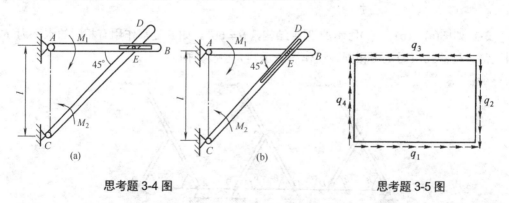

思考题 3-4 图　　　　　　　　思考题 3-5 图

3-6 图示结构受 3 个已知力作用，分别汇交于点 B 和点 C，平衡时，铰链 A，B，C，D 中，哪个约束力为 0？哪个不为 0？

3-7 怎样判断静定和超静定问题？图示的 4 种情形中哪些是静定问题，哪些是超静定问题？

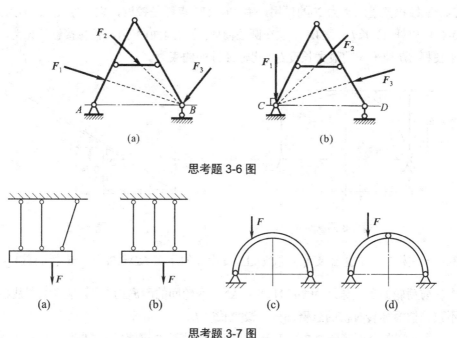

思考题 3-6 图

思考题 3-7 图

*3-8 空间任意力系总可以用两个力来平衡，为什么？

习 题

3-1 重 W，半径为 r 的均匀圆球，用长为 l 的软绳 AB 及半径为 R 的固定光滑圆柱面支持如图，A 与圆柱面的距离为 d。求绳子的拉力 F_T 及固定面对圆球的作用力 F_N。

3-2 吊桥 AB 长 l，重 W_1，重心在中心。A 端由铰链支于地面，B 端由绳拉住，绳绕过小滑轮 C 挂重物，重量 W_2 已知。重力作用线沿铅垂线 AC，$AC=AB$。问吊桥与铅垂线的交角 θ 为多大方能平衡，并求此时铰链 A 对吊桥的约束力 F_A。

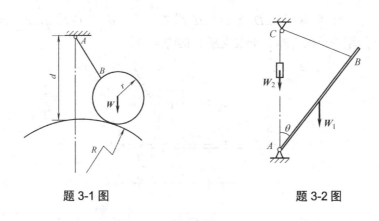

题 3-1 图　　　　　　　　题 3-2 图

---

* 表示属于加深和拓宽内容，非基本要求，可根据需要选用。

3-3 三铰拱架受水平力 F 的作用，A，B，C 3 点都是铰链，求支座 A，B 的约束力。

3-4 均质杆 AB 长 l，重 W，放在圆柱筒内(筒与地面固连)，且各接触处光滑，θ 为已知。求使杆 AB 能平衡的最大长度 l 及此时 A 处的约束力。

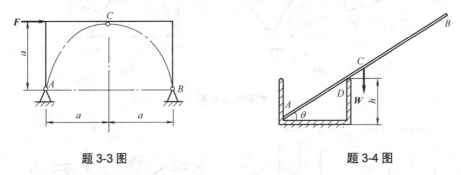

题 3-3 图　　　　　　题 3-4 图

3-5 一便桥自由放置在支座 C 和 D 上，支座间的距离 $CD = 2d = 6$ m。桥面重 $1\dfrac{2}{3}$ kN/m。设汽车的前后轮的负重分别为 20 kN 和 40 kN，两轮间的距离为 3 m。求当汽车从桥上面驶过而不致使桥面翻转时桥的悬臂部分的最大长度 l。

3-6 图示汽车台秤简图，BCF 为整体台面，杠杆 AB 可绕轴 O 转动，B，C，D 均为铰链，杠杆处于水平位置。求平衡时砝码重 W_1 与汽车重 W_2 的关系。

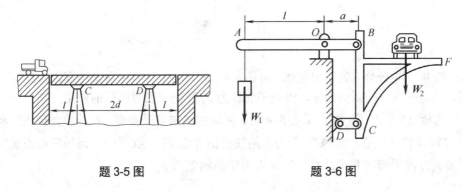

题 3-5 图　　　　　　题 3-6 图

3-7 图示构件由直角弯杆 EBD 及直杆 AB 组成。已知 $q = 10$ kN/m，$F = 50$ kN，$M = 6$ kN·m，各尺寸如图。求固定端 A 处及支座 C 的约束力。

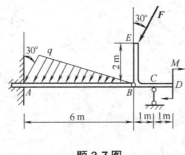

题 3-7 图

3-8 图示厂房构架为三铰拱架。桥式吊车顺着厂房(垂直于纸面方向)沿轨道行驶，吊车

梁的重 $W_1 = 20\,\text{kN}$，其重心在梁的中点。跑车和起吊重物的重 $W_2 = 60\,\text{kN}$。每个拱架重 $W_3 = 60\,\text{kN}$，其重心在点 D，E，正好与吊车梁的轨道在同一铅垂线上。风压的合力为 $10\,\text{kN}$，方向水平。求当跑车位于离左边轨道的距离等于 $2\,\text{m}$ 时，铰链 A，B 的约束力。

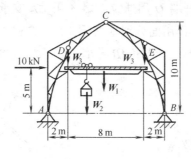

题 3-8 图

3-9 图示构架中，物体重 $W=1200\,\text{N}$，由细绳跨过滑轮 E 而水平系于墙上，尺寸如图，求支承 A 和 B 处的约束力及杆 BC 的内力 F_{BC}。

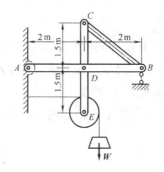

题 3-9 图

3-10 由直角曲杆 ABC，DE，直杆 CD 及滑轮组成的结构如图所示，杆 AB 上作用有水平均布载荷 q。在 D 处作用一铅垂力 F，在滑轮上悬吊一重为 W 的重物，滑轮的半径 $r=a$，且 $W=2F$，$CO=OD$。求支座 E 及固定端 A 的约束力。

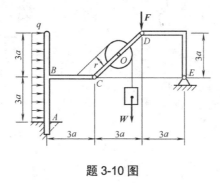

题 3-10 图

3-11 图示三脚架用球铰链 A，D 和 E 铰接在水平面上，无重杆 BD 和 BE 在同一铅垂平面内，长度相同，用球铰链在 B 处连结，且 $\angle DBE=90°$，均质杆 AB 与水平面成角 $\theta = 30°$，

其重力 $W = 500$ N，在杆 AB 的中点 C 作用一力 $F = 10$ kN，力 F 在铅垂平面 ABO 内，且与铅垂线成 60°角。求支座 A 的约束力以及杆 BD 和 BE 的受力。

3-12 图示折杆 ABCD 中，ABC 段组成的平面为水平，而 BCD 段组成的平面为铅垂，且 $\angle ABC = \angle BCD = 90°$。杆端 D 用球铰，端 A 用轴承支承。杆上作用有力偶矩数值为 M_1，M_2 和 M_3 的 3 个力偶，其作用面分别垂直于 AB，BC 和 CD。假定 M_2，M_3 大小已知，求 M_1 及约束力 F_A，F_D 的各分量。已知 $AB = d_1$，$BC = d_2$，$CD = d_3$。

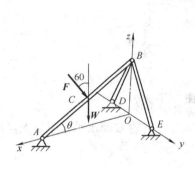
题 3-11 图

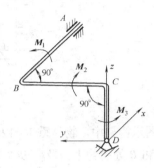
题 3-12 图

3-13 作用在齿轮上的啮合力 F 推动皮带轮绕水平轴 AB 作匀速转动。已知皮带紧边的拉力为 200 N，松边的拉力为 100 N，尺寸如图所示。求力 F 的大小和轴承 A，B 的约束力。

3-14 边长为 d 的等边三角形板 ABC 用 3 根铅垂杆 1，2，3 和 3 根与水平面成 30°的斜杆 4，5，6 支撑在水平位置，在板的平面内作用一力偶，其力偶矩数值为 M，方向如图所示。求各杆受力。

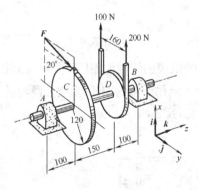
题 3-13 图

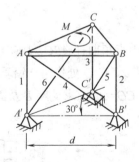
题 3-14 图

第4章 静力学应用专题

本章主要介绍平面桁架和有摩擦的平衡问题。这些内容既是平衡条件的具体应用，又能在研究解决实际问题中得到深化和发展。

4.1 平面简单桁架

4.1.1 平面简单桁架的构成

桁架是一种由细长直杆在两端用焊接、铆接、榫接或螺栓连接等方式连接而成的几何形状不变的结构，广泛用于工程中房屋的屋架、桥梁、起重机、雷达天线、导弹发射架、输电线路铁塔、某些电视发射塔等。若组成桁架的所有杆件的轴线及作用于该桁架的全部载荷均位于同一平面内，则称为**平面桁架**，否则为**空间桁架**。某些具有对称平面的空间结构桁架，当载荷作用在对称面内时，也可以视为平面桁架加以分析。

桁架的优点是：杆件主要承受拉力或压力，可以充分发挥材料的作用，节约材料，减轻结构的重量。

为了简化桁架的计算，工程实际中采用以下假设：

(1) 桁架的杆件都是直的；
(2) 杆件用光滑铰链(称为**节点**)连接；
(3) 桁架所受的载荷和支座约束力都作用在节点上，而且在桁架的平面内；
(4) 桁架杆件的重量略去不计，或平均分配在杆件两端的节点上。

这样的桁架，称为**理想桁架**。根据这些假设，桁架的杆件都视为二力杆。

实际的桁架，与上述假设有差别，桁架的节点不是完全铰接，杆件的中心线也不可能是绝对直的。但上述假设能够简化计算，而且结果与实际情况相差不大，满足工程设计的一般要求。本节只研究平面桁架中的静定桁架，如图 4.1 所示。这种桁架以三角形为基础，每增加一个节点需增加两根杆件，这样构成的桁架又称为**平面简单桁架**。

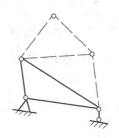

图 4.1 平面简单桁架

由桁架的构成方法得：平面简单桁架的杆数 m 与节点数 n 之间的关系为

$$m+3=2n \tag{4-1}$$

从解题考虑，平面简单桁架的每一节点都作用有平面汇交力系，n 个节点共可列出 $2n$ 个平衡方程；而未知量是 m 个杆的内力及 3 个外支承约束力共计 $m+3$ 个。由式(4-1)可知：简单桁架一定是静定桁架。

4.1.2 平面简单桁架的内力分析

若桁架处于平衡，则它的任一局部，包括节点、杆以及用假想截面截出的任意局部都是平衡的。为此，介绍"节点法"和"截面法"。

1. 节点法

以节点为研究对象，考察其受力和平衡，求得与该节点相连接的杆件的受力，此方法称为**节点法**。由于各节点受力均为平面汇交力系，每个节点只有两个独立的平衡方程，因此，依次所选节点一般应该至少有一个已知力且最多有两个未知力。

桁架杆件较多，为便于叙述，求解前先将杆件编号；另外，由于桁架杆件均为二力杆，工程上约定用**设正法**，即杆件全部设成受拉。画节点受力图时，设各杆拉节点。各杆实际受拉或受压，由计算结果的正负号确定。

为了求解方便，对组成桁架的某些简单节点的杆件的受力情况先作判断，利用汇交力系平衡投影方程尽量先找出内力等于零的杆，即所谓的**零杆**。请判断组成图 4.2 所示各节点杆件中的零杆或内力间的关系。

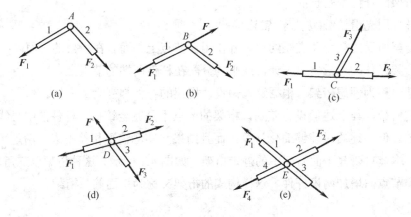

图 4.2 杆件内力判断

【**例 4-1**】 平面悬臂桁架受力如图 4.3(a)所示，已知尺寸 d 和载荷 F_A =10 kN，F_E = 20 kN，求各杆的受力。

【**分析**】 各杆编号如图 4.3(b)所示，由受力图 4.3(d)，(f)得：杆 3，7 为零杆，杆 2，6 受力相等，杆 4，8 受力相等。

【**解**】

(1) 节点 A，受力如图 4.3(c)所示。

$$\sum F_y = 0, \quad F_1 \cos 45° - F_A = 0, \quad F_1 = 14.1 \text{ kN}$$
$$\sum F_x = 0, \quad F_1 \cos 45° + F_2 = 0, \quad F_2 = -10 \text{ kN}$$

(2) 节点 C，受力如图 4.3(d)所示。
$$F_6 = F_2 = -10 \text{ kN}$$

(3) 节点 B，受力如图 4.3(e)所示。
$$\sum F_y = 0, \quad F_1 \cos 45° + F_5 \cos 45° = 0, \quad F_5 = -14.1 \text{ kN}$$
$$\sum F_x = 0, \quad F_1 \cos 45° - F_4 - F_5 \cos 45° = 0, \quad F_4 = 20 \text{ kN}$$

(4) 节点 D，受力如图 4.3(f)所示。
$$F_8 = 20 \text{ kN}$$

(5) 节点 E，受力如图 4.3(g)所示。
$$\sum F_y = 0, \quad F_5 \cos 45° + F_9 \cos 45° - F_E = 0, \quad F_9 = 42.4 \text{ kN}$$
$$\sum F_x = 0, \quad -F_9 \cos 45° - F_{10} + F_5 \cos 45° + F_6 = 0, \quad F_{10} = -50 \text{ kN}$$

【讨论】 对悬臂桁架，不求外约束力也可求各杆内力。

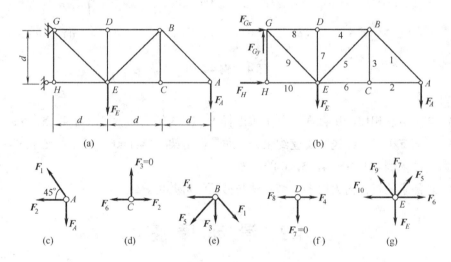

图 4.3 例 4-1 图

2. 截面法

用假想截面将桁架的杆件截开，以其中一部分为研究对象，求出被截杆件的内力，这种方法称为**截面法**。该法对只需求部分杆件内力而不是全部时较简便。

【例 4-2】 用截面法求图 4.4(a)所示平面桁架中杆 4，5，6 的内力。

【分析】 用假想截面截开杆 4，5，6，取右半部，得受力图 4.4(b)，有 4 个未知力，因此需先用整体为研究对象，由 $\sum M_A = 0$ 求出 F_B 后，再用图 4.4(b)求解。

【解】

(1) 整体为研究对象，受力如图 4.4(a)所示。
$$\sum M_A = 0$$
$$F_B \times 12 \text{ m} + 15 \text{ kN} \times 4 \text{ m} - (30 \text{ kN} \times 3 \text{ m} + 20 \text{ kN} \times 6 \text{ m} + 10 \text{ kN} \times 9 \text{ m}) = 0$$

$F_B = 20$ kN

(2) 截面法，受力如图 4.4(b)所示

$\sum M_C = 0$，$-F_6 \times 4 \text{ m} + 15 \text{ kN} \times 4 \text{ m} + F_B \times 3 \text{ m} = 0$，$F_6 = 30$ kN

$\sum F_y = 0$，$F_B - 10 \text{ kN} - F_5 \times \dfrac{4}{5} = 0$，$F_5 = 12.5$ kN

$\sum F_x = 0$，$-F_4 - F_5 \times \dfrac{3}{5} - F_6 + 15 \text{ kN} = 0$，$F_4 = -22.5$ kN

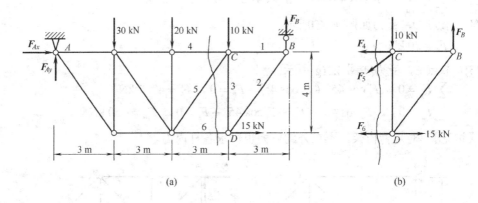

图 4.4 例 4-2 图

【讨论】

(1) 与节点法相比，用截面法不用求出杆 1，2，3 的内力就可求杆 4，5，6 的内力。

(2) 对简支桁架，需先求支座约束力；对悬臂桁架(例 4-1)则可不必求支座约束力，请读者用截面法求例 4-1 中杆 4，5，6 的内力。

(3) 若需求的杆件内力较多，节点法与截面法可并用。

4.2 滑动摩擦

当两个相互接触的物体有相对滑动或滑动趋势时，会产生沿接触面公切线方向的阻力，这种力称为滑动摩擦力，简称**摩擦力**。仅有相对滑动趋势而尚未发生滑动的摩擦力称为**静摩擦力**，用 F_s 表示；有相对滑动时的摩擦力称为**动滑动摩擦力**，简称**动摩擦力**，用 F 表示。

在以前的讨论中，都将物体的接触面近似为绝对光滑，不考虑摩擦力的作用，所以接触物体间的约束力沿接触面的公法线，这是实际情况的理想化。完全光滑的表面实际上并不存在，当摩擦力很小时，摩擦力对研究物体的运动或运动趋势不起重要作用，忽略摩擦力是允许的。但是在某些情况下，摩擦的作用十分显著，甚至起决定性作用，必须考虑。例如，梯子倚在墙边不倒，是依靠粗糙地面的摩擦力；汽车之所以能向前行驶，是依靠路面对主动轮向前的摩擦力。再如车辆的制动、螺栓连接与锁紧装置、楔紧装置以及缆索滑轮传动系统等都依靠摩擦。

4.2.1 滑动摩擦

考察重量为 W 的物块静止地置于水平面上，设二者接触面是**非光滑面**。在物块上施加水平力 F_T，如图 4.5(a)所示，令其自零开始连续增大，物块的受力如图 4.5(b)所示。因为是非光滑面接触，故作用在物块上的约束力除**法向力** F_N 外，还有**切向力** F_s，即**滑动摩擦力**。

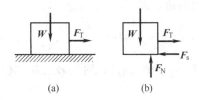

图 4.5 非光滑面约束及其约束力

当 $F_T=0$ 时，由于二者无相对滑动趋势，故静滑动摩擦力 $F_s=0$。当 F_T 开始增加时，静摩擦力 F_s 随之增加，连续有 $F_s=F_T$，物块保持静止。F_T 再继续增加，达到某一临界值时，摩擦力达到最大值 $F_{s\,max}$，物块仍保持静止。F_T 超过此值，物块开始沿力 F_T 方向滑动。与此同时，$F_{s\,max}$ 突变至动滑动摩擦力 F。图 4.6 为实验结果，F 略低于 $F_{s\,max}$。此后，F_T 值若再增加，则 F 基本上保持为常值。若速度更高，则 F 值下降。

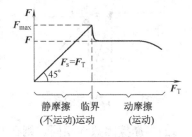

图 4.6 干摩擦实验曲线

$F_{s\,max}$ 简记为 F_{max}，称为**最大静摩擦力**，其方向与相对滑动趋势的方向相反，根据**库仑摩擦定律**，其大小与正压力成正比，而与接触面积的大小无关，即

$$F_{max}=f_s F_N \tag{4-2}$$

式中，f_s 为**静摩擦因数**，f_s 主要与材料和接触面的粗糙程度有关，可在机械工程手册中查到；但由于影响的因素比较复杂，所以如需较准确的 f_s 数值，应由实验测定。

一般静摩擦力的数值在零与最大静摩擦力之间，即

$$0 \leqslant F_s \leqslant F_{max} \tag{4-3}$$

从约束的角度看，静摩擦力是有一定取值范围的约束分力。

动摩擦力的方向与两接触面的相对速度方向相反，大小与正压力成正比，即

$$F=f F_N \tag{4-4}$$

式中，f 为动摩擦因数。

4.2.2 摩擦角与自锁

当考虑摩擦时，静止物体所受接触面的约束力包括法向约束力 F_N 和静摩擦力 F_s，其合力(图 4.7) $\boldsymbol{F}_R = \boldsymbol{F}_N + \boldsymbol{F}_s$，$\boldsymbol{F}_R$ 称为接触面对物体的**全约束力**。全约束力的大小为

$$F_R = \sqrt{F_N^2 + F_s^2}$$

其作用线与接触面法线的夹角 φ 为

$$\tan\varphi = \frac{F_s}{F_N}$$

在平衡的临界状态，有 $\boldsymbol{F}_R = \boldsymbol{F}_N + \boldsymbol{F}_{s\,\max}$，此时角 φ 达最大值 φ_f，称为**摩擦角**，如图 4.7 所示。

$$\tan\varphi_f = \frac{F_{s\,\max}}{F_N} = \frac{f_s F_N}{F_N} = f_s \tag{4-5}$$

式(4-5)表明摩擦角的正切等于静摩擦因数。因此

$$0 \leqslant \varphi \leqslant \varphi_f \tag{4-6}$$

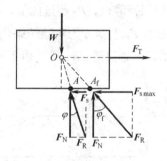

图 4.7 摩擦角的形成

设两物体接触面沿任意方向的静摩擦因数均相同，则在两物体处于临界平衡状态时，$\boldsymbol{F}_R$ 的作用线将在空间组成一个顶角为 $2\varphi_f$ 的正圆锥面，称为**摩擦锥**(图 4.8)。摩擦锥是全约束力 $\boldsymbol{F}_R$ 在三维空间内的作用范围。式(4-6)表明，在任何载荷下，全约束力的作用线永远处于摩擦锥之内。若作用在物体上主动力的合力 $\boldsymbol{F}$ 的作用线也落在摩擦锥内，则增大主动力，不可能破坏物体的平衡，这种现象称为**自锁**。

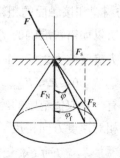

图 4.8 摩擦锥的形成

摩擦自锁现象在日常生活和工程技术中经常可见。例如，在木器上钉木楔、千斤顶、螺栓等都是利用自锁，而某些运动机械则要避免出现自锁现象。

4.2.3 考虑摩擦的平衡问题

【例 4-3】 图 4.9(a)所示物块与斜面间的静摩擦因数 $f_s = 0.10$，动摩擦因数 $f = 0.08$，物块重 $W = 2\,000$ N，水平力 $F_1 = 1\,000$ N。问是否平衡，并求摩擦力。

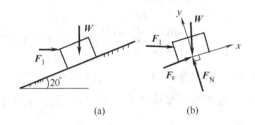

图 4.9 例 4-3 图

【分析】 若平衡，需求静摩擦力；若不平衡，需求动摩擦力。可先按平衡求需多大静摩擦力，并与最大静摩擦力进行比较。

【解】 设物块有向下滑动的趋势，为保持平衡，静摩擦力沿斜面向上，坐标及受力如图 4.9(b)所示。

$$\sum F_x = 0, \quad F_1 \cos 20° + F_s - W \sin 20° = 0, \quad F_s = -256 \text{ N}$$
$$\sum F_y = 0, \quad F_N - F_1 \sin 20° - W \cos 20° = 0, \quad F_N = 2\,220 \text{ N}$$

F_s 为负值，说明实际方向沿斜面向下，物体可能的运动是向上。

实际最大静摩擦力 $F_{max} = f_s F_N = 222$ N ＜ 256 N，不平衡，向上滑动。

动摩擦力沿斜面向下， $F = f F_N = 0.08 \times 2\,220$ N $= 178$ N。

【讨论】 保持平衡时静摩擦力方向与运动趋势相反，当运动趋势难以判断时，可先假设一个方向。

【例 4-4】 图 4.10(a)所示均质箱体的宽度 $b = 1$ m，高 $h = 2$ m，重 $W = 20$ kN，放在倾角 $\theta = 20°$ 的斜面上。箱体与斜面之间的静摩擦因数 $f_s = 0.20$。今在箱体的点 C 处系一软绳，作用一与斜面成 $\varphi = 30°$ 角的拉力 F。已知 $BC = a = 1.8$ m，问拉力 F 多大，才能保证箱体处于平衡。

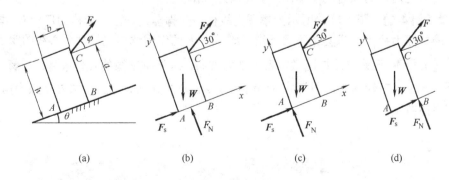

图 4.10 例 4-4 图

【分析】 箱体在力系作用下有 4 种可能的运动趋势：向下滑动，向上滑动，绕左下角 A 向下翻倒，绕右下角 B 向上翻倒，需分别讨论。

【解】

(1) 设箱体处于向下滑动的临界平衡状态，受力如图 4.10(b)所示。

$$\sum F_x = 0, \quad F\cos\varphi + F_s - W\sin\theta = 0 \tag{a}$$

$$\sum F_y = 0, \quad F_N - W\cos\theta + F\sin\varphi = 0 \tag{b}$$

补充方程
$$F_s = f_s F_N \tag{c}$$

得
$$F = \frac{\sin\theta - f_s\cos\theta}{\cos\varphi - f_s\sin\varphi} \cdot W = 4.02 \text{ kN}$$

即当拉力 $F = 4.02$ kN 时，箱体处于向下滑动的临界平衡状态。

(2) 设箱体处于向上滑动的临界平衡状态。此时静摩擦力的方向沿斜面向下，在式(a)中将静摩擦力反号，得

$$F = \frac{\sin\theta + f_s\cos\theta}{\cos\varphi + f_s\sin\varphi} \cdot W = 11.0 \text{ kN}$$

(3) 设箱体处于绕左下角 A 向下翻的临界平衡状态，受力如图 4.10(c)所示。

$$\sum M_A = 0, \quad b \cdot F\sin\varphi - a \cdot F\cos\varphi + \frac{h}{2} W\sin\theta - \frac{b}{2} W\cos\theta = 0$$

$$F = \frac{b\cos\theta - h\sin\theta}{b\sin\varphi - a\cos\varphi} \cdot \frac{W}{2} = -2.41 \text{ kN}$$

负号表示 F 为推力时才能使箱体向下翻倒，因软绳只能传递拉力，故箱体不可能向下翻倒。

(4) 设箱体处于绕右下角 B 向上翻的临界平衡状态，受力如图 4.10(d)所示。

$$\sum M_B = 0, \quad -a \cdot F\cos\varphi + \frac{h}{2} W\sin\theta + \frac{b}{2} W\cos\theta = 0$$

$$F = \frac{b\cos\theta + h\sin\theta}{a\cos\varphi} \cdot \frac{W}{2} = 10.4 \text{ kN}$$

综合上述 4 种状态可知，要保证箱体处于平衡状态，拉力 F 必须满足

$$4.02 \text{ kN} \leqslant F \leqslant 10.4 \text{ kN}$$

【讨论】 由于箱体尺寸较高，存在滑动和翻倒两种破坏平衡的可能性，增加了习题难度。若研究对象的几何尺寸不计，则不考虑翻倒问题。

*【例 4-5】 图 4.11(a)所示为攀登电线杆用的脚套钩。已知套钩的尺寸 l，电线杆直径 D 和静摩擦因数 f_s，求套钩不致下滑时脚踏力 F 的作用线与电线杆中心线的距离 d。

【分析】 已知静摩擦因数以及外加力方向，求保持平衡的几何条件，用解析法因有 2 个不等式，求解较困难，用等式(临界状态，A，B 两处同时达到最大静摩擦力)求解，然后判断平衡范围。

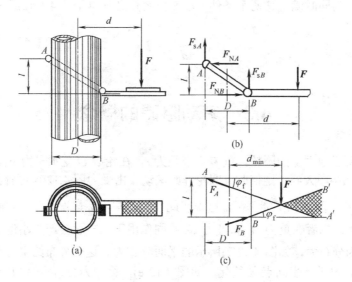

图 4.11　例 4-5 图

【解法 1】　解析法

以套钩为研究对象，受力如图 4.11(b)所示。临界状态

$$\sum F_x = 0, \quad F_{NA} = F_{NB} \tag{a}$$

$$\sum F_y = 0, \quad F_{sA} + F_{sB} = F \tag{b}$$

$$\sum M_A = 0, \quad F_{NB} \cdot l + F_{sB} \cdot D - F\left(d + \frac{D}{2}\right) = 0 \tag{c}$$

$$F_{sA} = f_s F_{NA} \tag{d}$$

$$F_{sB} = f_s F_{NB} \tag{e}$$

$$d = \frac{l}{2f_s}$$

经判断，套钩不致下滑的范围为

$$d \geqslant \frac{l}{2f_s}$$

【解法 2】　几何法

分别作出 A, B 两处的摩擦角和全约束力 $\boldsymbol{F}_A$ 和 $\boldsymbol{F}_B$(图 4.11(c))，$\boldsymbol{F}_A = \boldsymbol{F}_{sA} + \boldsymbol{F}_{NA}$，$\boldsymbol{F}_B = \boldsymbol{F}_{sB} + \boldsymbol{F}_{NB}$

套钩应在 $\boldsymbol{F}_A$、$\boldsymbol{F}_B$、$\boldsymbol{F}$ 三个力作用下处于临界平衡状态，三力必相交于一点。据几何关系有

$$\left(d - \frac{D}{2}\right)\tan\varphi_f + \left(d + \frac{D}{2}\right)\tan\varphi_f = l$$

$$\tan\varphi_f = f_s$$

$$d = \frac{l}{2f_s}$$

$\boldsymbol{F}_A$，$\boldsymbol{F}_B$ 只能位于各自的摩擦角内；同时，由三力汇交平衡定理，力 $\boldsymbol{F}$ 必须通过 $\boldsymbol{F}_A$ 和

F_B 两力的交点。为同时满足这两个条件,力 F 作用点必须位于图 4.11(c)所示的三角形阴影线区域内。即

$$d \geqslant \frac{l}{2f_s}$$

4.3 滚动阻碍的概念

图 4.12(a)所示地面上的圆轮,重 W,半径为 r,在轮心 O 受水平力 F_T。当 F_T 较小时,圆轮保持静止,F_T 增大到一定值时,圆轮开始滚动。由受力图 4.12(b)可看出,$\sum M_A \neq 0$,即使 F_T 的值很小,圆轮也不能平衡,这说明此受力图与实际情况不符。实际的圆轮与地面并不是绝对刚体,二者在重力 W 和拉力 F_T 共同作用下,一般会产生小量的接触变形,接触面的约束力为分布力,如图 4.12(c)所示的平面分布力。这个分布约束力系的简化结果如图 4.12(d)所示。再进一步向点 A 简化,如图 4.12(e),得一力(F_N, F_s)和一力偶矩为 M_f 的力偶。此力偶称为**滚动阻力偶**,其转向与相对转动(或趋势)反向,正是此力偶矩起了阻碍滚动的作用,是约束力的一部分。

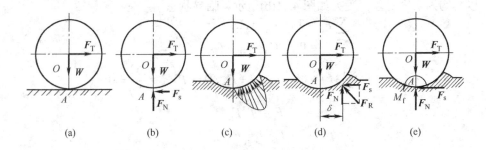

图 4.12 滚动阻力偶的产生

实验表明,滚动阻力偶的大小随主动力矩的大小而变化,但存在最大值 M_{max},即

$$0 \leqslant M_f \leqslant M_{max} = F_N \cdot \delta \tag{4-7}$$

式(4-7)称为**滚阻定律**,δ 称为**滚阻系数**,是二者接触变形区域大小的一种量度,具有长度量纲。低碳钢车轮在钢轨上滚动时,$\delta \approx 0.5$ mm;硬质合金钢球轴承在钢轨上滚动时,$\delta \approx 0.1$ mm;汽车轮胎在沥青或水泥路面上滚动时,$\delta \approx 2 \sim 10$ mm 等。

小 结

1. 平面桁架由二力杆铰接构成。求平面桁架各杆内力(约定用设正法)有两种方法。

(1) 节点法:逐个考虑桁架中所有节点的平衡,应用平面汇交力系的平衡方程求出各杆的内力。

(2) 截面法:截断待求内力的杆件,将桁架截割为两部分,取其中的一部分为研究对

象，应用平面任意力系的平衡方程求出被截各杆件的内力。

2. 滑动摩擦力是在两个物体相互接触的表面之间有相对滑动趋势或相对滑动时出现的切向约束力。前者称为静滑动摩擦力，后者称为动滑动摩擦力。

(1) 静滑动摩擦力 F_s 满足：$0 \leqslant F_s \leqslant F_{max}$

静摩擦定律为 $F_{max} = f_s F_N$

(2) 动滑动摩擦力 F 满足：$F = f F_N$

3. 摩擦角 φ_f 为全约束力与法线间夹角的最大值，且 $\tan \varphi_f = f_s$

全约束力与法线间夹角 φ 的变化范围为 $0 \leqslant \varphi \leqslant \varphi_f$

当主动力的合力作用线在摩擦角之内时发生自锁现象。

4. 物体滚动时会受到阻碍滚动的滚动阻力偶 M_f 作用。

物体平衡时，M_f 随主动力的大小变化，范围为 $0 \leqslant M_f \leqslant M_{max} = \delta F_N$，其中 δ 为滚阻系数，单位为 mm。

思 考 题

4-1 判断图示平面桁架的零杆。

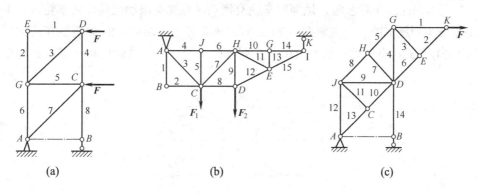

思考题 4-1 图

4-2 利用截面法用一个方程可求出图(a)中杆 1 的内力和图(b)中杆 7 的内力，应如何选取截面与列平衡方程？

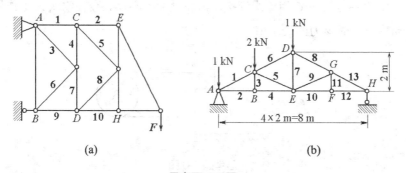

思考题 4-2 图

4-3 图示作用在左右两木板的压力大小均为 F 时，物体 A 静止不下落。如压力大小均改为 $2F$，则物体受到的摩擦力是原来的几倍？

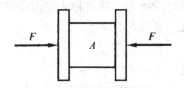

思考题 4-3 图

4-4 图示物块重 5 kN，与水平面间的摩擦角 $\varphi_\mathrm{f} = 35°$，今用力 F 推动物块，$F = 5$ kN。则物块的平衡状态如何？

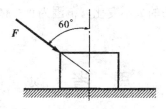

思考题 4-4 图

4-5 汽车匀速水平行驶时，地面对车轮有滑动摩擦也有滚动阻碍，而车轮只滚不滑。汽车前轮受车身施加的一个向前推力 F(图(a))，而后轮受一驱动力偶 M 并受车身向后的反力 F'(图(b))。试画出前后轮的受力图。在同样摩擦情况下，试画出自行车前、后轮的受力图。

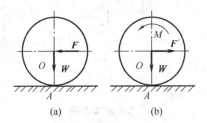

思考题 4-5 图

4-6 物块 A，B 分别重 $W_A = 1$ kN，$W_B = 0.5$ kN，A，B 以及 A 与地面间的摩擦因数均为 $f_\mathrm{s} = 0.2$，A，B 通过滑轮 C 用一绳连接，滑轮处摩擦不计。今在物块 A 上作用一水平力 F，求能拉动物块 A 时该力的最小值。

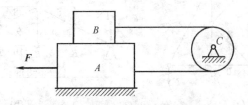

思考题 4-6 图

4-7 图示系统中，A 为光滑铰链约束，若略去杆 AB 与物块 C 的重量，且物块与杆以及地面间的静摩擦因数均为 f_s。试证明当满足条件 $f_s \geqslant \cot\theta$ 时，在不改变力 F 方向的情况下，其大小不论取何值，均不可能拉动物块。

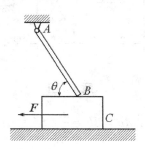

思考题 4-7 图

4-8 用砖夹(未画出)夹住 4 块砖，若每块砖重 W，砖夹对砖的压力 $F_{N1} = F_{N4}$，摩擦力 $F_1 = F_4 = 2W$，砖间摩擦因数 f_s。则第 1，2 块砖间的摩擦力的大小为多少？ 第 2，3 块砖间的摩擦力的大小为多少？

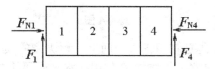

思考题 4-8 图

习　　题

4-1 平面桁架的尺寸与受力如图，求杆 1，2，3，4 的受力。

4-2 桁架如图，求杆 1，2，3 的内力。

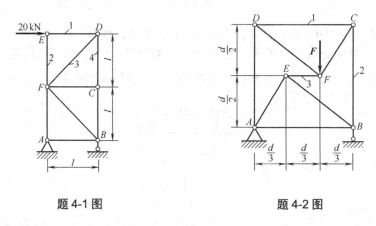

题 4-1 图　　　　　　题 4-2 图

4-3 桁架的载荷和尺寸如图所示。求杆 BH，CD 和 GD 的受力。

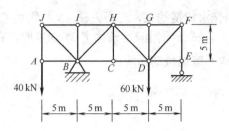

题 4-3 图

4-4 图示载荷平面桁架，尺寸 $AB = EF = \dfrac{a}{2}$，$BC = CD = DE = a$，求杆 1，2，3 的受力。

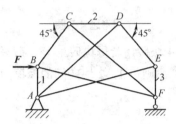

题 4-4 图

4-5 两物块 A 和 B 重叠地放在粗糙水平面上，物块 A 的顶上作用一斜力 F，已知 A 重 100 N，B 重 200 N；A 与 B 之间及物块 B 与粗糙水平面间的摩擦因数均为 $f = 0.2$。问当 $F = 60$ N，是物块 A 相对物块 B 滑动呢？还是物块 A，B 一起相对地面滑动？

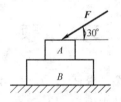

题 4-5 图

4-6 砖夹的宽度 250 mm，杆件 AGB 和 $GCED$ 在点 G 铰接。砖重为 W，提砖的合力 F 作用在砖夹的对称中心线上，尺寸如图所示。如砖夹与砖之间的静摩擦因数 $f_s = 0.5$，问 d 应为多大才能将砖夹起(d 是点 G 到砖块上所受正压力作用线的距离)。

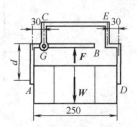

题 4-6 图

4-7 物 B 重 $W_B = 1500\text{ N}$，放在水平面上，其上再放重 $W_A = 1000\text{ N}$ 的物 A，物 A 上又搁置一可绕固定轴 C 转动的曲杆 CGD，并在点 D 作用一力 $F_1 = 500\text{ N}$。设物 A 与曲杆，物 A 与物 B，物 B 与地面之间的摩擦因数分别为 0.3，0.2 和 0.1，$EG = 750\text{ mm}$，$ED = 500\text{ mm}$，$CG = 250\text{ mm}$，问在物 B 上加多大的水平力 F，才能使物块开始滑动。

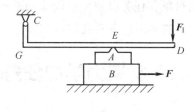

题 4-7 图

4-8 一直角尖劈，两侧面与物体间的摩擦角均为 φ_f，不计尖劈自重，欲使尖劈打入物体后不致滑出，顶角 α 应为多大？

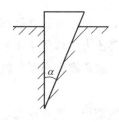

题 4-8 图

4-9 尖劈起重装置如图所示。尖劈 A 的顶角为 α，B 块上受重力 W 的作用。A 块与 B 块之间的静摩擦因数为 f_s（有滚珠处摩擦力忽略不计）。如不计 A 块的重量，求保持平衡时力 F 的范围。

4-10 图示物块 A 重 500 N，轮轴 B 重 1000 N，物块 A 与轮轴 B 的轴用水平绳连接。在轮轴外绕细绳，此绳跨过一光滑的滑轮 D，在绳的端点系一重物 C。若物块 A 与平面间的静摩擦因数为 0.5，轮轴 B 与平面间的静摩擦因数为 0.2，不计滚动阻力偶，求使物体系平衡时物体 C 的重量 W 的最大值。

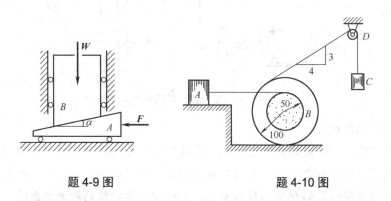

题 4-9 图　　　　　　　　题 4-10 图

第 5 章 材料力学绪论

本章介绍材料力学的研究对象和任务以及变形固体的基本假设、截面法、内力、应力和应变等基本概念，为后续章节的学习打下必要的基础。

5.1 材料力学的任务

机械、土木及其他工程结构等都是由零、部件组装而成，这些零、部件统称为**构件**。结构工作时，任一构件通常均受到载荷的作用。为使这些结构能正常工作，必须保证每个构件均能正常工作，设计时就应使其具备必要的承载能力，通常表现为以下 3 个方面。

(1) 必要的**强度**

为了保证构件正常工作，首先必须保证在工作载荷作用下不发生破坏。例如机床主轴在工作时不应断裂，高压容器在内部压力的作用下不能破裂等。构件抵抗破坏的能力称为**强度**，不满足强度要求发生的失效，通常称为强度失效。

(2) 必要的**刚度**

构件受载荷作用时，通常会产生变形。当载荷完全除去后可完全消失的变形称为**弹性变形**，而当载荷完全除去后不能消失的那部分变形称为**塑性变形**或**残余变形**。构件受载荷作用时产生过大的弹性变形必然会影响结构的正常工作，若机床的主轴变形过大，如图 5.1 所示，会影响齿轮的正常啮合或引起轴承的非正常磨损，同时还会降低加工精度等。这在工程中是不允许的，因而在设计时，应使其具有必要的抵抗弹性变形的能力，即**刚度**。不满足刚度要求发生的失效，称为刚度失效。

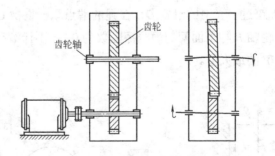

图 5.1 机床主轴变形过大影响齿轮正常啮合

(3) 必要的**稳定性**

除上述的强度、刚度要求外，对于承受**压缩**载荷作用的柔韧构件，当该载荷超过某个数值之后，若受到微小扰动，构件会突然偏离原有的平衡构形而使构件不能正常工作。因而还要求构件具有保持原有平衡构形的能力，工程中将这种能力称为**稳定性**。构件承受轴向压缩而突然偏离原有的平衡构形，称为丧失稳定或稳定失效，如图 5.2 所示。历史上曾发生多起因构件失稳引起的灾难性事故,因而这是一种非常危险的失效行为,在设计此类构件时,必须使其具有必要的稳定性。

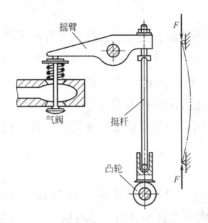

图 5.2 内燃机配气结构中挺杆的失稳

强度、刚度和稳定性是构件设计时必须考虑的 3 个问题,但对于不同的构件及不同的工况,又会有所侧重和区别。

上面讲的是安全性要求,然而设计时还得考虑经济性要求,这是一对矛盾,在满足"必要的强度、刚度和稳定性"的前提下,应尽可能降低构件的经济造价,这是构件设计必须遵从的原则之一。

构件都是由某种工程材料制成的,为使构件具有"必要的强度、刚度和稳定性",除研究有关的计算理论之外,还要研究工程材料的力学性能,以指导设计时正确选用材料。

综上所述,**材料力学**的任务是研究工程材料的力学性能及构件强度、刚度和稳定性的计算理论,从而为构件选用适宜的材料,设计科学、合理的截面形状和尺寸,使构件达到既安全又经济的设计要求。

5.2 变形固体及其理想化

实际上,任何物体受力后,一般都要发生变形。在静力学中,从其研究任务出发,忽略了物体的变形,将研究对象视为刚体。而在材料力学中要研究构件的强度、刚度和稳定性,不能忽略物体的变形,需将构件视为**变形固体**,以下简称**变形体**。

变形体的性质是多方面的,材料力学既不研究其物质结构及制备方法,也不研究其物理、化学性质及工艺性能等。材料力学只关心与强度、刚度和稳定性有关的力学性能,为了研究方便和实用,对其他无关的性质忽略不计,即将变形体作理想化处理,特作如下假设。

(1) **连续性假设**

假设变形体的材料在变形前后均毫无空隙地充满它所占据的空间。按此假设,构件中的一些力学量即可用坐标的连续函数表示,并可采用无限小的数学分析方法。按物质的微观结构观点，组成变形体的粒子之间并不连续，但它们之间的空隙与构件的尺寸相比极其微小，将其忽略不计不会影响问题的本质及研究结果。

(2) 均匀性假设

实际工程材料，其基本组成部分的力学性能往往存在不同差异。例如，金属是由无数微小晶粒所组成，各个晶粒的力学性能不完全相同，晶粒交界处的晶界物质与晶粒本身的力学性能也不完全相同。但在构件或被研究部分的体积中，晶粒数目极其巨大且排列杂乱，材料所表现出来的实际上是无数晶粒行为的统计平均值，将材料各处的力学性能看作均匀，研究结果可满足工程需要。因此假设组成变形体的同一种材料的力学性能与其在构件中的位置无关，即认为是均匀的。

(3) 各向同性假设

假设材料沿各个方向具有相同的力学性能。各向同性材料多为金属材料，金属的各个晶粒均属于各向异性体，但由于金属构件所含晶粒极多，而且在构件内的排列又是随机的，因此宏观上仍可将金属看成是各向同性材料，其研究结果可满足工程需要。不过像木材、毛竹、增强纤维板等诸多材料各向性能差别很大，应按各向异性问题由其他课程处理。

(4) 小变形假设

材料在载荷作用下产生变形，材料力学主要研究材料的弹性变形。由于这种变形与构件的原始尺寸相比常常很微小(一般在 10^{-3} 数量级以下)，因此在研究构件的平衡和运动时，可以仍按变形前的原始尺寸考虑，从而使计算大大简化，且计算结果的精度满足工程要求。例如图 5.3 所示简易吊车的各杆因受力而变形，引起支架几何形状和外力位置的变化。由于位移 δ_1 和 δ_2(为能看清，图中为夸大画法)都远小于吊车最短杆的原始尺寸，$\varphi \approx \theta$，所以在计算各杆受力时，仍然可用吊车变形前的几何形状和尺寸。今后将经常使用小变形的概念以简化分析计算。若遇变形过大情况，超出小变形条件，一般不在材料力学中讨论。

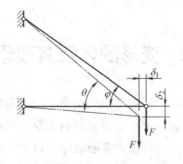

图 5.3　小变形

5.3　内力、截面法和应力的概念

1. 内力

变形体在受到外力作用时，变形体内各相邻部分之间的相互作用力发生了变化。其改变量，就是材料力学要研究的内力。由于假设变形体是均匀连续的，因此变形体内部相邻部分之间相互作用的内力，实际上是一个连续分布的内力系，而将分布内力系的合成力(力或力偶)，简称为**内力**。注意此内力不同于受外力前固有的分子间的内力，而是由外力引起变形时所产生的附加内力。

2. 截面法求内力分量

要分析构件的内力，例如要分析如图 5.4(a)所示平衡杆件横截面 m—m 上的内力，须用平面假想地沿该截面将杆件切开，切开截面的内力如图 5.4(b)，5.4(c)所示，左右内力分布相同，指向相反。按照连续性假设可知，内力是分布于横截面上的一个连续分布力系。把这个分布内力系向横截面的形心 C 简化，得主矢 F_R[①]和主矩 M，如图 5.5(a)所示。为了分析内力，沿轴线方向(与横截面垂直)建立坐标轴 x，在所切的横截面内建立坐标轴 y 与 z，并将主矢 F_R 与主矩 M 沿上述 3 轴分解，如图 5.5(b)所示，得内力分量 F_N，F_{Sy} 和 F_{Sz} 以及内力偶矩分量 T，M_y 和 M_z，这是最一般的情况。至于具体杆件横截面上有几个内力分量，要以保证研究对象平衡为准。

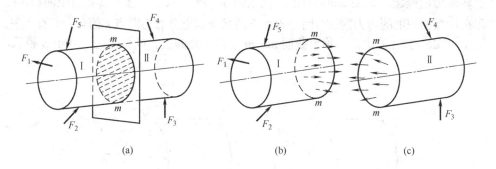

图 5.4 外力与内力分布

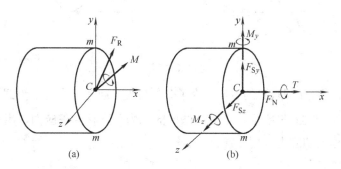

图 5.5 内力分量

沿轴线 x 方向的内力分量 F_N 称为**轴力**；作用线位于所切横截面的内力分量 F_{Sy} 和 F_{Sz} 称为**剪力**；矢量沿轴线 x 的内力偶矩分量 T 称为**扭矩**；矢量位于所切横截面的内力偶矩分量 M_y 和 M_z 称为**弯矩**。上述内力及内力偶矩分量与作用在切开后的杆段上的外力保持平衡，

---

① 材料力学习惯上用普通斜体字母(非粗体)表示矢量，图中用箭头表示其方向。

因此，由静力学平衡方程可根据外力确定内力。为了叙述简单，以后将内力分量及内力偶矩分量统称为**内力分量**。

以上将杆件假想的切开以显示内力，并由平衡方程建立内力与外力间的关系以确定内力值的方法，称为求内力的**截面法**。它是分析杆件内力的一般方法，一定要熟练掌握。此法可简记为4句话：

(1) 切一刀(在欲求内力之截面处将杆件假想地切成两部分)；
(2) 取一半(一般取外载荷较简单的那部分作为研究对象，舍弃另一部分)；
(3) 加内力(在所取部分的截面形心处加不为零的内力分量，它是舍弃部分对保留部分的作用力)；
(4) 求平衡(将所取部分的全部外力和内力代入静力学平衡方程求解)。

此法的训练在后面各章介绍。

3. 应力

如上所述，截面上的内力为连续分布力系。为了描述内力的分布情况，先引入内力分布集度即**应力**的概念。如图 5.6(a)所示，在截面 $m—m$ 上取含任意一点 k 的微面积 dA，并设作用在该微面积上的内力为 dF（因为含点 k 的微面积上分布力向点 k 简化，只有主矢，没有主矩），则 dF 与 dA 的比值，称为截面 $m—m$ 上点 k 处的**应力**或**总应力**，并用 p 表示，即

$$p = \frac{dF}{dA} \tag{5-1}$$

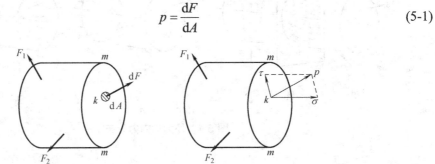

图 5.6 应力

显然，应力 p 的方向即 dF 的方向。为了分析方便，通常将应力 p 沿截面法向与切向分解为两个分量，如图 5.6(b)所示。沿截面法向的应力分量称为**正应力**，用 σ 表示；沿截面切向的应力分量称为**切应力**，用 τ 表示。显然

$$p^2 = \sigma^2 + \tau^2 \tag{5-2}$$

应力单位为 Pa，$1\,\text{Pa} = 1\,\text{N/m}^2$。由于此单位太小，通常用 MPa，其值为 $1\,\text{MPa} = 10^6\,\text{Pa}$。

5.4 位移、变形与应变

构件在外力作用下尺寸和形状一般都将发生改变，称为**变形**。构件在变形的同时，其上的点、面相对于初始位置也要发生变化，这种位置的变化称为**位移**。

为了研究构件的变形及其内部的应力分布，需要了解构件内部各点处的变形。为此，假想把杆件分割成无数微小的正六面体，当正六面体的各边边长为无限小时，称为**单元体**，如图 5.7(a)所示。构件变形后，其任一单元体棱边的长度及两棱边间的夹角都将发生变化，把这些变形后的单元体组合起来，就形成变形后的构件形状，反映出构件的整体变形。

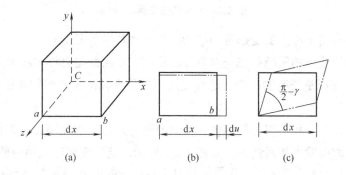

图 5.7 单元体变形

图 5.7(a)表示从受力构件中取出的包含某点 C 的单元体，与轴 x 平行的棱边 ab 的长度 dx 变化 du，如图 5.7(b)所示，为绝对变形，其比值

$$\varepsilon_x = \frac{du}{dx} \tag{5-3}$$

ε_x 即为点 C 处沿 x 方向的**线应变**(相对变形)或**正应变**，它表示某点处沿某方向长度改变的程度。类似地可定义该点处沿 y 方向和 z 方向的线应变 ε_y 和 ε_z，并规定伸长的线应变为正，反之为负。

物体变形后，其任一单元体，不仅其棱边的长度改变，而且原来相互垂直的两条棱边的夹角也将发生变化，如图 5.7(c)所示，其改变量 γ 称为点 C 在平面 xy 内的**切应变**或**角应变**。

线应变 ε 和切应变 γ 是度量构件内一点处变形程度的两个基本量，它们都是量纲为 1 的量，切应变的单位为 rad。

5.5 杆件变形的基本形式

工程实际中的构件形状多种多样，按照几何特征大致可分为杆件、板(壳)和块体。所谓杆件是指一个方向尺寸远大于其他两个方向尺寸的构件。杆件的形状与尺寸由其轴线与横截面确定。轴线通过各个横截面的形心，横截面与轴线正交，如图 5.8 所示。其轴线为直线的称为**直杆**，轴线为曲线的称为**曲杆**；横截面相同的称为**等截面杆**，横截面不同的称为**变截面杆**。杆件是工程中最常见、最基本的构件。材料力学重点研究等截面直杆，简称**等直杆**，其计算原理一般可近似地用于曲率很小的曲杆和横截面变化不大的**变截面杆**。

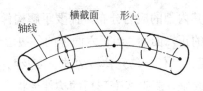

图 5.8　杆件的横截面与轴线

杆件在载荷作用下产生的变形可归结为以下 4 种**基本变形**形式。

(1) **轴向拉伸**或**轴向压缩**　在一对等值、反向、作用线与直杆轴线重合的外力 F 作用下，直杆的主要变形是长度的改变。这种变形形式称为**轴向拉伸**或**轴向压缩**，如图 5.9(a) 或(b)所示。

(2) **剪切**　在一对相距很近的等值、反向的横向外力 F 作用下，直杆的主要变形是横截面沿外力作用方向发生相对错动，如图 5.9(c)所示，这种变形形式称为**剪切**。

(3) **扭转**　在一对转向相反、作用面垂直于直杆轴线的外力偶 M_e 作用下，直杆的相邻横截面将绕轴线发生相对转动，杆件表面纵向线将成螺旋线，而轴线仍维持直线，这种变形形式称为**扭转**，如图 5.9(d)所示。

(4) **弯曲**　在一对转向相反、作用面在包含杆轴线的纵向平面内的力偶矩 M_e 或横向力作用下，直杆的相邻横截面将绕垂直于杆轴线的轴发生相对转动，变形后的杆件轴线将弯成曲线，这种变形形式称为**弯曲**，如图 5.9(e)所示。

工程杆件在载荷作用下的主要变形，大多为上述某种变形或几种变形的组合。本书将先分别讨论杆件的每一种基本变形，然后再分析**组合变形**问题。

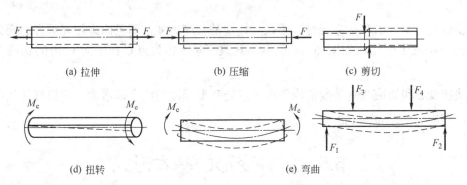

图 5.9　杆件的基本变形形式

小　结

本章重点是要明确材料力学的研究对象和任务，并初步理解所述各种基本概念，特别是变形体的基本假设、截面法、内力、应力和应变等。所有这些概念，将在后续各章中不断深化学习理解。特别注意各内力分量的默认作用方位。

材料力学的重点是内力图的训练和由内力引起的应力和变形的计算及由此产生的强

度、刚度和稳定性问题的分析。

思 考 题

5-1 材料力学的研究对象与静力学的研究对象有什么区别和联系？为什么会有这样的区别？

5-2 材料力学的任务是什么？

5-3 材料力学研究的工程材料的基本假设是什么？均匀性假设与各向同性假设有何区别？

5-4 何谓变形？弹性变形与塑性变形有何区别？位移、变形和应变有何联系和区别？

5-5 何谓构件的强度、刚度与稳定性？刚度和强度有何区别？

5-6 何谓内力？何谓截面法？构件横截面上有哪些内力分量？分别指出各内分量的作用方位。

5-7 刚体静力学中的力的可传性原理和力的平移定理在求变形体内力时是否仍然适用？试举例说明。

5-8 内力和应力有什么联系和区别？何谓正应力？何谓切应力？

5-9 何谓正应变？何谓切应变？它们的量纲是什么？切应变的单位是什么？

5-10 杆件的轴线和横截面之间有何关系？杆件的基本变形有哪些？试举若干工程实例。

第6章 轴向拉伸和压缩

本章主要研究拉压杆的内力、应力、变形和简单超静定问题的计算,以及材料在拉伸与压缩时的力学性能等。

6.1 拉压杆截面上的内力和应力

6.1.1 拉压杆横截面上的内力

1. 轴力

如图 6.1(a)所示为一轴向拉杆,为了显示杆横截面上的内力,假想沿杆件上任一横截面 $m-m$ 将杆件截为两部分。杆件左右两段在横截面 $m-m$ 相互作用的内力是一个分布力系,如图 6.1(b)或(c)所示,其合力为 F_N。由平衡方程 $\sum F_x = 0$,得

$$F_N - F = 0$$
$$F_N = F$$

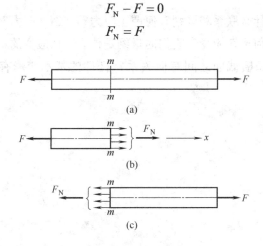

图 6.1 轴向拉杆

由于外力沿着杆件的轴线作用,内力的合力 F_N 的作用线也必然与杆件轴线重合,故 F_N 称为**轴力**。轴力或为拉力,或为压力,为区别起见,通常规定:拉力为正,压力为负。

上述方法就是第 5 章说过的**截面法**,在应用截面法时需要注意:

(1) 外载荷不能沿其作用线移动。因材料力学中研究对象为变形体,而不是刚体。

(2) 截面不能切在外载荷作用点处,要离开或稍微离开作用点所在截面。

2. 轴力图

当杆件受到多个轴向载荷作用时,在不同的横截面上,轴力将不相同,通常用轴力图表示轴力沿杆件轴线变化的情况。下面举例说明轴力图的绘制。

【例 6-1】 一等直杆受力如图 6.2(a)所示，试计算杆件的内力，并作轴力图。

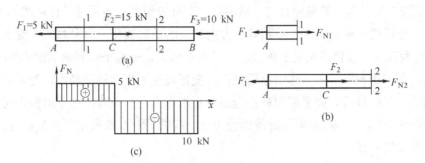

图 6.2　例 6-1 图

【分析】 欲求某一横截面上的内力，可用截面法假想地沿该截面截开，然后取左段或右段为研究对象，由平衡方程求得。

【解】

(1) 计算各段的内力

AC 段：作截面 1—1，取左段部分，如图 6.2(b)上图所示，由 $\sum F_x = 0$ 得

$$F_{N1} - F_1 = 0$$
$$F_{N1} = F_1 = 5 \text{ kN (拉)}$$

CB 段：作截面 2—2，取左段部分，如图 6.2(b)下图所示，并假设 F_{N2} 方向如图所示。由 $\sum F_x = 0$ 得

$$F_{N2} + F_2 - F_1 = 0$$
$$F_{N2} = F_1 - F_2 = -10 \text{ kN (压)}$$

负号表示 F_{N2} 的实际方向与图中所设方向相反。

(2) 绘轴力图

建立一个坐标系，以横坐标表示横截面的位置，纵坐标表示相应截面上的轴力，根据适当的比例，便可绘出轴力图 6.2(c)。

【讨论】

(1) 在求某截面的轴力时，通常假设其为正(拉力)，然后按平衡方程计算，若得到的值为正，说明该轴力为拉力，其方向与假设相同；反之为压力，其方向与假设方向相反。称该方法为**设正法**。在以后的计算中一般均采取这种方法。

(2) 在轴力图中，将各段的拉力绘在轴 x 的上侧，压力绘在轴 x 的下侧。

(3) 轴力图与载荷图的相应位置注意对齐。

6.1.2　拉压杆截面上的应力

1. 拉压杆横截面上的应力

由截面法求得各个截面上的轴力后，并不能直接判断杆件是否有足够的强度，必须用

横截面上的应力来度量杆件的受力程度。为了确定横截面上的应力分布,从研究杆件的变形入手。图 6.3 所示为一等截面直杆,试验前,在杆表面画两条垂直于杆轴线的横线 ab 和 cd,然后,在杆两端施加一对大小相等、方向相反的轴向载荷 F。从试验中观察到:横线 ab 和 cd 仍为直线,且仍然垂直于轴线,只是间距增大,分别平移到图示 $a'b'$ 和 $c'd'$ 位置。根据上述现象,由表及里,可作出**平面假设**:变形前原为平面的横截面,变形后仍保持为平面且仍垂直于杆轴线。如果假想杆件是由一根根纵向纤维组成,由平面假设可以推断,拉杆所有纤维的伸长相等,从而各纤维的受力是一样的。因此,横截上各点处仅有正应力 σ,并沿横截面均匀分布。

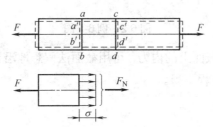

图 6.3 杆件横截面上应力

设杆件横截面的面积为 A,轴力为 F_N,则横截面上各点处的正应力均为

$$\sigma = \frac{F_N}{A} \tag{6-1}$$

式(6-1)同样适用于 F_N 为压力时的任意形状的等截面直杆,条件是外力应沿杆件形心轴线作用。正应力与轴力具有相同的正负号,即拉应力为正,压应力为负。

当外力的合力与轴线重合,杆横截面尺寸沿轴线缓慢变化时,式(6-1)仍可使用,此时可写成

$$\sigma(x) = \frac{F_N(x)}{A(x)} \tag{6-2}$$

式中 $\sigma(x)$、$F_N(x)$ 和 $A(x)$ 表示这些量都是横截面位置的函数。对于等截面直杆,当杆受到几个轴向载荷作用时,由式(6-1)知最大正应力发生在最大轴力作用面处。即

$$\sigma_{\max} = \frac{F_{N\max}}{A} \tag{6-3}$$

最大轴力所在的截面称为**危险截面**,危险截面上的正应力称为**最大工作应力**。

2. 拉压杆斜截面上的应力

以上研究了拉压杆横截面上的应力,它是强度计算的依据。但不同材料的实验表明,拉压杆的破坏并不总是沿横截面发生,有时却是沿斜截面发生的。为此,进一步讨论斜截面上的应力。图 6.4(a)所示拉压杆,利用截面法,沿任一斜截面 m—m 将杆切开,该截面的方位用其外法线 On 与轴 x 的夹角 α 表示。由前述分析可知,杆件横截面上的应力均匀分布,由此可以推断,斜截面 m—m 上的应力 p_α 也为均匀分布,如图 6.4(b)所示,且其方向必与杆轴线平行。

设杆件横截面的面积为 A，则根据上述分析，得杆左段的平衡方程为

$$p_\alpha \frac{A}{\cos\alpha} - F = 0$$

由此得与轴线成角的截面 $m-m$ 上各点处的应力为

$$p_\alpha = \frac{F\cos\alpha}{A} = \sigma\cos\alpha$$

式中，$\sigma = F/A$，代表杆件横截面上的正应力。

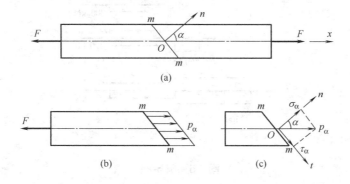

图 6.4　杆件斜截面上的应力

将应力 p_α 沿截面法向与切向分解，如图 6.4(c)所示，得斜截面上的正应力与切应力分别为

$$\sigma_\alpha = p_\alpha\cos\alpha = \sigma\cos^2\alpha \tag{6-4}$$

$$\tau_\alpha = p_\alpha\sin\alpha = \frac{\sigma}{2}\sin 2\alpha \tag{6-5}$$

由此可见，在拉压杆的任一斜截面上，不仅存在正应力，而且存在切应力，其大小均随截面的方位角变化。

由式(6-4)可知，当 $\alpha = 0°$ 时，正应力最大，其值为

$$\sigma_{\max} = \sigma \tag{6-6}$$

即拉压杆的最大正应力发生在横截面上，其值为 σ。

由式(6-5)可知，当 $\alpha = 45°$ 时，切应力最大，其值为

$$\tau_{\max} = \frac{\sigma}{2} \tag{6-7}$$

即拉压杆的最大切应力发生在与杆轴成 45° 的斜截面上。

由式(6-4)和(6-5)知，当 $\alpha = 90°$ 时，$\sigma_{90°} = \tau_{90°} = 0$，即纵向纤维间无挤压，无剪切。

为便于应用上述公式，现对方位角与切应力的正负号作如下规定：以轴 x 为始边，方位角 α 为逆时针转向者为正；将截面外法线 On 沿顺时针方向旋转 90°，与该方向同向的切应力为正。按此规定，图 6.4(c)所示之 α 与 τ_α 均为正。

【例 6-2】 已知阶梯形直杆受力如图 6.5(a)所示。杆各段的横截面面积分别为 $A_1 = A_2 = 2\,500\,\text{mm}^2$，$A_3 = 1\,000\,\text{mm}^2$，杆各段的长度如图 6.5(a)所示。求：

(1)　杆 AB，BC，CD 段横截面上的正应力。

(2) 杆 AB 段上与杆轴线夹 $45°$ 角(逆时针方向)斜截面上的正应力和切应力。

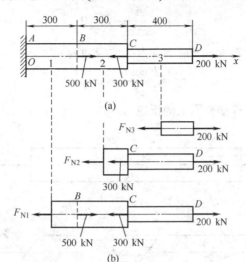

图 6.5 例 6-2 图

【分析】 因为杆各段的轴力不等，而且横截面面积也不完全相同，因而，首先必须分段计算各段杆横截面上的轴力。

【解】

(1) 计算各段杆横截面上的正应力

分别对杆 AB，BC，CD 段杆应用截面法，如图 6.5(b)所示，由平衡条件求得各段的轴力分别为

AB 段： $F_{N1} = 400\,\text{kN}$

BC 段： $F_{N2} = -100\,\text{kN}$

CD 段： $F_{N3} = 200\,\text{kN}$

进而求得各段横截面上的正应力分别为

AB 段： $\sigma_1 = \dfrac{F_{N1}}{A_1} = \dfrac{400 \times 10^3\,\text{N}}{2\,500 \times 10^{-6}\,\text{m}^2} = 160 \times 10^6\,\text{Pa} = 160\,\text{MPa}$

BC 段： $\sigma_2 = \dfrac{F_{N2}}{A_2} = \dfrac{(-100) \times 10^3\,\text{N}}{2\,500 \times 10^{-6}\,\text{m}^2} = -40 \times 10^6\,\text{Pa} = -40\,\text{MPa}$

CD 段： $\sigma_3 = \dfrac{F_{N3}}{A_3} = \dfrac{200 \times 10^3\,\text{N}}{1\,000 \times 10^{-6}\,\text{m}^2} = 200 \times 10^6\,\text{Pa} = 200\,\text{MPa}$

式中，σ_2 的结果中负号表示压应力。

(2) 计算杆 AB 段斜截面上的正应力和切应力

应用式(6-4)和(6-5)得与杆轴线夹 $45°$ 角斜截面上的正应力和切应力分别为

$$\sigma_{45°} = \sigma_1 \cos^2\alpha = 160\,\text{MPa} \cdot \cos^2 45° = 80\,\text{MPa}$$

$$\tau_{45°} = \dfrac{1}{2}\sigma_1 \sin 2\alpha = \dfrac{1}{2} \times 160\,\text{MPa} \cdot \sin(2 \times 45°) = 80\,\text{MPa}$$

6.2 材料在拉伸或压缩时的力学性能

材料的强度、刚度与稳定性，不仅与构件的形状、尺寸及所受外力有关，而且与材料的力学性能有关。材料的**力学性能**也称为**机械性质**，是指材料在外力作用下表现出的变形和破坏等方面的特性。它要由实验来测定。一般用常温、静载(缓慢加载)试验来测定材料的力学性能。为了便于比较不同材料的试验结果，对试样的形状、加工精度、加载速度、试验环境等，国家标准[①]都有统一规定。图 6.6 所示为标准拉伸试样，标记 m 与 n 之间的杆段为试验段，其长度 l 称为**标距**。对于试验段直径为 d 的圆截面试样，如图 6.6(a)所示，通常规定

$$l=10d \text{ 或 } l=5d$$

对于试验段横截面面积为 A 的矩形截面试样，如图 6.6(b)所示，则规定

$$l=11.3\sqrt{A} \text{ 或 } l=5.65\sqrt{A}$$

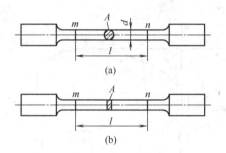

图 6.6　标准拉伸试样

试验时，先将试样安装在试验机的上、下夹头内，如图 6.7 所示，并在标距段安装测量变形的仪器。然后开动机器，缓慢加载。随着载荷 F 的增大，试样逐渐被拉长，试验段的拉伸变形用 Δl 表示，拉力 F 与变形 Δl 的关系曲线，称为试样的**拉伸图**，图 6.8 为低碳钢 Q235 的拉伸图。

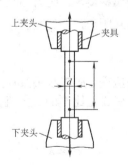

图 6.7　拉伸试样夹具

---

① 参阅 GB228-87《金属拉伸试验方法》。

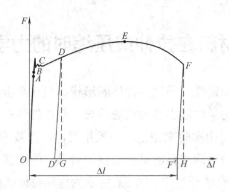

图 6.8 低碳钢 Q235 拉伸图

拉伸图只能表征试样的力学行为,而非材料的力学行为。为了消除试样尺寸的影响,把拉力 F 除以试样横截面的原面积 A,得出正应力 σ,同时,把伸长量 Δl 除以标距的原始长度 l,得到正应变 ε。以 σ 为纵坐标,ε 为横坐标,作出表示 σ 与 ε 的关系如图 6.9 所示,称为**应力-应变图**或 $\sigma - \varepsilon$ **图**。

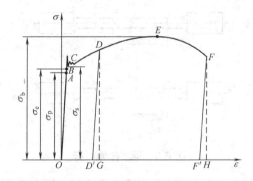

图 6.9 低碳钢 Q235 应力-应变图

6.2.1 低碳钢拉伸时的力学性能

低碳钢是工程中广泛应用的金属材料,其应力-应变图也具有典型意义,因此,下面以低碳钢 Q235 为例,如图 6.8、图 6.9 所示,介绍材料的力学性能。

1. 弹性阶段(*OA* 段)

在拉伸的初始阶段,应力 σ 与应变 ε 成直线关系直至点 A。点 A 所对应的应力值称为**比例极限**,记为 σ_p,它是应力与应变成正比例的最大值。在这一阶段,应力与应变成正比,即

$$\sigma \propto \varepsilon$$

把它写成等式

$$\sigma = E\varepsilon \tag{6-8}$$

这就是单向应力状态下的**胡克定律**。式中 E 为与材料有关的比例常数,称为**弹性模量**或**杨氏模量**。由于 ε 是量纲为 1 的量,故 E 的量纲与 σ 相同,常用单位是吉帕,记为 GPa。低

碳钢 Q235 的弹性模量 $E \approx 200$ GPa，$\sigma_p \approx 200$ MPa。式(6-8)表明，当工作应力小于 σ_p 时，E 是直线 OA 的斜率。即

$$E = \frac{\sigma}{\varepsilon}$$

在应力–应变曲线上，当应力从点 A 增加到点 B 时，σ 与 ε 之间的关系不再是直线，但应力解除后应变也随之消失，这种变形称为**弹性变形**。点 B 所对应的应力 σ_e 是材料只出现弹性变形的极限值，称为**弹性极限**。在 $\sigma-\varepsilon$ 曲线上，A，B 两点非常接近，所以工程上对弹性极限和比例极限并不严格区分。

当应力大于弹性极限后，若再解除拉力，则试样变形的一部分随之消失，消失的这部分变形就是弹性变形，但还遗留下一部分不能消失的变形，这种变形称为**塑性变形**或**残余变形**。

2. 屈服阶段(BC 段)

当应力超过弹性极限后继续加载，应变会很快地增加，而应力先是下降，然后作微小的波动，在 $\sigma-\varepsilon$ 曲线上出现接近水平线的锯齿形线段。这种应力基本保持不变，而应变显著增加的现象，称为**屈服**或**流动**。在屈服阶段内的最高应力和最低应力分别称为上屈服极限和下屈服极限。上屈服极限的数值与试样形状、加载速度等因素有关，一般不稳定。而下屈服极限则有比较稳定的数值，能够反应材料的性能，通常就把下屈服极限称为**屈服强度**或**屈服极限**，用 σ_s 表示。低碳钢 Q235 的屈服极限 $\sigma_s \approx 235$MPa，σ_s 是衡量材料强度的重要指标。

表面磨光的试样屈服时，表面将出现与轴线大致成 45°倾角的条纹，这是由于材料内部相对滑移形成的，称为**滑移线**，如图 6.10 所示。因为拉伸时在与杆轴线成 45°斜截面上，切应力为最大值，可见屈服现象的出现与最大切应力有关。

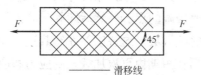

图 6.10　低碳钢屈服现象

3. 强化阶段(CE 段)

过了屈服阶段后，材料又恢复了抵抗变形的能力，要使它继续变形必须增大拉力。这种现象称为材料的**强化**。强化阶段的最高点 E 所对应的应力 σ_b 是材料所能承受的最大应力，称为**强度极限**或**抗拉强度**。它表示材料所能承受的最大应力。低碳钢 Q235 的强度极限 $\sigma_b \approx 380$MPa，σ_b 也是衡量材料强度的重要指标。

4. 局部变形阶段(EF 段)

过点 E 后，即应力达到强度极限后，在试样的某一局部范围内，横向尺寸突然急剧缩

小,如图 6.11 所示,形成**颈缩**现象。颈缩出现后,使试样继续变形所需的拉力减小,应力-应变曲线相应呈现下降,最后导致试样在颈缩处断裂。在 $\sigma-\varepsilon$ 图上,用原始横截面面积 A 算出的应力 σ,其实质是**名义应力**(又称**工程应力**)。

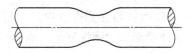

图 6.11 低碳钢颈缩现象

5. 塑性指标

材料经受较大塑性变形而不拉断的能力称为**塑性**或**延性**。材料的塑性用**延伸率**或**断面收缩率**度量。

设试样原始标距长度为 l,拉断后的标距长度变为 l_1,则延伸率定义为

$$\delta = \frac{l_1 - l}{l} \times 100\% \tag{6-9}$$

设试样的原始横截面面积为 A,拉断后颈缩处的最小横截面面积为 A_1,断面收缩率定义为

$$\psi = \frac{A - A_1}{A} \times 100\% \tag{6-10}$$

对于低碳钢 Q235,其塑性指标为:$\delta = 25\% \sim 30\%$,$\psi \approx 60\%$。

材料的延伸率和断面收缩率值越大,说明材料塑性越好。工程上通常按延伸率的大小把材料分为两类:$\delta \geqslant 5\%$ 为**塑性材料**;$\delta < 5\%$ 为**脆性材料**。

6. 卸载与再加载性质

在弹性阶段卸载,应力与应变关系将沿着直线 OA 回到点 O,如图 6.8 所示,变形完全消失。当把试样拉到超过屈服极限的点 D,然后卸载,应力与应变关系将沿着直线 DD' 回到 D',斜直线 DD' 近似地平行于 OA。这说明,在卸载过程中,应力和应变按直线规律变化。这就是**卸载定律**。卸载后在短期内再次加载,则应力和应变大致上沿卸载时的斜直线 $D'D$ 变化,直到点 D 后,又沿曲线 DEF 变化。可见在再次加载时,直到点 D 以前材料的变形是弹性的,过点 D 后才开始出现塑性变形。比较图 6.8 中的 $OABCDEF$ 和 $D'DEF$ 两条曲线,可以看出在第二次加载时,其比例极限(亦即弹性极限)得到提高,但若这样做,实际上会使塑性有所降低。这种现象称为**冷作硬化**。冷作硬化现象经退火可以消除。

工程中常利用冷作硬化,以提高某些构件(例如钢筋与链条等)在弹性范围内的承载能力。

7. 温度的影响

以上讨论的是常温静载情况下的结论,应当指出,低碳钢在温度升到 300℃以后,随着温度的升高,其弹性模量、屈服极限、强度极限均降低,而延伸率则升高;而在低温情

况下,低碳钢的强度提高,而塑性降低。

6.2.2 铸铁拉伸时的力学性能

铸铁也是工程中广泛应用的材料之一,图 6.12 为灰口铸铁拉伸时的应力–应变关系,从开始受力直到断裂,变形始终很小,既不存在屈服阶段,也无颈缩现象。断裂时的应变仅为 0.4%~0.5%,断口则垂直于试样轴线,即断裂发生在最大拉应力作用面。铸铁拉断时最大应力即为其强度极限。因为没有屈服现象,强度极限 σ_b 是衡量强度的唯一指标。铸铁等脆性材料的抗拉强度很低,所以不宜作抗拉构件的材料。

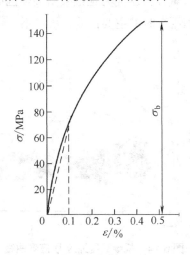

图 6.12　灰口铸铁应力–应变关系图

对于不存在明显屈服阶段的塑性材料,工程中通常以卸载后产生数值为 0.2%的残余应变的应力作为屈服应力,称为**名义屈服极限**,并用 $\sigma_{0.2}$ 表示。如图 6.13 所示,在横坐标轴 ε 上取 $OC=0.2\%$,自点 C 作直线平行于 OA,并与应力–应变曲线相交于 D,与点 D 对应的正应力即为名义屈服极限 $\sigma_{0.2}$。

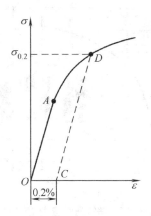

图 6.13　名义屈服极限的确定

6.2.3 材料在压缩时的力学性能

一般细长杆件压缩时容易产生失稳现象(第 13 章讨论),因此在金属压缩试验中,常采用短粗圆柱形试样,圆柱高度约为直径的 1.5～3 倍。混凝土、石料等则制成立方体试样。

1. 低碳钢压缩时的 $\sigma-\varepsilon$ 曲线

低碳钢压缩时的 $\sigma-\varepsilon$ 曲线如图 6.14 所示。试验表明:低碳钢压缩时的弹性模量 E 和屈服极限 σ_s,都与拉伸时大致相同(图中虚线为拉伸时的情况)。屈服阶段以后,试样越压越扁,横截面面积不断增大,试样抗压能力也继续增高,因而得不到压缩时的强度极限。由于可从拉伸试验测定低碳钢压缩时的主要性能,所以不一定要进行压缩试验。

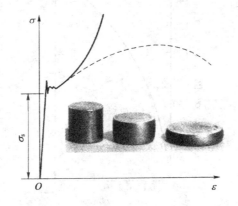

图 6.14 低碳钢压缩应力-应变曲线

2. 铸铁压缩时的 $\sigma-\varepsilon$ 曲线

图 6.15 表示铸铁压缩时的 $\sigma-\varepsilon$ 曲线,试样仍然在较小的变形下突然破坏,破坏断面的法线与轴线大致成 45°～55°的倾角[①],表明试样沿斜截面因相对错动而破坏。铸铁的抗压强度比它的抗拉强度高 4～5 倍。

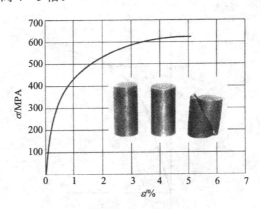

图 6.15 铸铁压缩应力-应变曲线

---

① 某些塑性材料,如铝合金、铝青铜等,压缩时也是沿斜截面破坏,并非像低碳钢一样压成扁饼。

3. 混凝土压缩时的 $\sigma-\varepsilon$ 曲线

混凝土是由水泥、石子和砂加水搅拌均匀经水化作用后而成的人造材料。混凝土压缩时的 $\sigma-\varepsilon$ 曲线如图 6.16(a)所示。混凝土在压缩试验中的破坏形式，与两端压板和试块的接触面的润滑条件有关。当润滑不好、两端面的摩擦阻力较大时，压坏后呈两个对接的截锥体，如图 6.16(b)所示；当润滑较好、两端面的摩擦阻力较小时，则沿纵向开裂，如图 6.16(c)所示。两种破坏形式所对应的抗压强度也有差异。

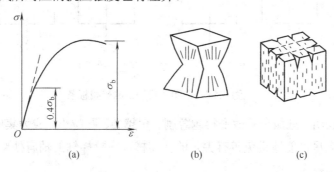

图 6.16　混凝土压缩时的 $\sigma-\varepsilon$ 曲线和破坏形式

6.3　圣维南原理　应力集中

研究表明：杆件承受轴向拉伸或压缩时，在载荷作用区附近和截面发生剧烈变化的区域，正应力计算式(6-1)不再正确。前者表现为应力的分布规律受到加载方式的影响，其影响范围将表达为圣维南原理；后者将表现为应力的局部升高，即**应力集中**现象。

1. 圣维南原理

当作用在杆端的轴向外力，沿横截面非均匀分布时，外力作用在附近各截面的应力也为非均匀分布，但**圣维南原理**指出，力作用于杆端的分布方式，只影响杆端局部范围的应力分布，影响区的轴向范围约离杆端 1~2 个杆的横向尺寸。此原理已为大量试验与计算所证实。因此，只要外力合力的作用线沿杆件轴线，在离外力作用面稍远处，横截面上的应力分布均可视为均匀的。

2. 应力集中

等截面直杆受轴向拉伸或压缩时，横截面上的应力是均匀分布的，由于构造与使用等方面的需要，许多构件常常带有沟槽(如螺纹)、孔和圆角(构件由粗到细的过渡圆角)等。在外力作用下，构件中邻近沟槽、孔或圆角的局部范围内，应力并不是均匀分布的，如图 6.17 所示开有圆孔或切口的板条受拉时，在圆孔或切口附近的局部区域内，应力将剧烈增加，但在离开圆孔或切口稍远处，应力就迅速降低而趋于均匀。由于截面急剧变化所引起的应力局部增大现象，称为**应力集中**。

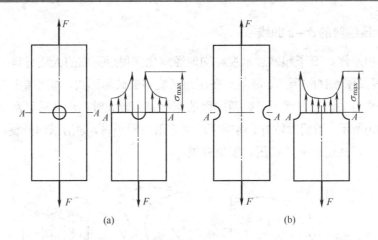

图 6.17 有圆孔或切口的受拉板条

实验结果表明：截面尺寸改变得越急剧、角越尖、孔越小，应力集中的程度就越严重。因此，零件上应尽可能地避免带有尖角的孔和槽，在阶梯轴的轴肩处要用圆弧过渡，而且应尽量使圆弧半径大一些。

各种材料对应力集中的敏感程度并不相同。

对于由脆性材料制成的构件，当由应力集中所形成的最大局部应力达到强度极限时，在应力集中处首先出现裂缝，随着裂缝的发展，应力集中程度加剧，最终导致构件发生破坏。因此，在设计脆性材料构件时，应注意考虑应力集中的影响。

对于由塑性材料制成的构件，应力集中对其在静载荷作用下的强度几乎无影响。因为当应力集中处最大应力达到屈服应力后，如果继续增大载荷，所增加的载荷将由同一截面的未屈服部分承担，以致屈服区域不断扩大，应力分布逐渐趋于均匀化。所以，在研究塑性材料构件的静强度问题时，通常可以不考虑应力集中的影响。

然而，应力集中能促使疲劳裂纹的形成与扩展(第 14 章讨论)，因而对构件(无论是塑性还是脆性材料)的疲劳强度影响极大。所以在工程设计中，要特别注意减小构件的应力集中。

6.4 失效、许用应力与强度条件

1. 失效与许用应力

由于各种原因使结构丧失其正常工作能力的现象，称为**失效**。试验表明，对塑性材料，当横截面上的正应力达到屈服极限 σ_s 时，出现屈服现象，产生较大的塑性变形，当应力达到强度极限 σ_b 时，试样断裂；对脆性材料，当横截面上的正应力达到强度极限 σ_b 时，试样断裂，断裂前试样塑性变形较小。在工程中，构件工作时不允许断裂是无需质疑的，同时，如果构件在工作时产生较大的塑性变形，将影响整个结构的正常工作，因此也不允许构件在工作时产生较大的塑性变形。所以，从强度方面考虑，断裂和屈服都是构件的失效形式。

通常将材料失效时的应力称为材料的**极限应力**,用 σ_u 表示。对于塑性材料,以屈服应力作为极限应力;对于脆性材料,以强度极限作为极限应力。

在对构件进行强度计算时,考虑力学模型与实际情况的差异及必须有适当的强度安全储备等因素,对于由一定材料制成的具体构件,需要规定一个工作应力的最大允许值,这个最大允许值称为材料的**许用应力**。用 $[\sigma]$ 表示,即

$$[\sigma] = \frac{\sigma_u}{n} \tag{6-11}$$

式中,n 为大于 1 的数,称为**安全因数**;σ_u 为破坏应力,对塑性材料是 σ_s,对脆性材料是 σ_b。

安全因数的取值受力学模型与实际结构、材料差异、构件的重要程度和经济等多方面因素影响。一般情况下可从有关规范或设计手册中查到。在静强度计算中,安全因数的取值范围为:对于塑性材料通常取 1.25~2.5;对于脆性材料通常取 2.5~5.0,甚至更大。

2. 强度条件

根据上述分析知,为了保证受拉(压)杆在工作时不发生失效,强度条件为

$$\sigma_{\max} \leqslant [\sigma] \tag{6-12}$$

式中,$\sigma_{\max}$ 为构件内的最大工作应力。

对于等截面拉(压)杆,强度条件为

$$\sigma_{\max} = \frac{F_{N\max}}{A} \leqslant [\sigma] \tag{6-13}$$

上式可用于进行拉(压)杆的强度校核、截面设计和确定许用载荷。

需要指出的是,当拉(压)杆的工作应力 $\sigma_{\max}$ 超过许用应力 $[\sigma]$,而偏差不大于许用应力的 5%时,在工程上是允许的,因为许用应力 $[\sigma]$ 有一定的余度。

【例 6-3】 结构尺寸及受力如图 6.18(a)所示。设 AB,CD 均为刚体,BC 和 EF 为圆截面钢杆,直径均为 $d = 25\text{mm}$。若已知载荷 $F = 39\text{kN}$,杆的材料为 Q235 钢,其许用应力 $[\sigma] = 160\text{MPa}$。试校核此结构的强度是否安全。

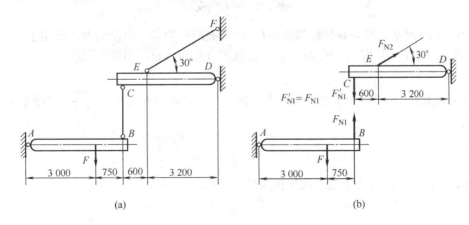

图 6.18 例 6-3 图

【分析】 该结构的强度与杆 BC 和 EF 的强度有关，在校核结构强度之前，应先判断哪一根杆最危险。

现二杆直径及材料均相同，故受力大的杆最危险，为此先进行受力分析并求解。

【解】
(1) 受力分析

由图 6.18(b)所示受力图，应用平衡方程 $\sum M_A = 0$ 和 $\sum M_D = 0$ 得

$$F_{N1} = 31.2\,\text{kN}, \quad F_{N2} = 74.1\,\text{kN}$$

可见杆 EF 为危险杆。

(2) 计算危险杆 EF 的应力并校核强度

杆 EF 横截面上的正应力为

$$\sigma_{\max} = \frac{F_{N2}}{A_2} = \frac{4F_{N2}}{\pi d^2} = \frac{4 \times 74.1 \times 10^3\,\text{N}}{\pi \times 25^2 \times 10^{-6}\,\text{m}^2} = 151 \times 10^6\,\text{Pa} = 151\,\text{MPa} < [\sigma]$$

所以危险构件 EF 的强度是安全的，亦即整个结构的强度是安全的。

6.5 胡克定律与拉压杆的变形

当杆件承受轴向载荷时，其轴向与横向尺寸均发生变化。杆件沿轴线方向的变形称为**轴向变形**或**纵向变形**；垂直于轴线方向的变形称为**横向变形**。

6.5.1 拉压杆的轴向变形与胡克定律

图 6.19 杆件的变形

如图 6.19 所示，设等直杆的原长为 l，横截面面积为 A。在轴向力 F 作用下，其横截面上的轴力 $F_N = F$，长度由 l 变为 l_1。杆件在轴线方向的伸长，即纵向变形为

$$\Delta l = l_1 - l$$

由于轴向拉(压)杆沿轴向的变形均匀，因此任一点的纵向线应变为杆件的变形 Δl 除以原长 l，即

$$\varepsilon = \frac{\Delta l}{l} \tag{6-14}$$

当杆横截面上的应力不超过比例极限时，$\sigma = E\varepsilon$，则

$$\frac{F_N}{A} = E\frac{\Delta l}{l}$$

$$\Delta l = \frac{F_N l}{EA} \tag{6-15}$$

式(6-15)的关系也称为**胡克定律**。它表明,当应力不超过比例极限时,杆件的伸长 Δl 与轴力 F_N 和杆件的原始长度 l 成正比,与横截面面积 A 成反比。式中 EA 是材料弹性模量与拉(压)杆横截面面积的乘积,称为**拉压刚度**,EA 越大,则变形越小。

由式(6-15)知,轴向变形 Δl 与轴力 F_N 具有相同的正负号,即伸长为正,缩短为负。

6.5.2 拉压杆的横向变形与泊松比

在图 6.19 中,在轴向力 F 作用下,杆件的横向尺寸由 b 变为 b_1,杆件的横向变形为

$$\Delta b = b_1 - b$$

若变形均匀,则杆件的横向线应变为

$$\varepsilon' = \frac{\Delta b}{b}$$

试验结果表明,当拉(压)杆件横截面上的应力不超过材料的比例极限时,横向应变 ε' 与纵向应变 ε 的比值的绝对值为一常数。这个比值称为**横向变形因数**或**泊松比**,通常用 μ 表示,即

$$\mu = \left| \frac{\varepsilon'}{\varepsilon} \right|$$

由于横向应变 ε' 与纵向应变 ε 的正负号始终相反,故上式可写成

$$\varepsilon' = -\mu \varepsilon \tag{6-16}$$

泊松比 μ 的值随材料而异,有手册可查,或可通过试验测定。

6.5.3 变截面杆的轴向变形

式(6-15)适用于杆件横截面面积 A 和轴力 F_N 皆为常量的情况,若杆件横截面沿轴线变化,但变化平缓,如图 6.20 所示;轴力也沿轴线变化,但作用线仍与轴线重合,这时,可用相邻的横截面从杆中取出 dx 微段,应用式(6-15),得微段的伸长为

$$d(\Delta l) = \frac{F_N(x) dx}{EA(x)}$$

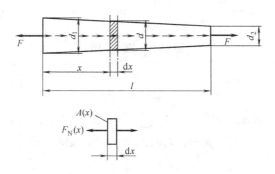

图 6.20 变截面杆

式中，$F_N(x)$ 和 $A(x)$ 分别表示轴力和横截面面积，它们都是 x 的函数。上式积分得杆件的伸长为

$$\Delta l = \int_l \frac{F_N(x)}{EA(x)} dx \qquad (6\text{-}17)$$

【例 6-4】 若例 6-2 中，材料的弹性模量 $E = 200\,\text{GPa}$，其余条件均不变，求杆的总伸长量。

【解】 因为杆各段的轴力不等，且横截面面积也不完全相同，因而必须分段计算各段的变形，然后相加。

由式 $\Delta l = \dfrac{F_N l}{EA}$ 计算各段杆的轴向变形分别为

$$\Delta l_1 = \frac{F_{N1} l_1}{EA_1} = \frac{400 \times 10^3\,\text{N} \times 300 \times 10^{-3}\,\text{m}}{200 \times 10^9\,\text{N/m}^2 \times 2\,500 \times 10^{-6}\,\text{m}^2} = 0.24 \times 10^{-3}\,\text{m} = 0.24\,\text{mm}$$

$$\Delta l_2 = \frac{F_{N2} l_2}{EA_2} = \frac{(-100) \times 10^3\,\text{N} \times 300 \times 10^{-3}\,\text{m}}{200 \times 10^9\,\text{N/m}^2 \times 2\,500 \times 10^{-6}\,\text{m}^2} = -0.06 \times 10^{-3}\,\text{m} = -0.06\,\text{mm}$$

$$\Delta l_3 = \frac{F_{N3} l_3}{EA_3} = \frac{200 \times 10^3\,\text{N} \times 400 \times 10^{-3}\,\text{m}}{200 \times 10^9\,\text{N/m}^2 \times 1\,000 \times 10^{-6}\,\text{m}^2} = 0.4 \times 10^{-3}\,\text{m} = 0.4\,\text{mm}$$

杆的总伸长量为

$$\Delta l = \sum_{i=1}^{3} \Delta l_i = (0.24 - 0.06 + 0.4)\,\text{mm} = 0.58\,\text{mm}$$

【例 6-5】 图 6.21(a)所示杆系结构，已知杆 BD 为圆截面钢杆，直径 $d = 20\,\text{mm}$，长度 $l = 1\,\text{m}$，$E = 200\,\text{GPa}$；杆 BC 为方截面木杆，边长 $a = 100\,\text{mm}$，$E = 12\,\text{GPa}$。载荷 $F = 50\,\text{kN}$。求点 B 的位移。

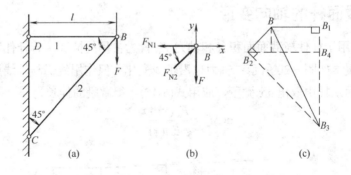

图 6.21 例 6-5 图

【解】

(1) 计算轴力

取节点 B，受力如图 6.21(b)所示。由 $\sum F_x = 0$ 和 $\sum F_y = 0$ 得

$$F_{N1} = 50\,\text{kN}\ (\text{拉}),\quad F_{N2} = 70.7\,\text{kN}\ (\text{压})$$

(2) 计算变形

由图 6.21(a)知，$l_1 = l = 1\text{m}$，$l_2 = \dfrac{l}{\cos 45°} = 1.41\text{m}$。

由胡克定律求得杆 BD 和杆 BC 的变形分别为

$$\Delta l_1 = \frac{F_{N1} l_1}{E_1 A_1} = \frac{50 \times 10^3 \text{ N} \times 1 \text{ m}}{200 \times 10^9 \text{ Pa} \times \dfrac{\pi}{4} \times 20^2 \times 10^{-6} \text{ m}^2} = 7.96 \times 10^{-4} \text{ m (伸)}$$

$$\Delta l_2 = \frac{F_{N2} l_2}{E_2 A_2} = \frac{70.7 \times 10^3 \text{ N} \times 2 \times 1.41 \text{ m}}{12 \times 10^9 \text{ Pa} \times 100 \times 10^{-6} \text{ m}^2} = 8.31 \times 10^{-4} \text{ m (缩)}$$

(3) 确定点 B 位移

由计算知，Δl_1 为拉伸变形，Δl_2 为压缩变形。设想将结构在节点 B 拆开，杆 BD 伸长变形后变为 $B_1 D$，杆 BC 压缩变形后变为 $B_2 C$。分别以点 D 和点 C 为圆心，DB_1 和 CB_2 为半径，作圆弧相交于 B_3。点 B_3 即为结构变形后点 B 的位置。因为变形很小，$B_1 B_3$ 和 $B_2 B_3$ 是两段极其微小的短弧，因而可用分别垂直于 $B_1 D$ 和 $B_2 C$ 的线段来代替，这两段直线的交点为 B_3，BB_3 即为点 B 的位移，且 $BB_1 = \Delta l_1$，$BB_2 = \Delta l_2$，如图 6.21(c)所示。

由图 6.21(c)可以求出点 B 的垂直位移为

$$\angle BB_2 B_4 = \angle B_2 B_3 B_4 = 45°$$

$$B_1 B_3 = B_1 B_4 + B_4 B_3 = BB_2 \times \frac{\sqrt{2}}{2} + B_2 B_4 = \Delta l_2 \times \frac{\sqrt{2}}{2} + \Delta l_1 + \Delta l_2 \times \frac{\sqrt{2}}{2} = 1.97 \times 10^{-3} \text{ m}$$

点 B 的水平位移为

$$BB_1 = \Delta l_1 = 7.96 \times 10^{-4} \text{ m}$$

所以点 B 的位移为

$$BB_3 = \sqrt{(B_1 B_3)^2 + (BB_1)^2} = 2.12 \times 10^{-3} \text{ m}$$

【讨论】

(1) 杆件的变形是杆件在载荷作用下其形状和尺寸的改变，结构节点位移指结构在载荷作用下某个节点空间位置的改变。

(2) 在用图解法求结构位移时，用"以弦代弧"，这是由于在小变形假设前提下，用弦代替圆弧而引起的误差可以接受，并使问题的解决变得简单。

(3) 求解结构节点位移的步骤为：①受力分析，利用平衡方程求解各杆轴力；②应用胡克定律求各杆的变形；③用"以弦代弧"的方法找出节点变形后的位置，寻找各杆变形间的关系，求节点位移。注意若设某杆受拉，则画变形图时应将该杆画成伸长，反之亦然。

6.6 简单拉压超静定问题

在前面所讨论的问题中，约束力与轴力均可通过静力平衡方程确定，这类问题称为**静定问题**，相应的结构称为**静定结构**。

如图 6.22(a)所示桁架为一静定结构。然而，若在上述桁架中增加一杆 AD，如图 6.22(b)所示，则未知轴力变为 3 个，但独立平衡方程仍只有两个，显然，仅由两个平衡方程尚不能确定 3 个未知轴力，这类问题为第 3 章所说的**超静定问题**。图 6.22(b)所示桁架为一次超静定。

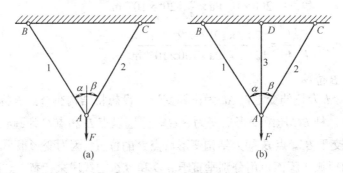

图 6.22 静定与超静定结构

求解超静定问题，除了应利用平衡方程外，还需要根据多余约束对位移或变形的协调限制，建立各部分位移或变形之间的几何关系，即建立**几何方程**，称为**变形协调方程**。现以图 6.23(a)所示桁架为例，说明超静定问题的分析方法。

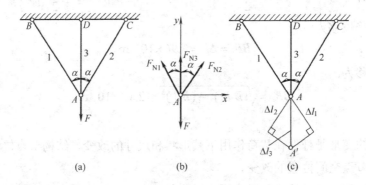

图 6.23 超静定问题受力与变形分析

设图 6.23(a)所示超静定结构的杆 1 与 2 的拉压刚度相同，均为 E_1A_1，杆 3 的拉压刚度为 E_3A_3，杆 1 的长度为 l_1。现将杆 3 看成多余约束，多余未知力为 F_{N3} (设为拉力)，去掉多余约束杆 3，以多余未知力 F_{N3} 代替杆的作用，则原结构变为静定结构。在载荷 F 与未知力 F_{N3} 共同作用下，设杆 1、杆 2 的轴力分别为 F_{N1} (拉力)，F_{N2} (拉力)。节点 A 的受力如图 6.23(b)所示，其平衡方程为

$$\sum F_x = 0, \quad F_{N2}\sin\alpha - F_{N1}\sin\alpha = 0 \tag{a}$$

$$\sum F_y = 0, \quad F_{N1}\cos\alpha + F_{N2}\cos\alpha + F_{N3} = 0 \tag{b}$$

变形前与变形后三杆始终交于一点，由对称性可以得到，结构在载荷 F 作用下变形后如图 6.23(c)所示，$\Delta l_1 = \Delta l_2$，点 A 移至点 A'，且有变形协调关系为

$$\Delta l_1 = \Delta l_3 \cos\alpha \tag{c}$$

式(c)是保证结构连续性所应满足的变形几何关系，称为变形协调条件或变形协调方程。设三杆均处于线弹性范围，由胡克定律得，各杆变形与轴力间的关系(物理方程)分别为

$$\Delta l_1 = \Delta l_2 = \frac{F_{N1} l_1}{E_1 A_1}$$

$$\Delta l_3 = \frac{F_{N3} l_3}{E_3 A_3} = \frac{F_{N3} l_1 \cos \alpha}{E_3 A_3}$$

将上述关系代入式(c)，得到轴力表示的补充方程为

$$F_{N1} = \frac{E_1 A_1}{E_3 A_3} \cos^2 \alpha \cdot F_{N3} \tag{d}$$

联列式(a)、(b)和(d)，得

$$F_{N1} = F_{N2} = \frac{E_1 A_1 \cos^2 \alpha}{2 E_1 A_1 \cos^3 \alpha + E_3 A_3} F$$

$$F_{N3} = \frac{E_3 A_3}{2 E_1 A_1 \cos^3 \alpha + E_3 A_3} F$$

所得结果均为正，说明各杆的轴力与假设相同，均为拉力。

【讨论】 本题结构对称，载荷对称，故杆中内力对称，变形也对称。

综上所述，求解超静定问题的主要步骤为：

(1) 进行受力分析，建立静力平衡方程。
(2) 根据位移或变形间关系，建立变形协调方程。
(3) 利用力与变形的物理关系，变形协调方程改写成力的补充方程。
(4) 联列求解静力平衡方程和补充方程，求出未知力。

【例 6-6】 在图 6.24(a)所示结构中，设横梁 AB 的变形可以忽略，杆 1 和 2 的横截面面积相等，材料相同。求杆 1 和 2 的内力。

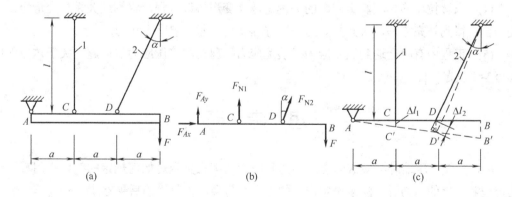

图 6.24 例 6-6 图

【解】

(1) 建立静力平衡方程

以横梁 AB 为研究对象，设杆 1 和 2 的轴力分别为 F_{N1} 和 F_{N2}，如图 6.24(b)所示，则由

平衡方程 $\sum M_A = 0$ 得

$$3F - 2F_{N2}\cos\alpha - F_{N1} = 0 \qquad (a)$$

(2) 建立变形协调方程

由于横梁 AB 是刚性杆，结构变形后，它仍为直杆，见图 6.24(c)，杆 1 和 2 的伸长 Δl_1 和 Δl_2 应满足以下关系

$$\frac{\Delta l_2}{\cos\alpha} = 2\Delta l_1 \qquad (b)$$

(3) 代入胡克定律

$$\Delta l_1 = \frac{F_{N1}l}{EA}, \quad \Delta l_2 = \frac{F_{N2}l}{EA\cos\alpha}$$

代入式(b)得

$$\frac{F_{N2}l}{EA\cos^2\alpha} = 2\frac{F_{N1}l}{EA} \qquad (c)$$

(4) 联列式(a)和(c)得

$$F_{N1} = \frac{3F}{4\cos^3\alpha + 1}, \quad F_{N2} = \frac{6F\cos^2\alpha}{4\cos^3\alpha + 1}$$

小　　结

(1) 搞清楚 Q235 钢和灰铸铁两种材料的拉压力学性能，特别是 Q235 钢的拉伸曲线。

(2) 强度条件 $\sigma_{\max} = \dfrac{F_{N\max}}{A} \leqslant [\sigma]$ 通常用于强度校核、截面设计和许用载荷确定。

(3) 公式 $\sigma = E\varepsilon$ 和 $\Delta l = \dfrac{F_N l}{EA}$ 在线弹性条件下适用。

(4) 求解拉压简单超静定问题的关键是建立变形协调方程，将物理关系与变形协调方程结合，得到补充方程，将其与静力平衡方程联列，即可求出未知力。

(5) 工程中有时会遇到温度应力、装配应力、剪切和挤压应力等问题，关于这方面内容可参看文献[1]。

思　考　题

6-1 拉伸、压缩时，横截面上的轴力和应力及其正负号是如何规定的？如果用截面法确定横截面上的内力时，随意设定内力的方向，将会产生怎样的后果？

6-2 低碳钢 Q235 在拉伸过程中表现为几个阶段？各有何特点？何谓比例极限、屈服极限与强度极限？何谓弹性应变与塑性应变？

6-3 试述胡克定律及其表达式，该定律的适用条件是什么？

6-4 低碳钢 Q235 与灰铸铁试样在轴向拉伸与压缩时破坏形式有何特点，各与何种应力直接有关？

6-5 何谓失效？极限应力、安全因数和许用应力间有何关系？何谓强度条件？利用强度条件可以解决哪些形式的强度问题？

6-6 试指出下列概念的区别：比例极限与弹性极限；弹性变形与塑性变形；延伸率与正应变；强度极限与极限应力；工作应力与许用应力。

6-7 什么是超静定问题？何谓多余约束力？求解超静定问题的主要步骤有哪些？

6-8 由同一材料制成的不同构件，其许用应力是否相同？一般情况下脆性材料的安全因数为什么要比塑性材料的安全因数选得大些？

6-9 计算拉压超静定问题时，轴力的指向和变形的伸缩是否可任意假设？为什么？

6-10 图示杆件表面有斜直线 AB，当杆件承受图示轴向拉伸时，问该斜直线是否作平行移动？

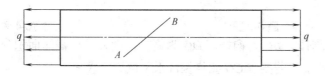

思考题 6-10 图

习 题

6-1 求图示阶梯状直杆横截面 1—1，2—2 和 3—3 上的轴力，并作轴力图。若横截面面积 $A_1 = 400\,\text{mm}^2$，$A_2 = 300\,\text{mm}^2$，$A_3 = 200\,\text{mm}^2$，求各横截面上的应力。

题 6-1 图

6-2 图示拉杆承受轴向力 $F = 10\,\text{kN}$，杆的横截面面积 $A = 100\,\text{mm}^2$。若以 α 表示斜截面与横截面的夹角，求当 $\alpha = 0°$，$30°$，$45°$，$60°$，$90°$ 时各斜截面上的正应力和切应力。

题 6-2 图

6-3 在图示杆系中，BC 和 BD 两杆的材料相同，且抗拉和抗压许用应力相等，同为 $[\sigma]$。为使杆系使用的材料最省，求夹角 θ 的值。

6-4 一木柱受力如图所示。柱的横截面为边长 200 mm 的正方形，材料可认为符合胡克定律，其弹性模量 $E = 10\,\text{GPa}$。若不计柱的自重，求：

(1) 柱各段横截面上的应力。
(2) 柱各段的纵向线应变。
(3) 柱的总变形。

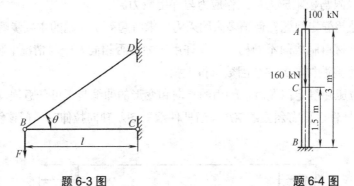

题 6-3 图　　　　　　　　题 6-4 图

6-5 设 CG 为刚体，BC 为铜杆，DG 为钢杆，两杆的横截面面积分别为 A_1 和 A_2，弹性模量分别为 E_1 和 E_2。若要求 CG 始终保持水平位置，求 x。

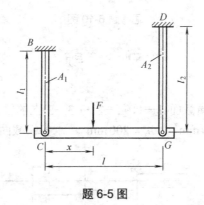

题 6-5 图

6-6 图示打入黏土的木桩受载荷 F 及黏土的摩擦力，摩擦力集度 $f = ky^2$，其中 k 为常数。已知 $F = 420\,\text{kN}$，$l = 12\,\text{m}$，杆的横截面面积 $A = 64 \times 10^3\,\text{mm}^2$，材料可近似认为满足胡克定律，弹性模量 $E = 10\,\text{GPa}$。试确定常数 k，并求木桩的缩短量。

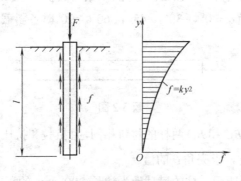

题 6-6 图

6-7 图示变宽度平板，承受轴向载荷 F 作用。已知板的厚度为 δ，长为 l，左、右端的宽度分别为 b_1 和 b_2，弹性模量为 E。试计算板的轴向总伸长。

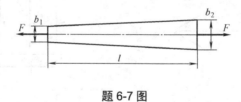

题 6-7 图

6-8 图示两端固定杆件，承受轴向载荷作用。求约束力及杆内的最大轴力。

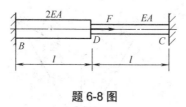

题 6-8 图

6-9 图示结构，杆 1，2 的弹性模量 E 相同，横截面积 A 也相同，梁 AB 为刚体，载荷 $F = 20\,\text{kN}$，许用拉应力 $[\sigma]^+ = 30\,\text{MPa}$，许用压应力 $[\sigma]^- = 90\,\text{MPa}$。试确定杆的横截面面积。

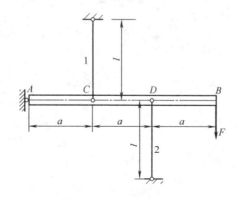

题 6-9 图

6-10 图示支架中的 3 根杆件材料相同，杆 1，2，3 的横截面面积分别为 $A_1 = 200\,\text{mm}^2$，$A_2 = 300\,\text{mm}^2$，$A_3 = 400\,\text{mm}^2$。若 $F = 30\,\text{kN}$，求：

(1) 各杆横截面上的应力。

(2) 若杆 3 的横截面积改为 $A_3 = 200\,\text{mm}^2$，其他条件不变，则各杆横截面上应力为多少？并讨论结果。

6-11 图示刚性横梁由 3 根钢杆支承，钢杆的弹性模量 $E_s = 210\,\text{GPa}$，横截面面积均为 $2\,\text{cm}^2$，其中杆 3 的长度做短了 $\delta = 5l/10^4$。求装配后各杆横截面上的应力。

6-12 在图示杆系中，杆 AB 比名义长度略短，误差为 δ。若 5 根杆的材料相同，横截面面积相等，求装配后各杆的轴力。

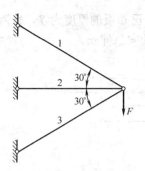

题 6-10 图

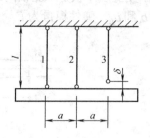

题 6-11 图

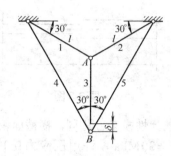

题 6-12 图

第7章 扭 转

本章主要研究圆截面直杆扭转时的内力、应力和变形，对非圆截面杆的扭转，仅作简单介绍。

7.1 扭转的概念和实例

扭转变形是工程实际和日常生活中经常遇到的情形。如图 7.1 所示的驾驶盘轴，在轮盘边缘上作用一对大小相等、方向相反的切向力 F 构成的力偶，其力偶矩 $M_e = Fd$。根据平衡条件可知，在轴的另一端，必存在一反作用力偶，其力偶矩 $M_e' = M_e$。在力偶矩 M_e 与 M_e' 作用下，各横截面绕轴线作相对旋转。以横截面绕轴线作相对旋转为主要特征的变形形式称为**扭转**，如图 7.2 所示。截面间绕轴线的相对角位移，称为**扭转角**，用 φ 表示。

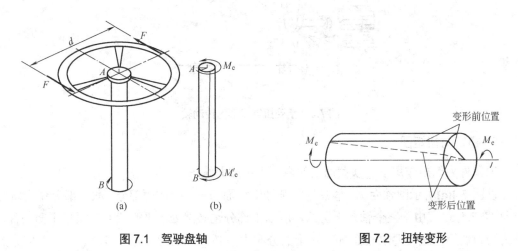

图 7.1 驾驶盘轴　　　　　图 7.2 扭转变形

工程实际中，有很多构件，如车床的光杠、搅拌机轴、汽车传动轴等，都是受扭构件。垂直于杆轴线的平面内作用的力偶之矩，称为**外力偶矩**。以扭转变形为主要变形的直杆称为**轴**。

7.2 外力偶矩的计算　扭矩和扭矩图

1. 外力偶矩的计算

在传动轴计算中，通常不是直接给出作用于轴上的外力偶矩 M_e 的数值，而是给出轴所传送的功率和传动轴的转速。如图 7.3 所示，可由电动机的转速和功率，求出传动轴 AB 的转速及通过皮带轮输入的功率。功率输入到轴 AB 上，再经右端的齿轮输送出去。设通过皮带轮输入轴 AB 的功率为 $P(\mathrm{kW})$，则因 $1\,\mathrm{kW} = 1\,000\,\mathrm{N \cdot m/s}$，所以输入功率 $P(\mathrm{kW})$ 就相当

于在每秒钟内输入 $P \times 1\,000$(焦耳)的功。电动机是通过皮带轮以力偶矩 M_e 作用于轴 AB 上的,若轴的转速为每分钟 n 转(r/min),则 M_e 在每秒钟内完成的功为 $2\pi \times \dfrac{n}{60} \times M_e$(N·m),由于二者做的功应该相等,则有

$$P \times 1\,000 = 2\pi \times \frac{n}{60} \times M_e$$

由此求出外力偶矩 M_e 的公式为

$$\{M_e\}_{\text{N·m}} = 9\,549 \frac{\{P\}_{\text{kW}}}{\{n\}_{\text{r/min}}} \tag{7-1}$$

式中,P 为输入功率(kW);n 为轴转速(r/min)。

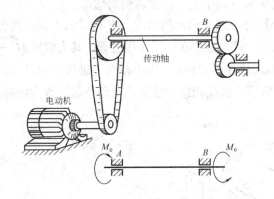

图 7.3 承受扭转变形的传动轴

2. 扭矩与扭矩图

轴在外力偶矩作用下,横截面上的内力可由截面法求出。

以图 7.4(a)所示圆轴为例,假想地将圆轴沿截面 m—m 分成两部分,取 Ⅰ 部分作为研究对象(图 7.4(b)),由于整个轴是平衡的,所以 Ⅰ 部分也必然处于平衡状态。根据平衡条件,外力为力偶矩,这就要求截面 m—m 上的分布内力必须合成为一内力偶矩 T。由 Ⅰ 部分的平衡方程 $\sum M_x = 0$,得

$$T - M_e = 0$$
$$T = M_e$$

式中,T 称为截面 m—m 上的**扭矩**,它是 Ⅰ、Ⅱ 两部分在 m—m 截面上相互作用的分布内力系的合力偶矩。

若取 Ⅱ 部分为研究对象(图 7.4(c)),仍然可以求得 $T = M_e$ 的结果,其方向则与用 Ⅰ 部分求出的扭矩相反。

为了使无论用 Ⅰ 部分或 Ⅱ 部分求出的同一截面 m—m 上的扭矩不仅数值相等,而且正负相同,对扭矩 T 的正负规定为:若按右手螺旋法则把 T 表示为矢量,当矢量方向与截面的外法线 n 的方向一致时,T 为正;反之为负。根据这一规则,图 7.4 中,截面 m—m 上扭矩无论 Ⅰ 部分或 Ⅱ 部分都为正。

第 7 章 扭转

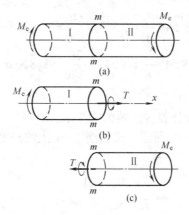

图 7.4 扭矩及其正负号规定

若作用于轴上的外力偶多于两个时，外力偶将轴分成若干段，各段横截面上的扭矩不尽相同，则需分段按截面法求扭矩。为了表示各截面扭矩沿轴线变化的情况，可画出**扭矩图**。扭矩图中横轴表示横截面的位置，纵轴表示相应截面上的扭矩值。下面通过例题说明扭矩的计算和扭矩图的绘制。

【例 7-1】 图 7.5(a)所示为一传动系统，A 为主动轮，B, C, D 为从动轮。各轮的功率 $P_A = 60\text{kW}$，$P_B = 25\text{kW}$，$P_C = 25\text{kW}$，$P_D = 10\text{kW}$，轴的转速为 $n = 300\,\text{r/min}$。试画出轴的扭矩图。

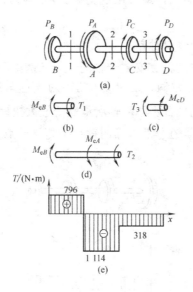

图 7.5 例 7-1 图

【解】

(1) 求外力偶矩

按式(7-1)计算出各轮上的外力偶矩为

$$M_{eB} = M_{eC} = 9\,549 \frac{P_B}{n} = 9\,549 \times \frac{25}{300} = 796\,\text{N}\cdot\text{m}$$

$$M_{eA} = 9\,549\frac{P_A}{n} = 9\,549 \times \frac{60}{300} = 1\,910\,\text{N}\cdot\text{m}$$

$$M_{eD} = 9\,549\frac{P_D}{n} = 9\,549 \times \frac{10}{300} = 318\,\text{N}\cdot\text{m}$$

(2) 求各段轴上的扭矩

用截面法，根据平衡方程计算各段轴内的扭矩。

BA 段：取分离体如图 7.5(b)所示，设截面 1—1 上的扭矩为 T_1，方向如图 7.5(b)所示。则由平衡方程得

$$T_1 - M_{eB} = 0$$
$$T_1 = M_{eB} = 796\,\text{N}\cdot\text{m}$$

CD 段：取分离体如图 7.5(c)所示，由平衡方程得

$$T_3 + M_{eD} = 0$$
$$T_3 = -M_{eD} = -318\,\text{N}\cdot\text{m}$$

AC 段：取分离体如图 7.5(d)所示，由平衡方程得

$$T_2 + M_{eA} - M_{eB} = 0$$
$$T_2 = M_{eB} - M_{eA} = -1\,114\,\text{N}\cdot\text{m}$$

负号说明实际方向与假设方向相反。

(3) 作扭矩图

如图 7.5(e)所示。从图中看出，最大扭矩发生于 AC 段内，且 $|T|_{max} = 1\,114\,\text{N}\cdot\text{m}$。

【讨论】

(1) 扭矩图应与轴载荷图位置对齐。

(2) 对同一根轴，若把主动轮 A 安置于轴的一端，例如图 7.6(a)所示放在左端，则此时轴的扭矩图如图 7.6(b)所示。这时轴的最大扭矩为 $|T|_{max} = 1\,910\,\text{N}\cdot\text{m}$。由此可知，在传动轴上主动轮和从动轮安置的位置不同，轴所承受的最大扭矩也就不同。上述两种情况相比，图 7.5 所示布局比较合理。在学完本章时就会清楚这一点。

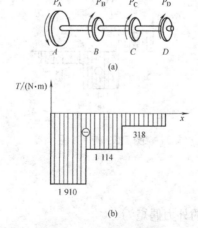

图 7.6 例 7-1 讨论图

7.3 纯 剪 切

为了研究切应力和切应变的规律以及两者间的关系,先考察薄壁圆筒的扭转。

7.3.1 薄壁圆筒扭转时的切应力

图 7.7(a)所示为一等厚薄壁圆筒,其厚度远小于其平均半径$r(\delta \leqslant r/10)$。受扭前在圆筒的外表面上用一些纵向直线和横向圆周线画成方格,如图 7.7(a)中的 $ABDC$ 所示;然后在两端垂直于轴线的平面内作用大小相等而转向相反的外力偶 M_e,试验结果表明,圆筒发生扭转后,方格由矩形变成平行四边形,如图 7.7(b)中的 $A'B'D'C'$ 所示,但圆筒沿轴线及周线的长度都没有变化。这些现象表明,当薄壁圆筒扭转时,其横截面和包含轴线的纵向截面上都没有正应力,横截面上只有切应力 τ,因为筒壁的厚度 δ 很小,可以认为沿筒壁厚度切应力不变。又因在同一圆周上各点情况完全相同,应力也就相同,如图 11.7(c)所示。横截面上所有 τ 组成力系的合力为该横截面的扭矩 T,即

$$T = M_e = \int_A r\tau \, dA = \int_0^{2\pi} r\tau \delta r \, d\theta = 2\pi r^2 \delta \tau$$

得

$$\tau = \frac{T}{2\pi r^2 \delta} \tag{7-2}$$

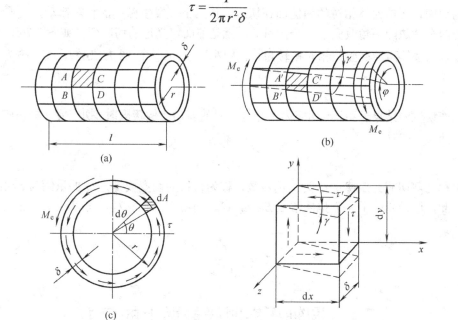

图 7.7 薄壁圆筒扭转时的切应力

7.3.2 切应力互等定理

用相邻的两个横截面和两个纵向面,从圆筒中取出边长分别为 dx,dy 和 δ 的单元体,放大如图 7.7(d)所示,单元体的左、右侧面是横截面的一部分,由前述分析知,左、右侧面上无正应力,只有切应力,大小按式(7-2)计算。由图 7.7(d)知,在单元体的左、右侧面上的切应力,由于大小相等,方向相反,形成了一个力偶,其力偶矩为 $(\tau\delta dy)dx$。由于圆筒是平衡的,单元体必然平衡,为保持其平衡,单元体的上、下两个侧面上必须有切应力,并由 $\sum F_x = 0$ 知,上、下两个侧面上的切应力要大小相等、方向相反,所合成的力偶应与力偶矩 $(\tau\delta dy)dx$ 相平衡。设上、下两个侧面上的切应力为 τ',由 $\sum M_z = 0$ 得

$$(\tau\delta dy)dx = (\tau'\delta dx)dy$$

所以

$$\tau = \tau' \tag{7-3}$$

式(7-3)表明,在相互垂直的一对平面上,切应力同时存在,数值相等,且都垂直于两个平面的交线,方向共同指向或共同背离这一交线。这就是**切应力互等定理**。

7.3.3 剪切胡克定律

图 7.7(d)所示单元体,上、下、左、右 4 个侧面上只有切应力而无正应力,这种单元体称为纯剪切。单元体相对的两侧面在切应力作用下,发生微小的相对错动,使原来互相垂直的两个棱边的夹角改变了一个微量 γ,就是前面定义过的切应变,如图 7.7(c)所示。

设 φ 为圆筒两端截面的相对扭转角,l 为圆筒的长度,由图 7.7(b)知,切应变为

$$\gamma = \frac{r\varphi}{l}$$

纯剪切试验结果表明,当切应力不超过材料的剪切比例极限时,切应变 γ 与切应力 τ 成正比,即

$$\tau = G\gamma \tag{7-4}$$

式(7-4)称为**剪切胡克定律**;G 为比例常数,称为材料的**切变模量**,G 的量纲与 τ 相同。

至此,已经介绍了 3 个弹性常数 E,μ,G,对各向同性材料,可以证明,这三者存在下列关系

$$G = \frac{E}{2(1+\mu)} \tag{7-5}$$

7.4 圆轴扭转时横截面上的应力

7.4.1 圆轴扭转切应力的计算公式

为了得到圆轴扭转时横截面上的应力表达式,必须综合研究几何、物理和静力学三方面的关系。

1. 几何方面

如前述薄壁圆筒受扭一样，在等截面圆轴表面上等间距地作圆周线和纵向线，在轴两端施加一对大小相等、方向相反的外力偶。从实验观察到：各圆周线的形状不变，仅绕轴线相对旋转；而当变形很小时，各圆周线的大小与间距均不改变。

根据上述现象，对轴内变形作如下假设：变形后，横截面仍保持平面，其形状、大小与横截面间的距离均不改变，而且半径仍为直线。换言之，圆轴扭转时，各横截面如同刚性圆片，仅绕轴线作相对旋转。此假设称为**圆轴扭转平面假设**，并已得到理论与实验的证实。

现从等截面圆轴内取长为 $\mathrm{d}x$ 的微段进行分析，如图 7.8(a) 所示。根据平面假设，右截面相对左截面绕轴线转动了一个角度 $\mathrm{d}\varphi$，即右截面上的半径 OC 转到了 OC'，纵向线 AC 倾斜了一个角度 γ，变成 AC'，由前述定义知，$\mathrm{d}\varphi$ 为相距 $\mathrm{d}x$ 长的两截面的相对扭转角，γ 为点 A 处的切应变。设距轴线为 ρ 的纵向线 ac，变形后为 ac'，ac 的倾斜角为 γ_ρ，即点 a 的切应变为 γ_ρ，由图 7.8(b) 知

$$cc' = \gamma_\rho \mathrm{d}x = \rho \mathrm{d}\varphi$$

由此得

$$\gamma_\rho = \rho \frac{\mathrm{d}\varphi}{\mathrm{d}x} \tag{7-6}$$

式中，$\dfrac{\mathrm{d}\varphi}{\mathrm{d}x}$ 为相对扭转角 φ 沿轴长度的变化率，对给定的横截面是个常量。式(7-6)说明，等直圆轴受扭时，横截面上任意点处的切应变 γ_ρ 与该点到截面中心的距离 ρ 成正比。

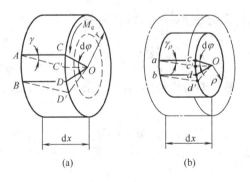

图 7.8 圆轴扭转变形

2. 物理方面

由剪切胡克定律知，在剪切比例极限内，切应力与切应变成正比，所以，横截面上 ρ 处的切应力为

$$\tau_\rho = G\gamma_\rho = G\rho \frac{\mathrm{d}\varphi}{\mathrm{d}x} \tag{7-7}$$

式(7-7)表明，扭转切应力 τ_ρ 沿截面半径成线性变化，与该点到轴心的距离 ρ 成正比。由于 γ_ρ 发生在垂直于半径的平面内，所以 τ_ρ 的方向垂直于该点处的半径，与扭矩 T 的转向一致。

考虑到切应力互等定理，则在纵向截面和横截面上，沿半径切应力分布如图 7.9 所示。

图 7.9　圆轴扭转时纵横截面上切应力分布

3. 静力学方面

如图 7.10 所示，在距圆心 ρ 处的微面积 $\mathrm{d}A$ 上，作用有微剪力 $\tau_\rho \mathrm{d}A$，它对圆心的力矩为 $\rho\tau_\rho \mathrm{d}A$。在整个横截面上，所有微力矩之和等于该截面的扭矩，即

$$\int_A \rho\tau_\rho \mathrm{d}A = T$$

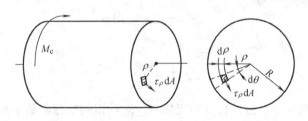

图 7.10　圆轴扭转时横截面上的切应力与扭矩关系

将式(7-7)代入上式(注意到 G 和 $\dfrac{\mathrm{d}\varphi}{\mathrm{d}x}$ 均为常量)得

$$G\frac{\mathrm{d}\varphi}{\mathrm{d}x}\int_A \rho^2 \mathrm{d}A = T$$

上式中积分 $\int_A \rho^2 \mathrm{d}A$ 代表截面的极惯性矩 I_p（见附录 A.2），于是得

$$\frac{\mathrm{d}\varphi}{\mathrm{d}x} = \frac{T}{GI_\mathrm{p}} \tag{7-8}$$

将式(7-8)代入式(7-7)得

$$\tau_\rho = \frac{T}{I_\mathrm{p}}\rho \tag{7-9}$$

此即圆轴扭转切应力的计算公式。式中，T 为横截面上的扭矩，I_p 为横截面的极惯性矩，ρ 为所求切应力点到圆心的距离。

需要指出，式(7-8)与式(7-9)仅适用于等直圆杆，而且，横截面上的 $\tau_{\max}$ 应不大于剪切比例极限。

7.4.2 最大扭转切应力　强度条件

1. 最大扭转切应力

由式(7-9)知，当 $\rho = R$ 时，即圆轴外表面上各点处，切应力最大，其值

$$\tau_{\max} = \frac{TR}{I_p} = \frac{T}{I_p/R} \tag{7-10}$$

式中 I_p/R 是一个仅与截面尺寸有关的量，称为**扭转截面系数**或**抗扭截面系数**，用 W_p 表示，即

$$W_p = \frac{I_p}{R} \tag{7-11}$$

于是，式(7-10)又可写成

$$\tau_{\max} = \frac{T}{W_p} \tag{7-12}$$

可见，最大扭转切应力与扭矩成正比，与扭转截面系数成反比。

由式(7-11)与附录 A 的式(A-13)和式(A-15)可知，对于直径为 d 的圆截面，其扭转截面系数为

$$W_p = \frac{\pi}{16} d^3 \tag{7-13}$$

而对于内径为 d，外径为 D 的空心圆截面，其扭转截面系数为

$$W_p = \frac{\pi}{16D}(D^4 - d^4) = \frac{\pi D^3}{16}(1 - \alpha^4) \tag{7-14}$$

式中，$\alpha = d/D$。

2. 强度条件

通过轴的内力分析可作出扭矩图并求出最大扭矩 $T_{\max}$，最大扭矩所在截面称为**危险截面**。对等截面轴，由式(7-12)知，轴上最大切应力 $\tau_{\max}$ 在危险截面的外表面。由此得强度条件为

$$\tau_{\max} = \frac{T_{\max}}{W_p} \leqslant [\tau] \tag{7-15}$$

式中 $[\tau]$ 为轴材料的许用切应力。不同材料的许用切应力 $[\tau]$ 各不相同，通常由扭转试验测得各种材料的扭转极限应力 τ_u，并除以适当的安全因数 n 得到，即

$$[\tau] = \frac{\tau_u}{n} \tag{7-16}$$

【**例 7-2**】实心圆轴与空心圆轴通过牙嵌式离合器相联，并传递功率，如图 7.11 所示。已知轴的转速 $n = 100$ r/min，传递的功率 $P = 7.5$ kW。若二传动轴横截面上的最大切应力均等于 40 MPa，并且已知空心轴的内、外直径之比 $\alpha = 0.5$，试确定实心轴的直径与空心轴的外径。

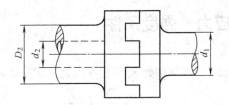

图 7.11 例 7-2 图

【解】 由于二传动轴的转速与传递的功率相等,故二者承受相同的外力偶矩,横截面上的扭矩也因此相等。根据式(7-1)求得

$$T = M_e = \left(9\,549 \times \frac{7.5}{100}\right) \text{N·m} = 716.2\,\text{N·m}$$

对于实心轴,根据式(7-12),式(7-13)和已知条件,有

$$\tau_{\max} = \frac{T}{W_p} = \frac{16T}{\pi d_1^3} \leqslant 40\,\text{MPa}$$

由此求得

$$d_1 \geqslant \sqrt[3]{\frac{16 \times 716.2\,\text{N·m}}{\pi \times 40 \times 10^6\,\text{N/m}^2}} = 0.045\,\text{m} = 45\,\text{mm}$$

对于空心轴,根据

$$\tau_{\max} = \frac{T}{W_p} = \frac{16T}{\pi D_2^3(1-\alpha^4)} \leqslant 40\,\text{MPa}$$

算得

$$D_2 \geqslant \sqrt[3]{\frac{16 \times 716.2\,\text{N·m}}{\pi(1-0.5^4) \times 40 \times 10^6\,\text{N/m}^2}} = 0.046\,\text{m} = 46\,\text{mm}$$

$$d_2 = 0.5 D_2 = 23\,\text{mm}$$

二轴的横截面面积之比为

$$\frac{A_1}{A_2} = \frac{d_1^2}{D_2^2(1-\alpha^2)} = \left(\frac{45 \times 10^{-3}\,\text{m}}{46 \times 10^{-3}\,\text{m}}\right)^2 \times \frac{1}{1-0.5^2} = 1.28$$

可见,如果轴的长度相同,承受扭矩相同,则在最大切应力相同的情形下,实心轴所用材料要比空心轴多。

7.5 圆轴扭转时的变形与刚度条件

7.5.1 圆轴扭转变形的计算公式

轴的扭转变形,用横截面间绕轴线的相对位移即扭转角来表示。由式(7-8)知,长度为 $\mathrm{d}x$ 的相邻两个截面的相对扭转角为

$$\mathrm{d}\varphi = \frac{T\,\mathrm{d}x}{GI_p}$$

故相距 l 的两截面间的扭转角为

$$\varphi = \int_l \mathrm{d}\varphi = \int_l \frac{T}{GI_p}\mathrm{d}x \tag{7-17}$$

式(7-17)适用于等截面圆轴。对截面变化不大的圆锥截面轴也可近似应用，但要注意此时 $I_p = I_p(x)$；同样，T 为非常量时，用 $T(x)$ 代入。

对等截面圆轴，若在长 l 的两横截面间的扭矩 T 为常量，则由式(7-17)得两端横截面间的扭转角为

$$\varphi = \frac{Tl}{GI_p} \tag{7-18}$$

由式(7-18)可以看出，两横截面间的相对扭转角 φ 与扭矩 T，轴长 l 成正比，与 GI_p 成反比。GI_p 称为圆截面的**扭转刚度**或**抗扭刚度**。

7.5.2 圆轴扭转的刚度条件

在工程实际中，多数情况下不仅对受扭圆轴的强度有所要求，而且对变形也有要求，即要满足扭转刚度条件。由于工程实际中的轴长度不同，因此通常将轴的扭转角变化率 $\dfrac{\mathrm{d}\varphi}{\mathrm{d}x}$ 或单位长度内的扭转角作为扭转变形指标，要求它不超过规定的许用值 $[\theta]$，其单位为 rad/m。由式(7-8)知，扭转角的变化率为

$$\theta = \frac{\mathrm{d}\varphi}{\mathrm{d}x} = \frac{T}{GI_p}$$

所以，圆轴扭转的刚度条件为

$$\theta_{\max} = \left(\frac{T}{GI_p}\right)_{\max} \leqslant [\theta] \tag{7-19}$$

对于等截面圆轴，有

$$\theta_{\max} = \frac{T_{\max}}{GI_p} \leqslant [\theta] \tag{7-20}$$

需要指出的是，扭转角变化率 $\dfrac{\mathrm{d}\varphi}{\mathrm{d}x}$ 的单位为 rad/m，而在工程中，单位长度许用扭转角的单位一般为 (°/m)，因此，在应用式(7-19)与式(7-20)时，应注意单位的换算与统一，两者关系为

$$\theta_{\max} = \frac{T_{\max}}{GI_p} \times \frac{180}{\pi} \leqslant [\theta] \tag{7-21}$$

上式中 θ 的单位为 (°/m)。

【例 7-3】 图 7.12(a)所示钻杆横截面直径为 20mm，在旋转时 BC 段受均匀分布的扭力矩 m 的作用。已知使其转动的外力偶矩 $M_e = 120\,\mathrm{N\cdot m}$，材料的切变模量 $G = 80\,\mathrm{GPa}$，求

钻杆两端的相对扭转角。

【分析】 杆 AC 各横截面上的扭矩并不相同，需分 AB，BC 两段考虑。

【解】

(1) 求各段扭矩

由钻杆的平衡方程得

$$\sum M_x = 0, \quad M_e - m \times l_{BC} = 0, \quad m = \frac{M_e}{l_{BC}}$$

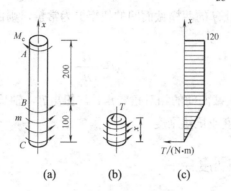

图 7.12 例 7-3 图

由截面法(图 7.12(b))，BC 段任一横截面的扭矩为

$$T = -m \cdot x \quad (0 \leq x \leq 0.1\,\text{m})$$

显然，AB 段任一截面上的扭矩为

$$T = -M_e$$

得扭矩图 7.12(c)。

(2) 求相对扭转角

$$\varphi_{AB} = \frac{Tl_{AB}}{GI_p} = -\frac{M_e l_{AB}}{GI_p}$$

$$\varphi_{BC} = \int_0^{l_{BC}} \frac{T\,\text{d}x}{GI_p} = -\frac{ml_{BC}^2}{2GI_p} = -\frac{M_e l_{BC}}{2GI_p}$$

则 A，C 截面间的相对扭转角为

$$\varphi_{AC} = \varphi_{AB} + \varphi_{BC} = -\frac{M_e l_{AB}}{GI_p} - \frac{M_e l_{BC}}{2GI_p} = -\frac{M_e}{GI_p}(l_{AB} + 0.5 l_{BC})$$

将已知数据代入，求得

$$\varphi_{AC} = -\frac{120\,\text{N} \cdot \text{m}}{(80 \times 10^9\,\text{Pa}) \times \frac{\pi}{32}(0.02\,\text{m})^4}(0.2\,\text{m} + 0.5 \times 0.1\,\text{m}) = -0.0239\,\text{rad} = -1.37°$$

【例 7-4】 图 7.13(a) 所示等截面圆轴 AB，两端固定，在截面 C 和 D 处承受外力偶矩 M_e 作用，试绘该轴的扭矩图。

【分析】 因轴两端固定，具有两个约束力，而独立的静力平衡方程只有一个，故为一次超静定问题。需结合几何方程、物理方程来求解。

【解】

(1) 建立静力平衡方程

设 A 端与 B 端的约束力偶矩分别为 M_A 与 M_B，如图 7.13(b)所示。由静力平衡方程
$$\sum M_x = 0 , \quad M_A - M_e + M_e - M_B = 0$$
得
$$M_A = M_B \tag{a}$$

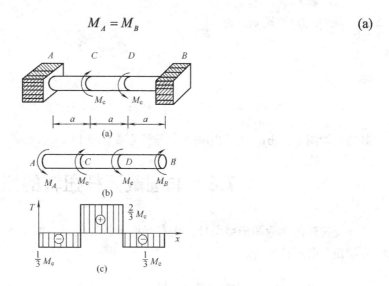

图 7.13 例 7-4 图

设 AC，CD 与 DB 段的扭矩分别为 T_1，T_2、T_3 由图 7.13(b)可得
$$\begin{aligned} T_1 &= -M_A \\ T_2 &= M_e - M_A \\ T_3 &= -M_B \end{aligned} \tag{b}$$

(2) 建立变形协调方程

根据轴两端的约束条件可知，横截面 A 和 B 为固定端，A 和 B 间的相对扭转角 φ_{AB} 应为零，所以，轴的变形协调条件为
$$\varphi_{AB} = \varphi_{AC} + \varphi_{CD} + \varphi_{DB} = 0 \tag{c}$$

(3) 建立物理方程及补充方程

AC，CD 与 DB 段的扭转角分别为
$$\left. \begin{aligned} \varphi_{AC} &= \frac{T_1 a}{GI_p} = -\frac{M_A a}{GI_p} \\ \varphi_{CD} &= \frac{T_2 a}{GI_p} = \frac{(M_e - M_A)a}{GI_p} \\ \varphi_{DB} &= \frac{T_3 a}{GI_p} = -\frac{M_B a}{GI_p} \end{aligned} \right\} \tag{d}$$

式(d)代入式(c)，得补充方程

$$-\frac{M_A a}{GI_p} + \frac{(M_e - M_A)a}{GI_p} - \frac{M_B a}{GI_p} = 0$$

即

$$-2M_A + M_e - M_B = 0 \tag{e}$$

(4) 联列求解

联列式(a)与式(e)，得

$$M_B = \frac{M_e}{3} \tag{f}$$

所以

$$M_A = M_B = \frac{1}{3}M_e$$

其转向如图 7.13(b)，由式(b)得轴的扭矩图如图 7.13(c)所示。

7.6 非圆截面杆扭转的概念

受扭转的轴除圆形截面外，还有其他形状的截面，如矩形与椭圆形截面等。下面简单介绍矩形截面杆扭转。

7.6.1 自由扭转与约束扭转

如图 7.14(a)所示矩形截面杆，在扭矩作用下，其横截面不再保持平面而发生**翘曲**现象。如图 7.14(b)所示。在扭转时，如果横截面的翘曲不受限制，这时横截面上只有切应力，没有正应力，这种扭转称为**自由扭转**。如果扭转时，横截面的翘曲受到限制，横截面上将不仅存在切应力，同时还存在正应力，这种扭转称为**约束扭转**。对于实心轴，约束扭转引起的正应力很小，在实际计算时可以忽略不计；对薄壁轴，约束扭转引起的正应力往往比较大，计算时不能忽略。

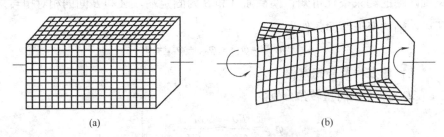

图 7.14 矩形截面轴扭转的翘曲变形

可以证明，轴扭转时，横截面上边缘各点的切应力都与截面边界相切，以及角点处的切应力为零。

如图 7.15(b)所示，若横截面边缘某点 A 处的切应力不平行于周边，即存在有垂直于周边的切应力分量 τ_n 时，则根据切应力互等定理，轴表面必存在有与其数值相等的切应力 τ'_n，然而，当轴表面无轴向剪切载荷作用时 $\tau'_n=0$，可知 $\tau_n=0$，即截面边缘的切应力一定平行于周边。同样，在截面的角点处，例如点 B，由于该处轴表面的切应力分量 τ'_1 和 τ'_2 均为零，点 B 处的切应力分量 τ_1 和 τ_2 也必为零。所以，横截面上角点处的切应力必为零。

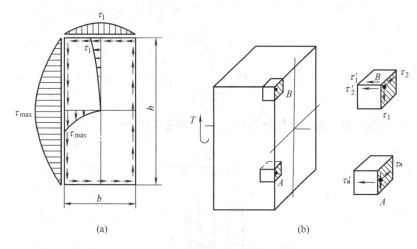

图 7.15　矩形截面轴扭转切应力分布及其特点

7.6.2　矩形截面杆的扭转

非圆实轴的自由扭转，在弹性力学中讨论。工程常见的矩形截面轴，发生扭转变形时，根据弹性力学结果，横截面上切应力分布如图 7.15(a)所示。边缘各点处的切应力与截面周边平行，4 个角点处的切应力为零；最大切应力 τ_{max} 发生在截面长边的中点处，而短边中点处的切应力 τ_1 是短边上的最大切应力。其计算公式为

$$\tau_{max} = \frac{T}{W_t} = \frac{T}{\alpha h b^2} \tag{7-22}$$

$$\tau_1 = \gamma \tau_{max} \tag{7-23}$$

式中，W_t 为**相当扭转截面系数**。

杆件两端相对扭转角为

$$\varphi = \frac{Tl}{G\beta h b^3} = \frac{Tl}{GI_t} \tag{7-24}$$

式中，$I_t = \beta h b^3$ 为截面的相当极惯性矩，h 和 b 分别代表矩形截面长边和短边的长度；因数 α，β 和 γ 均与比值 $\dfrac{h}{b}$ 有关，其值见表 7.1。

表 7.1　矩形截面扭转的有关因数 α，β 和 γ

h/b	1.0	1.2	1.5	2.0	2.5	3.0	4.0	6.0	8.0	10.0	∞
α	0.208	0.219	0.231	0.246	0.258	0.267	0.282	0.299	0.307	0.313	0.333
β	0.141	0.166	0.196	0.229	0.249	0.263	0.281	0.299	0.307	0.313	0.333
γ	1.000	0.930	0.858	0.796	0.767	0.753	0.745	0.743	0.743	0.743	0.743

从表 7.1 中可以看出，当 $\dfrac{h}{b} > 10$ 时，截面为狭长矩形，如图 7.16 所示，此时，$\alpha = \beta \approx \dfrac{1}{3}$，为了区别，以 δ 表示狭长矩形的短边长度，则式(7-22)和(7-24)变为

$$\tau_{\max} = \dfrac{T}{\dfrac{1}{3}h\delta^2} \tag{7-25}$$

$$\varphi = \dfrac{Tl}{G\dfrac{1}{3}h\delta^3} = \dfrac{Tl}{GI_t} \tag{7-26}$$

狭长矩形截面轴的横截面上扭转切应力分布如图 7.16 所示。

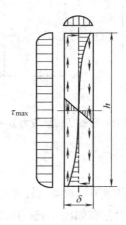

图 7.16 狭长矩形截面轴扭转切应力分布

小 结

(1) 外力偶矩计算　　$\{M_e\}_{N\cdot m} = 9\,549\,\dfrac{\{P\}_{kW}}{\{n\}_{r/min}}$

(2) 薄壁圆筒扭转时横截面上的切应力　　$\tau = \dfrac{T}{2\pi r^2 \delta}$

(3) 切应力互等定理　　$\tau = \tau'$

(4) 剪切胡克定律　　$\tau = G\gamma$

(5) 圆轴扭转时横截面上的切应力　　$\tau_\rho = \dfrac{T}{I_p}\rho$

　　切应力强度条件　　$\tau_{\max} = \dfrac{T_{\max}}{W_p} \leqslant [\tau]$

(6) 圆轴扭转时相对扭转角　　$\varphi = \dfrac{Tl}{GI_p}$

　　扭转刚度条件　　$\theta_{\max} = \dfrac{T_{\max}}{GI_p} \times \dfrac{180°}{\pi} \leqslant [\theta]$

思 考 题

7-1 何谓扭矩？扭矩的正负号是如何规定的？如何计算扭矩？

7-2 薄壁圆筒、圆轴扭转切应力公式分别是如何建立的？假设是什么？公式的应用条件是什么？

7-3 试述剪切胡克定律与拉伸(压缩)胡克定律之间的异同点及 3 个弹性常量 E, G, μ 之间的关系。

7-4 圆轴扭转时如何确定危险截面、危险点及强度条件？

7-5 从强度方面考虑，空心圆轴何以比实心圆轴合理？

7-6 两根直径相同而长度和材料均不同的圆轴 1，2，在相同扭转作用下，试比较两者最大切应力及单位长度扭转角之间的大小关系。

7-7 同一变速箱中的高速轴一般较细，低速轴较粗，这是为什么？

7-8 试绘出图示横截面上切应力的分布图，其中 T 为横截面上的扭矩。

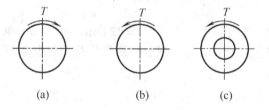

思考题 7-8 图

习 题

7-1 求图示各轴的扭矩图，并指出其最大值。

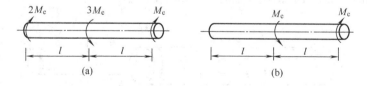

题 7-1 图

7-2 图示某传动轴，转速 $n = 500$ r/min，轮 A 为主动轮，输入功率 $P_A = 70$ kW，轮 B、轮 C 与轮 D 为从动轮，输出功率分别为 $P_B = 10$ kW，$P_C = P_D = 30$ kW。

(1) 求轴内的最大扭矩。

(2) 若将轮 A 与轮 C 的位置对调，试分析对轴的受力是否有利。

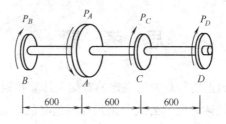

题 7-2 图

7-3 图示圆截面轴，AB 与 BC 段的直径分别为 d_1 与 d_2，且 $d_1 = 4d_2/3$。求轴内的最大扭转切应力。

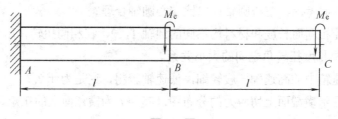

题 7-3 图

7-4 一受扭等截面薄壁圆管，外径 $D = 42\,\text{mm}$，内径 $d = 40\,\text{mm}$，两端受扭力矩 $M_e = 500\,\text{N·m}$，切变模量 $G = 75\,\text{GPa}$。试计算圆管横截面与纵截面上的扭转切应力，并计算管表面纵线的倾斜角。

7-5 一圆截面等直杆试样，直径 $d = 20\,\text{mm}$，两端承受外力偶矩 $M_e = 150\,\text{N·m}$ 作用。设由试验测得标距 $l_0 = 100\,\text{mm}$ 内轴的相对扭转角 $\varphi = 0.012\,\text{rad}$，试确定切变模量 G。

7-6 设有一圆截面传动轴，轴的转速 $n = 300\,\text{r/min}$，传递功率 $P = 80\,\text{kW}$，轴材料的许用切应力 $[\tau] = 80\,\text{MPa}$，单位长度许用扭转角 $[\theta] = 1.0°/\text{m}$，切变模量 $G = 80\,\text{GPa}$。试设计轴的直径。

7-7 图示为一阶梯形圆轴，其中 AE 段为空心圆截面，外径 $D = 140\,\text{mm}$，内径 $d = 80\,\text{mm}$；BC 段为实心圆截面，直径 $d_1 = 100\,\text{mm}$。受力如图所示，外力偶矩分别为 $M_{eA} = 20\,\text{kN·m}$，$M_{eB} = 36\,\text{kN·m}$，$M_{eC} = 16\,\text{kN·m}$。已知轴的许用切应力 $[\tau] = 80\,\text{MPa}$，$G = 80\,\text{GPa}$，$[\theta] = 1.2°/\text{m}$。试校核轴的强度和刚度。

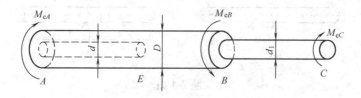

题 7-7 图

7-8 已知扭力矩 $M_{e1} = 400\,\text{N}\cdot\text{m}$，$M_{e2} = 600\,\text{N}\cdot\text{m}$，许用切应力 $[\tau] = 40\,\text{MPa}$，单位长度的许用扭转角 $[\theta] = 0.25°/\text{m}$，切变模量 $G = 80\,\text{GPa}$。试确定图示轴的直径。

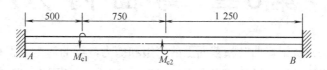

题 7-8 图

第8章 弯曲内力

本章用截面法分析梁弯曲时横截面上的弯矩和剪力,梁的弯矩方程和剪力方程及其弯矩图和剪力图,这是材料力学的重点内容,因为它是分析梁的强度和刚度的基础。

8.1 弯曲的概念与实例

当杆件承受垂直于其轴线的外力,或在其过轴线的平面内作用有外力偶矩时,杆的轴线将变为曲线,这种变形称为**弯曲**。例如图 8.1 所示火车轮轴(其中(b)图为力学简图)。以弯曲变形为主的杆件在工程中称为**梁**(在受力图中以其轴线表示该梁),这是工程中很常见的构件,也是材料力学要分析的重点内容。通常梁的横截面至少有一个对称轴,各个横截面的对称轴组成一个包含轴线的纵向对称面,其外载荷均作用在梁的纵向对称面内,如图 8.2 所示(其中(b)图为力学简图)。变形后,梁的轴线弯成外载荷作用平面内的平面曲线,这称为**平面弯曲**。本章只讨论并默认全部载荷均作用在纵向对称面内的平面弯曲。

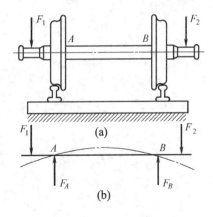

图 8.1 弯曲实例

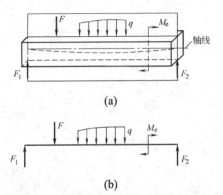

图 8.2 载荷作用于纵向对称面内

8.2 剪力和弯矩

8.2.1 剪力和弯矩

若已知静定梁上的载荷,并利用平衡方程求出支座约束力,则作用于梁上的外力皆为已知量,于是可用截面法分析梁横截面上的内力。以图 8.3(a)所示简支梁为例,求其横截面 m—m 上的内力。假想沿横截面 m—m 把梁分成两部分,取其中的任一段,例如取左段为研究对象,将右段梁对左段梁的作用用横截面上的内力表示。由图 8.3(b)可见,为使左段梁平衡,在横截面 m—m 上必然存在一个切于横截面的内力 F_S,由平衡方程得

$$\sum F_y = 0,\quad F_A - F_S = 0,\quad F_S = F_A$$

F_S 称为横截面 m—m 上的**剪力**,它是与横截面相切的分布内力系的合力。若将左段梁上所有的外力和内力对横截面 m—m 的形心 C 取矩,其力矩总和也应等于零(为保持平衡),此时在横截面 m—m 上还应有一个内力偶 M。由平衡方程得

$$\sum M_C = 0,\quad M - F_A x = 0,\quad M = F_A x$$

M 称为横截面 m—m 上的**弯矩**,它是与横截面垂直的分布内力系的合力偶矩。

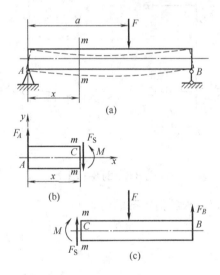

图 8.3 截面法求弯曲内力

8.2.2 剪力和弯矩的正负约定

若取图 8.3(c)所示右段梁为研究对象,则同样可求得横截面 m—m 上的剪力和弯矩。为使取左段梁或右段梁作研究对象求得的同一横截面 m—m 上的剪力 F_S 和弯矩 M 不仅大小相等,而且正负号一致,特约定:对梁而言,规定图 8.4(a)所示剪力均为正,反之为负;同时规定图 8.4(b)所示弯矩均为正,反之为负。

由图 8.4(a)可知,企图使微段梁产生顺时针转动的剪力为正;反之为负。

由图8.4(b)可知，使微段梁产生上凹弯曲变形的弯矩为正；反之为负。

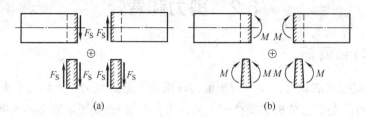

图8.4　剪力与弯矩的正向约定

注意：内力正负约定与静力学平衡方程中各个量的正负号概念不同。

【例8-1】图8.5(a)所示简支梁，AC段受均布载荷q作用，支座B内侧受力偶$M_e = ql^2$作用，求截面$D—D$，$E—E$上的剪力和弯矩，其中截面$E—E$无限接近于右端支座但位于集中力偶作用处的左侧。

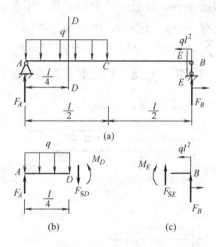

图8.5　例8-1图

【分析】　先求约束力，再求各指定截面内力。

【解】

(1) 求约束力

由图8.5(a)整体平衡得

$$F_A = \frac{11ql}{8}, \quad F_B = -\frac{7ql}{8} \; (\downarrow)$$

(2) 求截面$D—D$上内力

在截面$D—D$处将梁截开，取左段为分离体，按剪力和弯矩的正方向画出F_{SD}，M_D，如图8.5(b)所示。由平衡方程，得

$$\sum F_y = 0, \quad F_A - q\frac{l}{4} - F_{SD} = 0, \quad F_{SD} = \frac{9}{8}ql$$

$$\sum M_C = 0, \quad M_D + q\frac{l}{4} \cdot \frac{l}{8} - F_A \cdot \frac{l}{4} = 0, \quad M_D = \frac{5}{16}ql^2$$

(3) 求截面 $E—E$ 上内力

在截面 $E—E$ 处将梁截开,取右段分离体为研究对象,在截面 $E—E$ 上按剪力和弯矩的正方向画出 F_{SE},M_E,如图 8.5(c)所示。由平衡方程,得

$$\sum F_y = 0, \quad F_{SE} = -F_B = \frac{7}{8}ql$$

$$\sum M_C = 0, \quad M_E = ql^2$$

【讨论】

(1) 力矩平衡方程中下标 C 表示默认向横截面形心 C 取矩,以后即使图中未像图 8.3(b),(c)那样标出横截面形心 C,也均默认向横截面形心 C 取矩。

(2) 梁任一横截面上的剪力,数值上等于该截面左边(或右边)梁上所有外力的代数和。截面左边梁上向上的外力(或截面右边梁上向下的外力)引起的剪力为正;反之为负。

(3) 梁任一横截面上的弯矩,数值上等于该截面左边(或右边)梁上所有外力对该截面形心 C 之矩的代数和。截面左边梁上的外力和外力偶对该截面形心 C 之矩为顺时针(或截面右边梁上的外力和外力偶对该截面形心 C 之矩为逆时针)转向的为正,反之为负。

8.3 剪力方程和弯矩方程 剪力图和弯矩图

由上节可知,对不同的横截面,其内力值一般是变化的。若以横坐标 x 表示横截面在梁轴线上的位置,则各横截面上的剪力和弯矩皆可表示为 x 的函数(采用右手坐标系)。即

$$F_S = F_S(x), \quad M = M(x)$$

第一式表示剪力 F_S 沿梁的轴线随横截面位置变化的函数关系,称为梁的**剪力方程**;第二式表示弯矩 M 沿梁的轴线随横截面位置变化的函数关系,称为梁的**弯矩方程**。根据梁的剪力(或弯矩)方程可绘出剪力(或弯矩)沿梁的轴线随横截面位置而变化的直观的几何图形,这种几何图形称为梁的**剪力**(或**弯矩**)**图**。

【例 8-2】 图 8.6(a)所示的简支梁 AB,受向下的均布载荷 q 作用,求:

(1) 剪力方程和弯矩方程。

(2) 剪力图和弯矩图。

【分析】 仍然需先求约束力,注意利用结构和载荷的对称性。

【解】

(1) 求约束力

由梁的对称关系得

$$F_A = F_B = \frac{ql}{2}$$

(2) 列剪力方程和弯矩方程

取图 8.6(a)所示坐标系,由图 8.6(b)分离体(注意分离体图中内力以正向假设)平衡得,剪力方程和弯矩方程分别为

$$F_S(x) = \frac{ql}{2} - qx \quad (0 < x < l) \tag{a}$$

$$M(x) = \frac{ql}{2}x - \frac{q}{2}x^2 \quad (0 \leqslant x \leqslant l) \tag{b}$$

(3) 作剪力图和弯矩图

式(a)表明 F_S 图为一斜直线，需要确定图形上的两个点：

$$x = 0, \; F_S(0) = \frac{1}{2}ql; \qquad x = l, \; F_S(l) = -\frac{1}{2}ql$$

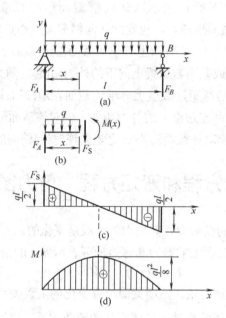

图 8.6　例 8-2 图

由以上两个值可绘出 F_S 图 8.6(c)。由该图可知，梁的最大剪力发生在两端支座内侧，即横截面 A 的右侧和横截面 B 的左侧，其绝对值为 $|F_S|_{max} = \frac{1}{2}ql$。

式(b)表明 M 图为一条二次抛物线，其 3 个点：

$$x = 0, \; M(0) = 0; \qquad x = \frac{l}{2}, \; M\left(\frac{l}{2}\right) = \frac{1}{8}ql^2; \qquad x = l, \; M(l) = 0$$

利用以上 3 个值可大致绘出 M 图 8.6(d)。其跨度中点横截面上剪力 $F_S = 0$，弯矩取极值：$M_{max} = \frac{1}{8}ql^2$。

【讨论】

(1) 梁的结构和载荷相对于梁中点横截面对称，其剪力(反对称内力)图相对于梁对称面反对称(剪力指向仍然对称)，弯矩(对称内力)图相对于梁对称面对称。

(2) 在有集中力作用的横截面 A，B 上，剪力图有突变。

【例 8-3】 图 8.7(a)悬臂梁 AB，在自由端受集中力 F 作用，求：

(1) 剪力方程和弯矩方程。
(2) 剪力图和弯矩图。

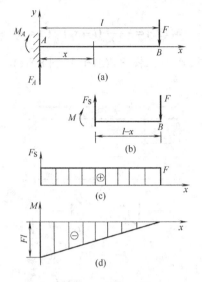

图 8.7 例 8-3 图

【分析】 适当选取研究对象，悬臂梁可不求约束力。

【解】

(1) 取图 8.7(a)所示坐标系，由图 8.7(b)分离体平衡，得剪力方程和弯矩方程分别为

$$F_S(x) = F \quad (0 < x < l) \tag{a}$$

$$M(x) = -F(l-x) \quad (0 < x \leqslant l) \tag{b}$$

(2) 由式(a), (b)得 F_S 图 8.7(c)和 M 图 8.7(d)。由图可知，在梁的无外载荷作用的各个横截面上，剪力都相同；在固定端的右侧横截面上，弯矩最大，$|M|_{\max} = Fl$。

【例 8-4】 图 8.8(a)所示简支梁，在 C 处有集中力偶 M_e 作用，求：

(1) 剪力方程和弯矩方程。
(2) 剪力图和弯矩图。

【解】

(1) 求约束力

由平面力偶系平衡方程得

$$F_A = F_B = \frac{M_e}{l}$$

(2) 列剪力方程和弯矩方程

取图 8.8(a)所示坐标系，集中力偶 M_e 将梁分成 AC 和 CB 两段。

① AC 段：由图 8.8(b)分离体平衡得

$$F_S(x_1) = \frac{M_e}{l} \quad (0 < x_1 < a) \tag{a}$$

$$M(x_1) = \frac{M_e}{l} x_1 \quad (0 \leqslant x_1 < a) \tag{b}$$

② CB 段：由图 8.8(c)分离体平衡得

$$F_S(x_2) = \frac{M_e}{l} \quad (a < x_2 < l) \tag{c}$$

$$M(x_2) = -\frac{M_e}{l}(l - x_2) \quad (a < x_2 \leqslant l) \tag{d}$$

由式(a)，式(b)，式(c)，式(d)得 F_S 图 8.8(d)和 M 图 8.8(e)。

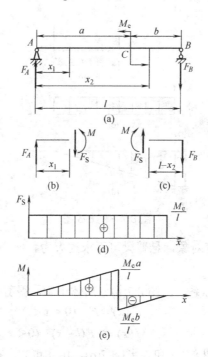

图 8.8　例 8-4 图

【讨论】
(1) 由以上各例的内力方程可见，内力与外载荷成线性关系。
(2) 注意各内力图突变位置的外载荷特点。

8.4　载荷、剪力和弯矩之间的关系

8.4.1　分布载荷、剪力、弯矩的微积分关系

如图 8.9(a)所示受任意载荷的直梁，以梁的左段为坐标原点，采用右手坐标系。

在有分布载荷 $q(x)$（约定向上为正）作用的某段梁上，截出微段 $\mathrm{d}x$，如图 8.9(b)所示。截面上内力全部设正，因长度 $\mathrm{d}x$ 很小，因此可将作用于此微段上的分布载荷视为均布载荷，并规定方向向上为正。

因梁处于平衡状态，故截出的微段也应平衡，由平衡方程得

$$\sum F_y = 0, \quad F_S(x) + q(x)\mathrm{d}x - [F_S(x) + \mathrm{d}F_S(x)] = 0$$

$$\frac{dF_S(x)}{dx} = q(x) \tag{8-1}$$

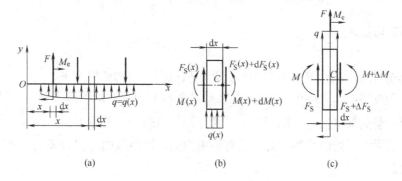

图 8.9 外载荷与内力关系

$$\sum M_C = 0, \quad M(x) + dM(x) - M(x) - F_S(x)dx - q(x)dx\frac{dx}{2} = 0$$

略去高阶微量 $q(x)dx\dfrac{dx}{2}$，得

$$\frac{dM(x)}{dx} = F_S(x) \tag{8-2}$$

上式两边对 x 求导数，得

$$\frac{d^2M(x)}{dx^2} = q(x) \tag{8-3}$$

以上 3 个方程就是剪力、弯矩与分布载荷之间的微分关系，常用来判断内力图的走向。注意在有集中力和集中力偶作用处微分关系不成立。

由式(8-1)，当 $q=0$，F_S 为水平直线；$q<0$，F_S 递减；$q>0$，F_S 递增。

由式(8-2)，当 $F_S=0$，M 为水平直线；$F_S<0$，M 递减；$F_S>0$，M 递增。

由式(8-1)，在剪力图无突变(无集中力作用)的某段梁上，可推得

$$F_S(x_2) = F_S(x_1) + \int_{x_1}^{x_2} q(x)dx \tag{8-4}$$

由式(8-2)，在弯矩图无突变(无集中外力偶作用)的某段梁上，可推得

$$M(x_2) = M(x_1) + \int_{x_1}^{x_2} F_S(x)dx \tag{8-5}$$

式(8-4)和(8-5)又称积分关系，有时可简化控制面的内力计算。

8.4.2 集中力、集中力偶作用处内力变化情况

对图 8.9(a)右手坐标系，在含集中力 F(约定向上为正)、集中力偶 M_e(约定顺时针转向为正)处截出微段，设外力(偶)作用两侧剪力改变 ΔF_S，弯矩改变 ΔM，如图 8.9(c)所示。由平衡方程 $\sum F_y = 0$ 得

$$F + F_S + qdx - (F_S + \Delta F_S) = 0$$
$$\Delta F_S = F + qdx = F \quad (\text{忽略高阶微量}) \tag{8-6}$$

由平衡方程 $\sum M_C = 0$，得

$$M + \Delta M - M - M_e - F_S dx - F\frac{dx}{2} - qdx\frac{dx}{2} = 0$$

忽略高阶微量，得

$$\Delta M = M_e \qquad (8\text{-}7)$$

由式(8-6)可知，在有集中力 F 作用处两侧横截面上剪力值突变 F。

由式(8-7)可知，在有集中力偶 M_e 作用处两侧横截面上弯矩值突变 M_e，对图 8.9(c)所示外力偶矩，箭头画得低的一侧弯矩小，箭头画得高的一侧弯矩大。

从而，若梁上某处既有集中力，又有集中力偶，则该截面上剪力突变，弯矩也突变。

【讨论】

(1) 在集中力作用的截面上，剪力"突变"，似乎剪力无定值，但所谓集中力实际不可能"集中"作用于一个几何点，它是分布于 Δx 范围内的分布力简化后的结果，如图 8.10(a)所示。若在 Δx 范围内把载荷看成是均匀分布的，则剪力将从 F_{Sl} 按直线连续地变到 F_{Sr}。

(2) 集中力偶作用处，弯矩图突变也可作类似解释。例如图 8.10(b)，$M(x^+) = M(x^-) + F\Delta x = M(x^-) + M$ ($M = F\Delta x$)。

若只求剪力图和弯矩图，可不必写出梁各段内力方程，而根据上面所总结的规律及载荷(包括约束力和约束力偶)与内力的关系，用截面法算出各种载荷有突变(从无到有，或从有到无，也是写内力方程的区间位置)截面即所谓**控制面**的内力值。请利用本节所述内力间微积分关系和外载荷(包括约束力)作用处内力特点验证例 8-2，例 8-3，例 8-4 所得的内力图。下面再看例题。

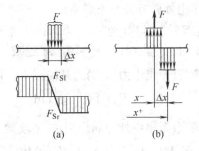

图 8.10 实际集中力、集中力偶

【例 8-5】 已知图 8.11(a)所示外伸梁上均布载荷的集度 $q = 3 \text{ kN}\cdot\text{m}$，集中力偶 $M_e = 3 \text{ kN}\cdot\text{m}$，求：

(1) 梁的剪力图和弯矩图。
(2) $|F_S|_{\max}$ 和 $|M|_{\max}$。

【解】

(1) 先由图 8.11(a)求约束力。由梁的平衡方程得

$$\sum M_B = 0, \quad F_A = 14.5 \text{ kN}$$
$$\sum F_y = 0, \quad F_B = 3.5 \text{ kN}$$

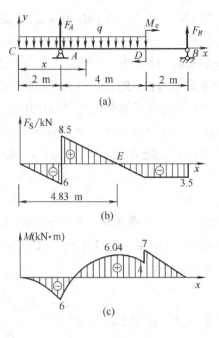

图 8.11 例 8-5 图

(2) 求各控制面的内力值。按载荷突变处分界，将梁分成 CA，AD，DB 三段，仿照例 8-1 等做法和本节所述内力与外力的关系及内力图规律，得各控制面的内力值如下。

截面 C^+ (指 C 处右截面)：　　　$F_S = 0$，　　$M = 0$

截面 A^- (指 A 处左截面)：　　　$F_S = -6$ kN，　$M = -6$ kN·m

截面 A^+：　　　　　　　　　　　$F_S = 8.5$ kN，　$M = -6$ kN·m

截面 D^-：　　　　　　　　　　　$F_S = -3.5$ kN，　$M = 4$ kN·m

截面 D^+：　　　　　　　　　　　$F_S = -3.5$ kN，　$M = 7$ kN·m

截面 B^-：　　　　　　　　　　　$F_S = -3.5$ kN，　$M = 0$

截面 B^+：　　　　　　　　　　　$F_S = 0$，　　$M = 0$

在 AD 段，剪力值变号，确定剪力为 0 的位置 E。由 $F_S = F_A - qx = 0$，得 $x = 4.83$ m，该截面上弯矩取极值为 $M_E = 6.04$ kN·m。

(3) 由各控制面内力值，作剪力图 8.11(b) 和弯矩图 8.11(c)。

(4) 由内力图知，$|F_S|_{max} = 8.5$ kN，$|M|_{max} = 7$ kN·m。

【讨论】

(1) CA 段弯矩图为二次抛物线，其凹凸性由分布载荷的正负号确定，或将 CA 段中点截面上的弯矩值算出 ($M = -1.5$ kN·m ($x = 1$ m))，由三点数值可大致画出该段抛物线；由 A，E，D 三点弯矩值可大致画出 AED 段抛物线。

(2) 注意内力图自左至右走向、内力图突变位置和突变值。

【例 8-6】 作图 8.12(a) 所示组合梁的剪力图和弯矩图。

【解】

(1) 由平衡方程求得支座约束力为 (注意应先将中间铰 C 处拆开，才能求得全部约束力)

$$F_A = 81\,\text{kN}, \quad M_A = -96.5\,\text{kN}\cdot\text{m}, \quad F_B = 29\,\text{kN}$$

(2) 作剪力图 8.12(b)。

A 处有向上集中力 $F_A = 81\,\text{kN}$，故此处剪力图由 0 向上突变为 81 kN；AE 段无分布载荷，剪力图水平；E 处有向下集中力 $F = 50\,\text{kN}$，剪力图向下突变 50 kN 变成 31 kN；ECD 段无分布载荷，剪力图水平；DK 段有向下均布载荷，剪力图向下斜直线递减 $q \times 3\,\text{m} = 60\,\text{kN}$ 变成 $-29\,\text{kN}$；KB 段无分布载荷，剪力图水平；B 处有向上集中力 $F_B = 29\,\text{kN}$，剪力图向上突变 29 kN 后为 0。由剪力图斜直线两端数值知，$GK = 1.45\,\text{m}$（以上实际是利用式(8-4) 和式(8-6)作图）。

(3) 作弯矩图 8.12(c)。

A 处有集中力偶 $-96.5\,\text{kN}\cdot\text{m}$，弯矩图从 0 向下突变 $-96.5\,\text{kN}\cdot\text{m}$；$AE$ 段剪力图水平且为正，弯矩图为斜直线递增 $81\,\text{kN} \times 1\,\text{m}$ 至 $-15.5\,\text{kN}\cdot\text{m}$；$ECD$ 段剪力图水平且为正，弯矩图为斜直线递增 $31\,\text{kN} \times 1.5\,\text{m}$ 至 $31\,\text{kN}\cdot\text{m}$。

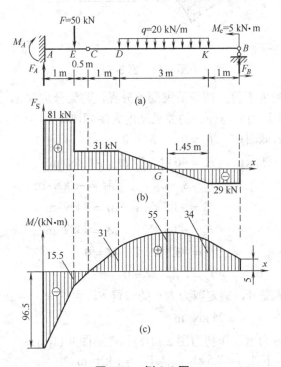

图 8.12 例 8-6 图

B 处梁上有逆时针转向集中力偶 $M_e = 5\,\text{kN}\cdot\text{m}$，弯矩图应从 $5\,\text{kN}\cdot\text{m}$ 突变减少至 0；考虑 KB 段剪力图为负常数值，因此该段弯矩图从 K 到 B 为递减斜直线，$M_K - 29\,\text{kN} \times 1\,\text{m} = M_{B^-} = 5\,\text{kN}\cdot\text{m}$，$M_K = 34\,\text{kN}\cdot\text{m}$。

DK 段弯矩图为二次抛物线，G 处剪力为 0，弯矩有极值：$M_G = F_B \times 2.45\,\text{m} + M_e - \dfrac{q}{2} \times (1.45\,\text{m})^2 = 55\,\text{kN}\cdot\text{m}$。由 D，G，K 三点弯矩值画出其大致抛物线（实际是利用式(8-5) 和式(8-7)作图）。

【讨论】
(1) 中间铰 C(左右无外力偶作用)处弯矩为 0。
(2) 作业时，只需根据各控制面内力值、外力与内力关系直接画内力图，文字从简。

小　　结

本章介绍了平面弯曲、梁、剪力、弯矩和控制面等概念。利用截面法(除刚架的弯矩外，截面内力用设正法)求梁的剪力方程和弯矩方程，特别是熟练、正确地作梁的剪力图和弯矩图是本章的重点，也是材料力学的重点之一。

作内力图的步骤是：一般先求约束力(若遇中间铰，需拆开中间铰)，然后用截面法求控制面的内力值，注意利用内力与外力(含约束力和约束力偶)间的微积分关系和突变关系。包括：
(1) 外力和积分关系式(8-4)，式(8-5)确定控制面(载荷有突变)处内力值。
(2) 微分关系式(8-1)，式(8-2)确定曲线走向和极值位置。
(3) 有集中力作用处，剪力图沿集中力方向突变集中力值(式 8-6)。
(4) 有集中力偶作用处，弯矩图突变力偶值(式 8-7)。
(5) 对称结构承受对称载荷作用时，剪力图反对称，弯矩图对称。
(6) 对称结构承受反对称载荷时，剪力图对称，弯矩图反对称。

注意约定分布力向上为正，弯矩图一律画在受压边；注意内力正负约定。
为了直观，内力图与载荷图轴线相应位置应对齐。

思　考　题

8-1 平面弯曲的特点是什么？
8-2 若梁上某一段无载荷作用，则该段内的剪力图有什么特点？
8-3 梁上剪力、弯矩可能为零的位置各有哪些？
8-4 梁上剪力、弯矩可能为最大的位置各有哪些？
8-5 梁上剪力、弯矩可能发生突变的位置各有哪些？
8-6 若在结构对称的梁上作用有对称的载荷,则该梁的剪力图、弯矩图各有什么特点？
8-7 若在结构对称的梁上作用有反对称的载荷,则该梁的剪力图、弯矩图各有什么特点？
8-8 同一根梁采用不同的坐标系(如右手坐标系或左手坐标系)所得的剪力方程、弯矩方程是否相同？由剪力方程、弯矩方程绘制的剪力、弯矩图是否相同？其分布载荷、剪力和弯矩的微分关系式是否相同？

习　　题

8-1 求图示各梁指定截面(标有细线者)的剪力和弯矩。

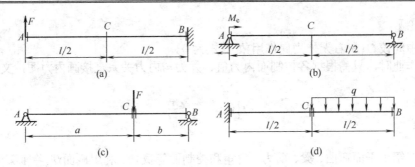

题 8-1 图

8-2 已知各梁如图，求：
(1) 剪力方程和弯矩方程。
(2) 剪力图和弯矩图。
(3) $|F_s|_{max}$ 和 $|M|_{max}$。

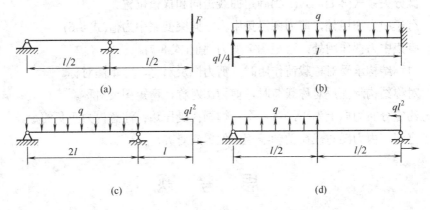

题 8-2 图

8-3 根据内力与外力的关系作图示各梁的剪力图和弯矩图。

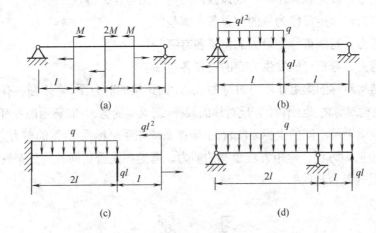

题 8-3 图

8-4 已知梁的剪力图和弯矩图，求各自的载荷图。

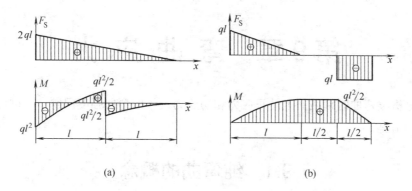

(a)　　　　　　　　　　(b)

题 8-4 图

8-5 利用载荷与内力的微积分关系及对称性和反对称性作图示各梁的剪力图和弯矩图。

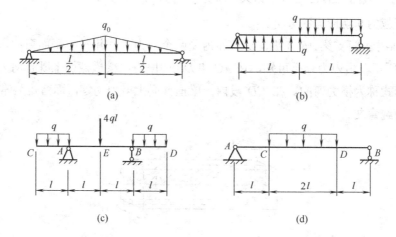

题 8-5 图

8-6 作图示各组合梁的剪力图和弯矩图。

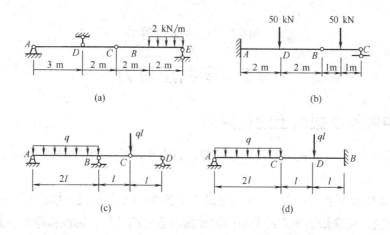

题 8-6 图

第 9 章 弯曲应力

本章分析梁弯曲时横截面上的正应力和切应力及梁的弯曲强度问题,并讨论提高梁的弯曲强度的措施。

9.1 纯弯曲的概念

第 8 章,我们研究了平面弯曲时梁横截面上的内力,即剪力和弯矩。我们知道,弯矩是垂直于横截面的内力系的合力偶矩,而剪力是与横截面相切的内力系的合力。所以说,弯矩 M 只与横截面上的正应力 σ 相关,而剪力 F_S 只与切应力 τ 相关。本章将分别研究梁横截面上的正应力和切应力的分析。

图 9.1(a)中,简支梁 AB 在纵向对称面内受两个外力 F 作用产生平面弯曲,其计算简图如图 9.1(b)所示。由内力分析可知,在 AC 和 DB 两段内,梁横截面上既有剪力又有弯矩,这种弯曲形式称为**横力弯曲**。在 CD 段内,梁横截面上剪力为零,而弯矩为常量,这种弯曲形式称为**纯弯曲**。

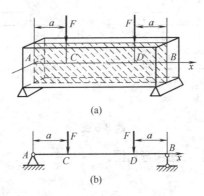

图 9.1 横力弯曲和纯弯曲

9.2 弯曲正应力

9.2.1 纯弯梁横截面上的正应力

设在梁的纵向对称面内,作用大小相等,方向相反的力偶,构成纯弯曲,如图 9.2(b)所示。

为研究其横截面上的正应力,仅知道静力学关系(弯矩是垂直于横截面的内力系的合力偶矩)是不够的,还需知道内力的分布,因此需综合考虑几何、物理和静力三方面的关系。

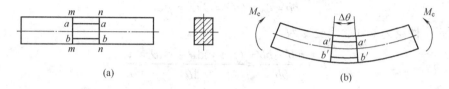

图 9.2 纯弯曲变形

1. 变形几何关系

为研究纯弯梁的变形，变形前在杆件侧面上画上纵向线 aa，bb 和横向线 mm，nn，如图 9.2(a)所示。然后使梁发生纯弯曲变形，观察实验现象可看到：变形后纵向线 aa 和 bb 变成弧线，且仍保持平行；横向线保持直线，相对转过了一个角度；纵向线和横向线仍然保持正交，如图 9.2(b)所示。

假定内部变形与外表看到的现象一致，根据上述现象，设想梁内部的变形可提出下面假设：

(1) 平面假设。横截面变形后仍保持平面，但转动了一个角度，仍垂直于变形后的轴线。

(2) 纵向纤维单向受力假设。设想梁由许许多多纵向纤维组成，每根纤维或伸长或缩短，均为单向受力状态，纤维间无相互挤压。

根据平面假设，当梁发生纯弯曲变形时，横截面保持平面并作相对转动，靠顶部的纵向纤维缩短了，靠底部的则伸长了。由于变形的连续性，中间必有一层既不伸长也不缩短，这层纤维称为**中性层**。中性层与横截面的交线称为**中性轴**。在中性轴两侧的纤维，必定一侧伸长，另一侧缩短，横截面绕中性轴轻微转动。由于载荷作用于梁的纵向对称面内，故梁的变形也应该对称于此平面，因此中性轴必垂直于横截面的对称轴，如图 9.3 所示。

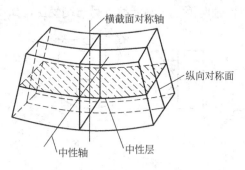

图 9.3 中性层与中性轴

考察纯弯梁某一微段 dx 的变形，如图 9.4 所示，以梁横截面的对称轴为轴 y(向下为正)，以中性轴为轴 z。设变形后中性层的曲率半径为 ρ(纯弯曲时是常数)，微段左右两横截面相对转角为 $d\theta$，则距中性层为 y 的一层纤维 bb 变形后的长度为

$$\widehat{b'b'} = (\rho + y)d\theta$$

纤维 bb 的原长为 dx。考虑到变形前后中性层纤维 OO 的长度不变，即

$$bb = \mathrm{d}x = OO = \widehat{O'O'} = \rho\mathrm{d}\theta$$

则距中性层为 y 处的线应变为

$$\varepsilon = \frac{\widehat{b'b'} - bb}{bb} = \frac{(\rho + y)\mathrm{d}\theta - \rho\mathrm{d}\theta}{\rho\mathrm{d}\theta} = \frac{y}{\rho} \quad (a)$$

可见，纵向纤维的应变与它到中性轴的距离 y 成正比。

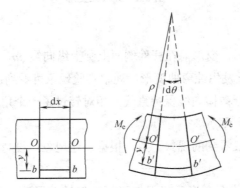

图 9.4 变形几何关系

2. 物理关系

因为纵向纤维单向受力，当应力小于比例极限时，由胡克定律得

$$\sigma = E\varepsilon$$

将式(a)代入上式，得

$$\sigma = E\frac{y}{\rho} \quad (b)$$

这表明，纯弯曲梁横截面上的正应力沿高度呈线性分布，距中性轴越远，正应力越大，在中性轴处正应力为零。中性轴两侧，一侧受拉，另一侧受压，如图 9.5(a)所示。

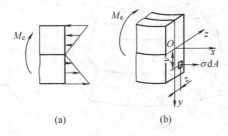

图 9.5 物理关系和静力关系

3. 静力关系

横截面上的微内力 $\sigma\mathrm{d}A$ 组成垂直于横截面的空间平行力系，图 9.5(b)中只画出其中一个微面积上的内力。这一力系只可能简化成 3 个内力分量，即轴力 F_N、弯矩 M_y 和 M_z。它们分别为

$$F_\mathrm{N} = \int_A \sigma\mathrm{d}A = 0 \quad (c)$$

$$M_y = \int_A z\sigma dA = 0 \tag{d}$$

$$M_z = \int_A y\sigma dA = M \tag{e}$$

由于弹性模量 E 和中性层曲率半径 ρ 都与积分区域 dA 无关，将式(b)代入式(c)可得

$$F_N = \int_A \sigma dA = \frac{E}{\rho}\int_A y dA = \frac{E}{\rho}S_z = 0$$

式中 S_z 称为横截面对轴 z 的**静矩**(见附录 A.1)。由于 $\frac{E}{\rho} \neq 0$，则静矩 $S_z = 0$，表示轴 z(即中性轴)必须通过截面形心。

将式(b)代入式(d)得

$$M_y = \int_A z\sigma dA = \frac{E}{\rho}\int_A yz dA = \frac{E}{\rho}I_{yz} = 0$$

其中，I_{yz} 称为横截面对轴 y 和 z 的**惯性积**(见附录 A.2)。上式说明惯性积 I_{yz} 必须为零，亦即轴 y，z 必须是形心主轴。

将式(b)代入式(e)得

$$M = \int_A y\sigma dA = \frac{E}{\rho}\int_A y^2 dA = \frac{EI_z}{\rho}$$

式中 I_z 称为横截面对轴 z 的**惯性矩**(见附录 A.2)，于是

$$\frac{1}{\rho} = \frac{M}{EI_z} \tag{9-1}$$

式中 $\frac{1}{\rho}$ 是纯弯梁轴线变形后的曲率。上式表明，EI_z 越大，则曲率 $\frac{1}{\rho}$ 越小，即梁的变形越小，故 EI_z 称为梁的**弯曲刚度**或**抗弯刚度**。

将式(9-1)代入式(b)得

$$\sigma = \frac{M}{I_z}y \tag{9-2}$$

这就是纯弯梁横截面上正应力的计算公式。式中 M 为横截面上的弯矩，I_z 为横截面对中性轴 z 的形心主惯性矩，y 为所求应力点的纵坐标，M，y 均为代数量。

式(9-2)表明纯弯梁横截面内正应力 σ 随高度 y 呈线性分布，以中性层为界，一侧受拉，另一侧受压。计算时，将弯矩 M 和坐标 y 按规定的正负号代入，所得到的正应力 σ 若为正值，即为拉应力，若为负值则为压应力。也可根据梁变形的情况来判断，即以中性层为界，梁变形后受拉边的应力必然为拉应力，受压边的应力则为压应力。

对于确定的横截面，其 M 和 I_z 为定值，故截面内最大正应力 σ_{max} 发生在距离中性轴最远处，由式(9-2)得

$$\sigma_{max} = \frac{M}{I_z}y_{max} \tag{9-3}$$

若令

$$W_z = \frac{I_z}{y_{\max}} \tag{9-4}$$

则

$$\sigma_{\max} = \frac{M}{W_z} \tag{9-5}$$

式中，W_z 称为**弯曲截面系数**或**抗弯截面系数**，在不引起混淆时，其下标 z 可不写出。它与横截面的形状和尺寸有关，是截面的几何性质之一，单位是 m^3。

对图 9.6(a)所示矩形截面，$I_z = \frac{1}{12}bh^3$，$W = \frac{bh^2}{6}$；对图 9.6(b)所示圆形截面，$I_z = \frac{\pi}{64}d^4$，$W = \frac{\pi d^3}{32}$；对于图 9.6(c)，(d)所示型钢截面的几何性质，可从附录 D 的型钢表中查到。

在推导式(9-2)的过程中，虽以矩形截面梁作为观察对象，但在分析过程中，并未用过矩形的几何性质，因此，式(9-2)可用于任意横截面形状的梁，但必须注意以下两点：
(1) 坐标轴 y，z 必须是形心主轴，外力要作用于主轴平面内。
(2) 受力应在线弹性范围内，因为公式推导中应用了胡克定律。

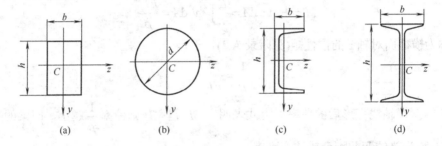

图 9.6 截面几何性质

9.2.2 横力弯曲时的正应力与强度条件

工程中常见的平面弯曲不是纯弯曲，而是横力弯曲，这时梁的横截面上不但有正应力，还有切应力。由于切应力的存在，横截面不再保持平面。理论分析结果表明，对于横力弯曲梁，当跨度与高度之比 $\frac{l}{h} > 5$ 时，纯弯曲正应力计算公式(9-2)仍然适用，并能满足工程问题所需要的精度。

横力弯曲时，弯矩随截面位置变化。一般情况下，梁内最大正应力发生于弯矩最大的截面上。由式(9-5)可知梁内最大正应力为

$$\sigma_{\max} = \frac{M_{\max}}{W} \tag{9-6}$$

求出最大弯曲正应力后，弯曲的强度条件为

$$\sigma_{\max} = \frac{M_{\max}}{W} \leqslant [\sigma] \tag{9-7}$$

对抗拉和抗压强度相等的材料(如碳钢)，只要绝对值最大的正应力不超过许用应力即

第 9 章 弯曲应力

可。对抗拉和抗压强度不等的材料(如铸铁)，则拉和压的最大正应力都不应超过各自的许用应力。

【例 9-1】 图 9.7(a)所示简支梁由 56a 号工字钢制成，其截面简化后的尺寸如图 9.7(b) 所示，$F=150$ kN。求梁危险横截面上的最大正应力 σ_{max} 和同一截面上翼缘与腹板交界处点 a 的正应力 σ_a。

【分析】 本题求等截面梁危险横截面上的最大正应力，首先要进行内力分析，确定弯矩最大的横截面为危险截面。

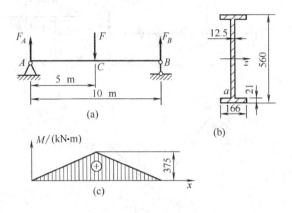

图 9.7 例 9-1 图

【解】 首先作梁的弯矩图 9.7(c)。由弯矩图可见横截面 C 为危险截面，最大弯矩值为
$$M_{max} = 375 \text{ kN} \cdot \text{m}$$
查型钢表可得 56a 号工字钢的 $W = 2\,340$ cm^3 和 $I_z = 65\,600$ cm^4。
由式(9-6)得危险截面上的最大正应力为
$$\sigma_{max} = \frac{M_{max}}{W} = \frac{375 \times 10^3 \text{N} \cdot \text{m}}{2\,340 \times 10^{-6} \text{m}^3} = 160 \times 10^6 \text{Pa} = 160 \text{ MPa}$$
对于危险截面上点 a 处的正应力，由式(9-3)得
$$\sigma_a = \frac{M_{max} y_a}{I_z} = \frac{375 \times 10^3 \text{ N} \cdot \text{m} \left(\dfrac{0.56 \text{ m}}{2} - 0.021 \text{ m}\right)}{65\,600 \times 10^{-8} \text{ m}^4} = 148 \times 10^6 \text{ Pa} = 148 \text{ MPa}$$

【讨论】 本题没有考虑梁的自重，因为自重引起的正应力与外载荷引起的正应力相比很小。一般梁的自重均可忽略不计。

【例 9-2】 一槽型截面铸铁梁的载荷和截面尺寸如图 9.8(a)所示，铸铁的抗拉许用应力为 $[\sigma_t]=30$ MPa，抗压许用应力为 $[\sigma_c]=120$ MPa。已知 $F_1=32$ kN，$F_2=12$ kN，截面形心距顶边 $y_C=82$ mm。试校核梁的强度。

【分析】 对铸铁这样抗拉和抗压强度不一样的材料，由于本题的中性轴不是对称轴，同一横截面上的最大拉应力和压应力不相等，计算最大应力时需分清受拉侧和受压侧，分别进行抗拉和抗压强度校核。

【解】 作梁的弯矩图如图 9.8(b)所示。最大正弯矩在横截面 C 上，$M_C=10$ kN·m。最大负弯矩在横截面 B 上，$M_B=-12$ kN·m。

横截面的惯性矩为

$$I_z = 2 \times \left[\frac{20 \text{ mm} \times (200 \text{ mm})^3}{12} + (20 \text{ mm} \times 200 \text{ mm}) \times \left(\frac{200 \text{ mm}}{2} - 82 \text{ mm} \right)^2 \right] +$$

$$\left[\frac{100 \text{ mm} \times (2 \text{ mm})^3}{12} + (100 \text{ mm} \times 20 \text{ mm}) \times \left(82 \text{ mm} - \frac{20 \text{ mm}}{2} \right)^2 \right]$$

$$= 3.97 \times 10^{-5} \text{ m}^4$$

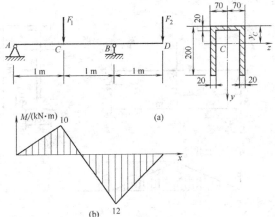

图 9.8 例 9-2 图

(1) 对横截面 B，由于弯矩为负值，上侧受拉，则

$$\sigma_B^t = \frac{M_B y_C}{I_z} = \frac{(12 \times 10^3 \text{ N} \cdot \text{m})(82 \times 10^{-3} \text{ m})}{3.97 \times 10^{-5} \text{ m}^4} = 24.8 \text{ MPa}$$

$$\sigma_B^c = \frac{M_B (h - y_C)}{I_z} = \frac{(12 \times 10^3 \text{ N} \cdot \text{m})(200 \times 10^{-3} \text{ m} - 82 \times 10^{-3} \text{ m})}{3.97 \times 10^{-5} \text{ m}^4} = 35.7 \text{ MPa}$$

(2) 对横截面 C，弯矩为正值，下侧受拉，则

$$\sigma_C^t = \frac{M_C (h - y_C)}{I_z} = \frac{(10 \times 10^3 \text{ N} \cdot \text{m})(200 \times 10^{-3} - 82 \times 10^{-3} \text{ m})}{3.97 \times 10^{-5} \text{ m}^4} = 29.7 \text{ MPa}$$

$$\sigma_C^c = \frac{M_C y_C}{I_z} = \frac{(10 \times 10^3 \text{ N} \cdot \text{m})(82 \times 10^{-3} \text{ m})}{3.97 \times 10^{-5} \text{ m}^4} = 20.7 \text{ MPa}$$

(3) 通过以上分析可知，对全梁而言，最大拉应力是在横截面 C 的下边缘各点处，最大压应力在横截面 B 的下边缘各点处。

$$\sigma_{\max}^t = 29.7 \text{ MPa} < [\sigma_t]$$

$$\sigma_{\max}^c = 35.7 \text{ MPa} < [\sigma_c]$$

因此，该梁满足强度条件。

【讨论】

(1) 通过计算可知，虽然横截面 C 的弯矩数值不是最大，但全梁的最大拉应力却发生在横截面 C 的下边缘。这是由于下边各点距离中性轴较远，而横截面 C 是下边受拉。因此，对铸铁这样的抗拉和抗压强度不一样的材料，进行强度校核时，若中性轴不是对称轴，须确定梁的最大正弯矩和最大负弯矩,分别进行强度校核,而不是只确定一个危险截面。

(2) 对于中性轴不是对称轴的横截面,计算截面形心和惯性矩是课程的基本要求,请读者计算校核截面形心位置。

9.2.3 提高弯曲强度的措施

从弯曲正应力强度条件看,梁的弯曲强度与其所用材料、横截面的形状与尺寸以及由外力引起的弯矩有关。因此,为提高梁的强度,主要从以下几方面考虑。

1. 梁的合理截面

从弯曲强度考虑,比较合理的截面形状,应是使用较小的横截面面积 A(用料最省)获得较大的弯曲截面系数 W(强度最高)的截面。

从弯曲正应力的角度分析,由于弯曲正应力沿截面高度呈线性分布,当横截面最大正应力达到许用应力时,中性轴附近各点处的正应力仍很小。因此,在离中性轴较远的位置配置较多的材料,必将提高材料的利用率。因此,桥式起重机的大梁以及其他钢结构中的抗弯杆件,经常采用工字形截面、槽型截面或箱型截面等。

同理,对于抗拉强度低于抗压强度的脆性材料(如铸铁),宜采用中性轴偏于受拉一侧的截面,如图 9.9 中所表示的一些截面。对这类截面,应使受拉一侧距离中性轴较近,如图 9.9(d)所示。请读者思考,例 9-2 中能否将截面倒置?为什么?

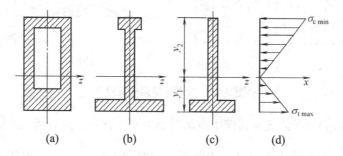

图 9.9 中性轴不是对称轴的截面

2. 变截面梁与等强度梁

一般情况下,梁内不同横截面的弯矩不同。因此,在按最大弯矩所设计的等截面梁中,除最大弯矩所在截面外,其余截面的材料强度均未得到充分利用。于是,在工程实际中,常根据弯矩沿梁轴的变化情况,将梁设计成变截面的,称为**变截面梁**。

最理想的状态为变截面梁内所有横截面上的最大正应力均相等,且等于许用应力,即要求

$$\sigma_{max} = \frac{M(x)}{W(x)} = [\sigma] \tag{9-8}$$

满足上式设计出来的梁,各截面具有相同的强度,称为**等强度梁**。等强度梁是一种理想的变截面梁,实际构件中,常根据需要设计成近似的等强度梁。分别如图 9.10、图 9.11 和

图 9.12 所示的汽车的叠板弹簧、厂房建筑中的"鱼腹梁"、机械中的"阶梯轴"都是等强度梁的典型应用。

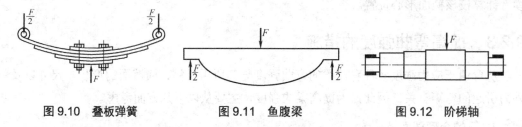

图 9.10　叠板弹簧　　　　图 9.11　鱼腹梁　　　　图 9.12　阶梯轴

3. 梁的合理受力

改善梁的受力情况，可降低梁内的最大弯矩，相对地说，也就提高了梁的强度。

以图 9.13(a)所示均布载荷作用下的简支梁为例，$M_{max} = ql^2/8$。若将两端支座各向里移动 $0.2l$，如图 9.13(b)所示，则最大弯矩减小为 $M_{max} = ql^2/40$。说明按图 9.13(b)布置支座，梁的承载能力可提高 4 倍。请读者思考，支座布置在何位置，梁的承载能力最大？

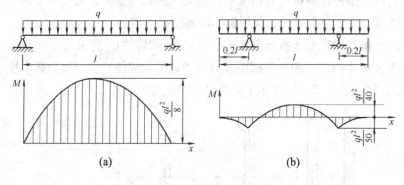

图 9.13　合理布置梁的支座

又如，图 9.14(a)所示简支梁在跨中点承受集中力 F 作用，此时最大弯矩为 $M_{max} = \dfrac{Fl}{4}$。若合理布置载荷，在梁的中部设置一根辅梁，如图 9.14(b)所示，则梁的最大弯矩下降为 $M_{max} = \dfrac{Fl}{8}$，原梁的承载能力提高了一倍。

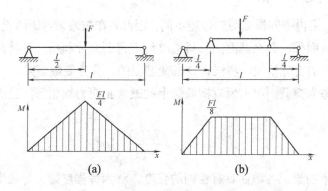

图 9.14　合理布置载荷

9.3 弯曲切应力

横力弯曲的梁横截面上既有正应力又有切应力。我们这里主要研究矩形截面和工字型截面梁的弯曲切应力，并建立弯曲切应力强度条件。

9.3.1 矩形截面梁

对于狭长矩形截面，由于梁的侧面上无切应力，故横截面上侧边各点处的切应力必与侧边平行，而在对称弯曲情况下，对称轴 y 处的切应力必沿 y 方向，且狭长矩形截面上切应力沿截面宽度的变化不可能很大。于是，可作如下两个假设：

(1) 横截面上各点处的切应力均与侧边平行。
(2) 切应力沿截面宽度近似均匀分布。

根据以上假设，对一般高度大于宽度的矩形截面梁，其计算结果能满足工程中所需的精度。

图 9.15(a)所示矩形横截面梁受任意横向载荷作用。以 m—m 和 n—n 两横截面假想地从梁中取长为 $\mathrm{d}x$ 的一段，再从该段梁上用平行于中性层的纵截面 $abcd$ 假想地截出一块。一般情况下，两横截面上的弯矩并不相等，则两横截面上同一坐标 y 处的正应力也不相等，该部分左右两端面上与正应力对应的法向内力也不相等。为保证平衡，则纵截面 $abcd$ 上必须有沿 x 方向的切应力 τ'。根据切应力互等定理即可求得相应点横截面上的切应力 τ，如图 9.15(b)所示。

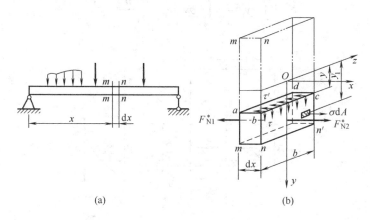

图 9.15　矩形截面梁切应力分析

设横截面 m—m 和 n—n 上的弯矩分别为 M 和 $M+\mathrm{d}M$，则图 9.15(b)所示两端横截面上的法向内力为

$$F_{N1}^{*} = \int_{A^{*}} \sigma \mathrm{d}A = \int_{A^{*}} \frac{My_1}{I_z} \mathrm{d}A = \frac{M}{I_z} \int_{A^{*}} y_1 \mathrm{d}A = \frac{M}{I_z} \cdot S_z^{*} \tag{a}$$

$$F_{N2}^{*} = \frac{M + \mathrm{d}M}{I_z} \cdot S_z^{*} \tag{b}$$

式中 A^* 为横截面上距中性轴为 y 的横线以外部分的面积,即图 9.15(b)上 $nn'cb$ 的面积。$S_z^* = \int_{A^*} y_1 dA$,是面积 A^* 对中性轴的静矩。在顶面 $abcd$ 上,与顶面相切的内力系的合力为 $\tau'bdx$。

将式(a),(b)代入平衡方程,有

$$\sum F_x = 0, \quad F_{N2}^* - F_{N1}^* - \tau'bdx = 0$$

简化后得到

$$\tau' = \frac{dM}{dx} \cdot \frac{S_z^*}{I_z b}$$

由式(8-2)知 $\dfrac{dM}{dx} = F_S$,于是上式简化为

$$\tau' = \frac{F_S S_z^*}{I_z b}$$

上式为纵截面上的切应力,由切应力互等定理,得横截面上的线 bc 上各点的切应力为

$$\tau = \frac{F_S S_z^*}{I_z b} \tag{9-9}$$

这就是矩形截面梁弯曲切应力的计算公式。式中 F_S 为整个横截面上的剪力,b 为截面宽度,I_z 为整个截面对中性轴的惯性矩,S_z^* 为横截面上距中性轴为 y 的横线以下(或以上)部分面积对中性轴静矩的绝对值。

对图 9.16(a)所示矩形截面,取 $dA = b \cdot dy_1$,则

$$S_z^* = \int_{A^*} y_1 dA = \int_y^{\frac{h}{2}} by_1 dy_1 = \frac{b}{2}\left(\frac{h^2}{4} - y^2\right)$$

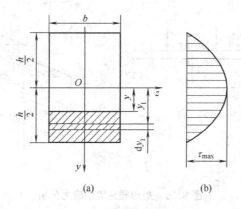

图 9.16 矩形截面梁切应力分布

这样,式(9-9)可写成

$$\tau = \frac{F_S}{2I_z}\left(\frac{h^2}{4} - y^2\right) \tag{9-10}$$

由上式可见,τ 沿截面高度按抛物线规律变化,如图 9.16(b)所示。当 $y = \pm \dfrac{h}{2}$ 时,$\tau = 0$,

即上下表面切应力为零；当 $y=0$ 时，τ 为最大值，即最大切应力发生在中性轴上，且

$$\tau_{\max} = \frac{F_s h^2}{8I_z} = \frac{3F_s}{2bh} = \frac{3}{2} \cdot \frac{F_s}{A} \tag{9-11}$$

式中 A 为横截面面积。可见，矩形截面梁的最大切应力为平均切应力 $\frac{F_s}{A}$ 的 1.5 倍。

9.3.2 工字型截面梁

对于工字型截面梁，先研究横截面腹板上任一点处的切应力。由于腹板是个狭长矩形，完全可以采用前述两个假设。于是，可由式(9-9)直接求得

$$\tau = \frac{F_s S_z^*}{I_z b_0}$$

式中 b_0 为腹板厚度，S_z^* 为图 9.17(a)中画出阴影线部分的面积对中性轴的静矩。在腹板范围内，S_z^* 是 y 的二次函数，故腹板部分切应力沿腹板高度同样按抛物线分布，如图 9.17(b)所示，其最大切应力在中性轴上，即

$$\tau_{\max} = \frac{F_s S_{z\,\max}^*}{I_z b_0} \tag{9-12}$$

式中，$S_{z\,\max}^*$ 为中性轴外任一边的半个截面面积对中性轴静矩的绝对值。对普通热轧工字钢截面，式中 $\dfrac{I_z}{S_{z\,\max}^*}$ 可直接从附录 D 查得。

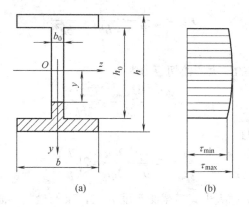

图 9.17 工字型截面梁切应力分布

至于工字型截面梁翼缘上的切应力，由于翼缘上、下表面无切应力，而翼缘又很薄，因此翼缘上的切应力很小，通常不必计算，因其与腹板内的切应力比较，一般是次要的。若要计算可仿照矩形截面所用的方法。

9.3.3 梁的切应力强度条件

对于横力弯曲下的等直梁，其横截面上既有弯矩又有剪力。梁除保证正应力强度条件外，还需满足切应力强度要求。

一般来说,梁的最大切应力发生在最大剪力所在横截面的中性轴上,且

$$\tau_{max} = \frac{F_{S\,max} S_{z\,max}^*}{I_z b} \tag{9-13}$$

式中,$S_{z\,max}^*$ 是中性轴以下部分截面对中性轴的静矩。中性轴上各点的正应力为零,所以都是处于纯剪切应力状态。因此弯曲切应力强度条件为

$$\tau_{max} \leqslant [\tau] \tag{9-14}$$

【例 9-3】 如图 9.18 所示矩形截面悬臂梁,承受集度为 q 的均布载荷作用,求梁内的最大正应力和最大切应力之比 $\dfrac{\sigma_{max}}{\tau_{max}}$。

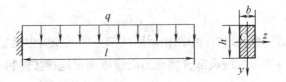

图 9.18 例 9-3 图

【解】 由内力分析可知,梁的最大剪力与最大弯矩位于固定端横截面,分别为

$$F_{S\,max} = ql, \quad |M|_{max} = \frac{ql^2}{2}$$

由式(9-6)可知,梁的最大弯曲正应力为为

$$\sigma_{max} = \frac{|M|_{max}}{W} = \frac{\dfrac{ql^2}{2}}{\dfrac{bh^2}{6}} = \frac{3ql^2}{bh^2}$$

由式(9-11)可知,梁的最大弯曲切应力为

$$\tau_{max} = \frac{3F_{S\,max}}{2bh} = \frac{3ql}{2bh}$$

所以,二者的比值为

$$\frac{\sigma_{max}}{\tau_{max}} = \frac{3ql^2}{bh^2} \frac{2bh}{3ql} = 2\left(\frac{l}{h}\right)$$

可见,当梁的跨度 l 远大于其横截面高度 h 时,梁的最大弯曲正应力远大于最大弯曲切应力。

【讨论】一般细长的非薄壁截面梁中,最大弯曲正应力与最大弯曲切应力之比都很大,因此,对一般细长梁的控制因素通常是弯曲正应力。满足弯曲正应力强度条件的梁,一般说都满足切应力的强度条件。只有在下述一些情况下,要进行梁的切应力强度校核。

(1) 梁的最大弯矩较小,而最大剪力很大时。

(2) 焊接或铆接的组合截面(例如工字型)梁,当其横截面腹板部分的厚度与梁高之比小于型钢的相应比值时。

(3) 经焊接、铆接或胶合而成的梁、对焊缝、铆钉或胶合面等。

小　结

(1) 纯弯梁横截面上的正应力沿截面高度呈线性分布，以中性轴为界，一侧受拉，另一侧受压，计算公式为

$$\sigma = \frac{M}{I_z} y$$

横截面内最大弯曲正应力　　　$\sigma_{\max} = \frac{M}{I_z} y_{\max} = \frac{M}{W}$

(2) 横力弯曲时正应力公式仍用

$$\sigma = \frac{My}{I_z}$$

能满足工程问题所需的精度。梁内最大正应力发生在弯矩最大的横截面上距离中性轴最远处。弯曲正应力强度条件为

$$\sigma_{\max} = \frac{M_{\max}}{W} \leqslant [\sigma]$$

对抗拉和抗压强度不等的材料，需分别进行拉、压强度计算。

(3) 为提高梁的弯曲强度，从弯曲正应力角度出发，有合理设计梁的截面、合理分布梁的受力、设计变截面梁等措施。

(4) 横力弯曲梁既要满足正应力强度，又要满足切应力强度。弯曲切应力公式为

$$\tau = \frac{F_s S_z^*}{I_z b}$$

矩形截面梁弯曲切应力沿横截面高度呈抛物线分布，上下表面为零，中性轴处最大。

(5) 弯曲切应力与弯曲正应力比较一般较小，一般只有对焊接、铆接、胶合等方式制成的组合截面梁才进行弯曲切应力强度计算。

思　考　题

9-1 最大弯曲正应力是否一定发生在弯矩值最大的横截面上?

9-2 矩形截面简支梁承受均布载荷 q 作用，若梁的长度增加一倍(均布载荷 q 大小不变，仍布满全梁)，则其最大正应力是原来的几倍? 若梁的长度不变，而横截面宽度缩小一半，高度增加一倍，载荷不变，则最大正应力是原来的几倍?

9-3 由钢和方木胶合而成的组合梁，处于纯弯曲状态，如图。设钢木之间胶合牢固不会错动，已知弹性模量 $E_s > E_w$，则该梁横截面上沿高度方向正应力分布为图(a)，(b)，(c)，(d)中的哪一种?

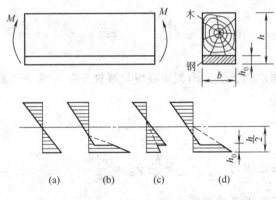

思考题 9-3 图

9-4 受力相同的两根梁，横截面分别如图所示，图(a)中的截面由两矩形截面并列而成(未粘接)，图(b)中的截面由两矩形截面上下叠合而成(未粘接)。从弯曲正应力角度考虑哪种截面形式更合理？

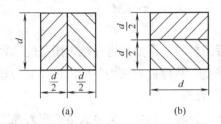

思考题 9-4 图

9-5 受力相同的梁，其横截面可能有图示 4 种形式。若各图中阴影部分面积相同，中空部分的面积也相同，则哪种截面形式最合理？

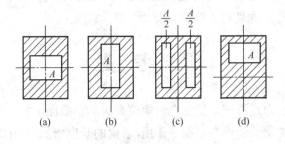

思考题 9-5 图

9-6 弯曲切应力公式 $\tau = \dfrac{F_s S_z^*}{I_z b}$ 的右段各项数值如何确定？

习　题

9-1 钢丝的弹性模量 $E = 200$ GPa。比例极限 $\sigma_p = 200$ MPa，将钢丝绕在直径为 2 m 的

卷筒上，如图所示，要求钢丝中的最大正应力不超过材料的比例极限，则钢丝的最大直径为多大？

9-2 两根简支梁长度和受力相同，横截面分别采用如图所示的实心和空心圆截面。若已知两横截面面积相等，且 $\dfrac{d_2}{D_2}=\dfrac{3}{5}$。试计算它们的最大正应力之比。

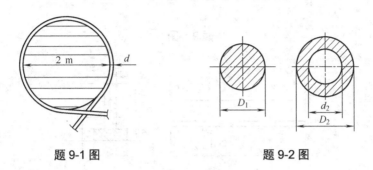

题 9-1 图　　　　　　题 9-2 图

9-3 某圆轴的外伸部分系空心圆截面，载荷情况如图所示。试作该轴的弯矩图，并求轴内的最大正应力。

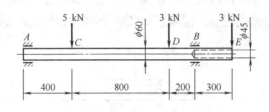

题 9-3 图

9-4 由两根 28a 号槽钢组成的简支梁受 3 个集中力作用，如图所示。已知该梁材料为 Q235 钢，其许用弯曲正应力 $[\sigma]=170$ MPa。求梁的许用载荷 F。

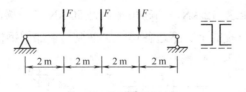

题 9-4 图

9-5 一重量为 W 的钢条，长度为 l，截面宽为 b，厚为 t，放置在如图所示的刚性平面上。当在钢条一端用力 $F=\dfrac{W}{3}$ 提起时，求钢条与刚性平面脱开的距离 a 及钢条内的最大正应力。

9-6 图示横截面铸铁悬臂梁，尺寸及载荷如图所示。若材料的拉伸许用应力 $[\sigma_t]=40$ MPa，压缩许用应力 $[\sigma_c]=160$ MPa，截面对形心轴 z_C 的惯性矩 $I_{z_C}=10\,180$ cm^4，$h_1=96.4$ mm，试计算该梁的许用载荷 F。

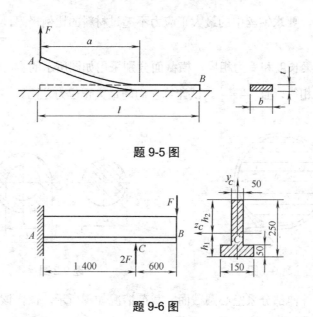

题 9-5 图

题 9-6 图

9-7 当载荷 F 直接作用在跨长为 $l=6$ m 的简支梁 AB 之中点时，梁内最大正应力超过许用值 30%。为了消除过载现象，配置了如图所示的辅助梁 CD，求辅助梁的最小跨长 a。

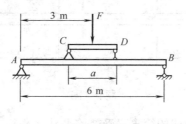

题 9-7 图

9-8 一桥式起重机梁跨长为 $l=10.5$ m，横截面为 36a 工字钢。已知梁的许用应力 $[\sigma]=140$ MPa，电葫芦自重 12 kN，当起吊重量为 50 kN 时，梁的强度不够。为满足正应力强度要求，如图在梁中段的上、下边各焊一块钢板。求加固钢板的最小长度 l_0。

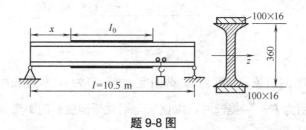

题 9-8 图

*9-9 由 4 块木板粘接而成的箱型截面梁，其横截面尺寸如图所示。若已知某横截面上沿铅垂方向的剪力 $F_s=3.56$ kN，求粘接接缝 A，B 两处的切应力。

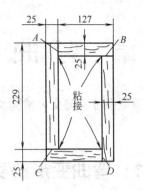

题 9-9 图

9-10 工字钢截面外伸梁 AC 承受载荷如图所示，$M_e = 40 \text{ kN} \cdot \text{m}$，$q = 20 \text{ kN/m}$。材料的许用弯曲正应力 $[\sigma] = 170 \text{ MPa}$，许用切应力 $[\tau] = 100 \text{ MPa}$。试选择工字钢的型号。

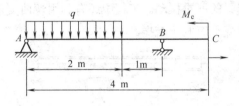

题 9-10 图

第10章 弯曲变形

本章分析梁弯曲时其轴线和横截面位置的变化情况及梁的弯曲刚度问题,并讨论提高梁的弯曲刚度的措施。

10.1 弯曲变形的实例

在工程设计中,对某些受弯构件除强度要求外,往往还有刚度要求,即要求其变形不能超过限定值。否则,变形过大,使结构或构件丧失正常功能,发生刚度失效。例如,图 10.1(a)所示吊车大梁,当变形过大时(如图 10.1(b)所示),将使梁上小车行走困难,出现爬坡现象,而且还会引起梁的严重振动。工程中还有利用弯曲变形的情形。例如图 10.2 所示叠板弹簧,较大的弹性变形有利于减振。

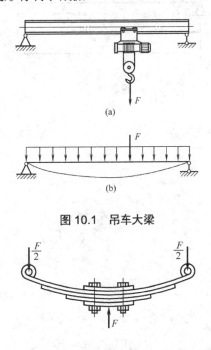

图 10.1 吊车大梁

图 10.2 叠板弹簧

本章研究梁的变形,不仅为了解决梁的弯曲刚度问题和简单超静定问题,也为研究压杆稳定问题提供基础。

10.2 梁的挠曲线微分方程

为讨论弯曲变形,取变形前的梁轴线为轴 x,垂直向上的轴为轴 w,如图 10.3 所示。

平面 xw 为梁的纵向对称面。在对称平面弯曲的情况下，变形后梁的轴线将成为平面 xw 内的一条曲线，称为**挠曲线**。横截面形心在 w 方向的位移，称为**挠度**，用 w 表示。横截面对其原来位置转过的角度 θ，称为**转角**。这里规定挠度 w 向上为正，转角 θ 逆时针为正。

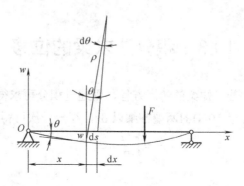

图 10.3 梁的挠曲线

当梁弯曲时，由于梁轴线的长度保持不变，在小变形的条件下，横截面形心的轴向位移忽略不计，挠度和转角是横截面位移的两个基本量。

不同截面的挠度不同，可用函数表示为

$$w = w(x) \tag{10-1}$$

式(10-1)称为**挠曲线方程**。

横截面转角 θ 就是轴 w 与挠曲线的法线的夹角，小变形条件下有

$$\theta \approx \tan\theta = w'(x) \tag{10-2}$$

上式表明，任一横截面的转角可用挠曲线上该点处切线的斜率 w' 表示，且具有足够精度。式(10-2)称为**转角方程**。

为求梁的挠曲线方程，可利用弯矩与曲率间的关系式(9-1)

$$\frac{1}{\rho} = \frac{M}{EI}$$

上式是纯弯曲情况下的关系。若忽略剪力对梁变形的影响，上式可推广到横力弯曲的情形。因此梁的曲率和弯矩都是横截面位置的函数。

由高等数学知识可知，平面曲线 $w = w(x)$ 上任一点的曲率为

$$\frac{1}{\rho} = \pm \frac{w''}{(1 + w'^2)^{3/2}}$$

其中正负号由坐标确定，当轴 x 向右，轴 w 向上时，曲线下凸为正。因此，这里应该取正号。将式(9-1)代入上式得

$$\frac{w''}{(1 + w'^2)^{3/2}} = \frac{M}{EI} \tag{10-3}$$

这就是梁的**挠曲线微分方程**。

在小变形条件下，$w' \ll 1$，忽略高阶小量可得

$$w'' = \frac{M}{EI} \tag{10-4}$$

这是**挠曲线的近似微分方程**。实践证明,由此方程求得的挠度与转角,对工程应用已足够精确。

10.3 积分法求梁的位移

由挠曲线微分方程,若已知梁的弯矩方程,则通过积分可求得梁各横截面的位移。

将挠曲线近似微分方程(10-4)的两端各乘以 dx,积分一次可得

$$\theta = w' = \int \frac{M}{EI} dx + C \tag{a}$$

再积分一次,得

$$w = \iint \frac{M}{EI} dxdx + Cx + D \tag{b}$$

式中 C,D 是积分常数。为确定积分常数,需对梁的变形特点进行研究。

梁内某些特定截面(如约束处)的挠度或转角是已知的,如图 10.4(a)所示简支梁,左、右两铰支座处的挠度 $w_A = w_B = 0$;图 10.4(b)所示悬臂梁中,固定端处的挠度 w_A 和转角 θ_A 均等于零。这些条件统称为**边界条件**。

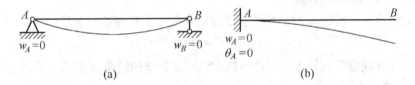

图 10.4 边界条件

梁的变形还应满足**连续条件**,即挠曲线应该是一条连续光滑的曲线,在任意截面处挠度连续,转角连续。

式(b)中积分常数可由边界条件和连续条件确定。

一般梁的弯矩方程是一个分段连续函数,则积分式(a),式(b)变为分段积分,会引起多个积分常数,若分段较多,将会使计算冗长。

【例 10-1】 弯曲刚度为 EI 的简支梁如图 10.5 所示,在截面 C 处受一集中力 F 作用。求梁的挠曲线方程和转角方程,并确定其最大挠度。

【分析】 该梁的弯矩方程分为两段,挠度和转角方程也分为两段,因此有 4 个积分常数。边界条件为截面 A,B 处挠度为零,另在截面 C 处挠度连续、转角连续。可确定积分常数。

【解】 先进行受力分析,梁的两个约束力分别为

$$F_A = \frac{Fb}{l}, \quad F_B = \frac{Fa}{l}$$

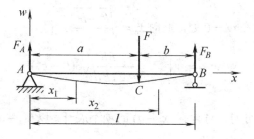

图 10.5　例 10-1 图

梁的弯矩方程分别为

AC 段：$\quad M_1 = \dfrac{Fb}{l} x_1 \qquad (0 \leqslant x_1 \leqslant a)$

CB 段：$\quad M_2 = \dfrac{Fb}{l} x_2 - F(x_2 - a) \qquad (a \leqslant x_2 \leqslant l)$

将弯矩方程代入挠曲线微分方程，并进行积分得

$$EIw_1' = \frac{Fb}{2l} x_1^2 + C_1 \qquad (0 \leqslant x_1 \leqslant a) \tag{a}$$

$$EIw_1 = \frac{Fb}{6l} x_1^3 + C_1 x_1 + D_1 \qquad (0 \leqslant x_1 \leqslant a) \tag{b}$$

$$EIw_2' = \frac{Fb x_2^2}{2l} - \frac{F}{2}(x_2 - a)^2 + C_2 \qquad (a \leqslant x_2 \leqslant l) \tag{c}$$

$$EIw_2 = \frac{Fb}{6l} x_2^3 - \frac{F}{6}(x_2 - a)^3 + C_2 x_2 + D_2 \qquad (a \leqslant x_2 \leqslant l) \tag{d}$$

边界条件为

$x_1 = 0$ 时，$\qquad w_1 = 0 \tag{e}$

$x_2 = l$ 时，$\qquad w_2 = 0 \tag{f}$

连续条件为

$x_1 = x_2 = a$ 时，$\qquad w_1' = w_2' \tag{g}$

$x_1 = x_2 = a$ 时，$\qquad w_1 = w_2 \tag{h}$

联列以上各式解得

$$D_1 = D_2 = 0, \quad C_1 = C_2 = -\frac{Fb}{6l}(l^2 - b^2)$$

因此梁的挠曲线方程和转角方程为

$$EIw_1' = -\frac{Fb}{6l}(l^2 - b^2 - 3x_1^2) \qquad (0 \leqslant x_1 \leqslant a) \tag{i}$$

$$EIw_1 = -\frac{Fb}{6l}(l^2 - b^2 - x_1^2) x_1 \qquad (0 \leqslant x_1 \leqslant a) \tag{j}$$

$$EIw_2' = -\frac{Fb}{6l}\left[(l^2 - b^2 - 3x_2^2) + \frac{3l}{b}(x_2 - a)^2\right] \qquad (a \leqslant x_2 \leqslant l) \tag{k}$$

$$EIw_2 = -\frac{Fb}{6l}\left[(l^2 - b^2 - 3x_2^2) x_2 + \frac{l}{b}(x_2 - a)^3\right] \qquad (a \leqslant x_2 \leqslant l) \tag{l}$$

简支梁的最大挠度在 $w' = 0$ 处，此时 $x_0 = \sqrt{\dfrac{l^2 - b^2}{3}}$，得

$$w_{\max} = w_1\big|_{x_1 = x_0} = -\dfrac{Fb}{27EIl}\sqrt{3(l^2 - b^2)^3}$$

【讨论】

(1) 在 CB 段内积分时，对含有 $(x_2 - a)$ 的项不展开，以 $(x_2 - a)$ 为自变量进行积分，可使确定积分常数的工作得到简化。

(2) 结果为负，表示挠度方向向下。以后无特殊情况均不作说明。

(3) 确定跨度中点挠度。若 F 作用于跨度中点，则最大挠度也发生于跨度中点，此时 $w_{\max} = -\dfrac{Fl^3}{48EI}$。若取极端情形，集中力 F 接近于右端支座，此时，$b \to 0$，$w \to 0$，则 b^2 是对 l^2 的无穷小。此时 $x_0 = \dfrac{l}{\sqrt{3}} = 0.577l$，$w_{\max} = -\dfrac{Fbl^2}{9\sqrt{3}\,EI}$。可见即使在这种极端情况下，发生最大挠度的截面仍然在跨度中点附近。即挠度最大值截面总是靠近跨度中点。此时跨度中点挠度 $w\left(\dfrac{l}{2}\right) = -\dfrac{Fbl^2}{16EI}$。若用跨度中点挠度代替最大挠度，引起的误差仅为 2.5%。

10.4　叠加法求梁的位移

在弯曲变形很小，且材料服从胡克定律的情况下，挠曲线近似微分方程(10-4)是线性的，弯矩和载荷的关系也是线性的(参见第 8 章)。这样，梁在几个不同载荷同时作用下，某一截面的挠度和转角就分别等于每个载荷单独作用下该截面挠度和转角的叠加。

在很多的工程计算手册中，已将各种支承条件下的静定梁在各种典型的简单载荷作用下的挠度和转角表达式一一列出，称为**挠度表**(见附录 C)。实际工程计算中，往往只需要计算梁在几个载荷作用下的最大挠度和最大转角，或某些特殊截面的挠度和转角，此时用叠加法较为简便。

【例 10-2】 图 10.6 所示桥式起重机大梁的自重为均布载荷，集度为 q。集中力 $F = ql$ 作用于梁的跨度中点 C。若已知弯曲刚度为 EI，求梁跨度中点 C 的挠度和横截面 A 的转角。

【分析】 简支梁受均布载荷和集中力分别作用时，梁的挠度可直接查表。因此，这里用叠加法比较简单。

【解】 把梁所受载荷分解为只受均布载荷 q 及只受集中力 F 的两种情况，如图 10.6(b)，(c)所示。

查表得，均布载荷 q 引起的 C 处挠度和横截面 A 的转角分别为

$$w_C(q) = -\dfrac{5ql^4}{384EI}, \quad \theta_A(q) = -\dfrac{ql^3}{24EI}$$

集中力 F 引起的 C 处挠度和横截面 A 的转角分别为

$$w_C(F) = -\dfrac{Fl^3}{48EI} = -\dfrac{ql^4}{48EI}, \quad \theta_A(F) = -\dfrac{Fl^2}{16EI} = -\dfrac{ql^3}{16EI}$$

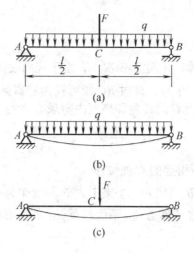

图 10.6 例 10-2 图

全梁在 C 处挠度为

$$w_C = (w_C)_q + (w_C)_F = -\frac{5ql^4}{384EI} - \frac{ql^4}{48EI} = -\frac{13ql^4}{384EI}$$

全梁在横截面 A 的转角为

$$\theta_A = \theta_A(q) + \theta_A(F) = -\frac{5ql^3}{48EI}(顺时针)$$

【讨论】 在提供挠度表的情况下，叠加法求特定截面的挠度和转角很方便。

【例10-3】 图 10.7(a)所示的外伸梁，其外伸端受集中力 F 作用，已知梁的弯曲刚度 EI 为常数，求外伸端 C 的挠度和转角。

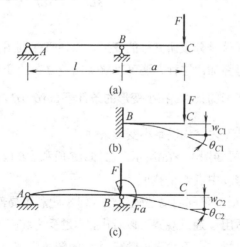

图 10.7 例 10-3 图

【分析】 在载荷 F 作用下，全梁均产生弯曲变形。变形在截面 C 引起的转角和挠度，不仅与 BC 段的变形有关，而且与 AB 段的变形也有关。因此，可先将 AB 段"刚化"(假设其不变形)，求出截面 C 相对截面 B 的挠度和转角；再求 AB 段变形引起的截面 C 的牵连位移(此时，BC 段被"刚化")。这种方法称为**局部刚化法**。

【解】

(1) 先只考虑 BC 段的变形

令 AB 段不变形(看成刚体)，在这种情况下，由于挠曲线的光滑连续，截面 B 既不允许产生挠度，也不能出现转角。于是，此时 BC 段可视为悬臂梁，如图 10.7(b)所示。

在集中力 F 作用下，截面 C 的转角和挠度由附录 C 查得

$$\theta_{C1} = -\frac{Fa^2}{2EI}, \quad w_{C1} = -\frac{Fa^3}{3EI}$$

(2) 只考虑 AB 段变形所引起的 C 处位移

刚化 BC 段，将 F 向点 B 简化为一个集中力 F 和一个集中力偶 Fa，如图 10.7(c)。由于点 B 处的集中力直接作用在支座 B 上，不引起梁 AB 的变形，因此，只需讨论集中力偶 Fa 对梁 AB 的作用。

由附录 C 查得

$$\theta_{B2} = -\frac{(Fa)l}{3EI} = -\frac{Fal}{3EI}$$

考虑到 BC 段不变形，由 θ_{B2} 引起的 C 处转角和挠度分别为

$$\theta_{C2} = \theta_{B2} = -\frac{Fal}{3EI}, \quad w_{C2} = a\theta_{B2} = -\frac{Fa^2 l}{3EI}$$

(3) 由叠加法求得梁在 C 处的转角和挠度为

$$\theta_C = \theta_{C1} + \theta_{C2} = -\frac{Fa^2}{2EI} - \frac{Fal}{3EI} = -\frac{Fa^2}{2EI}\left(1 + \frac{2}{3}\frac{l}{a}\right)$$

$$w_C = w_{C1} + w_{C2} = -\frac{Fa^3}{3EI} - \frac{Fa^2 l}{3EI} = -\frac{Fa^2}{3EI}(a+l)$$

【讨论】

(1) 局部刚化的思想就是分段研究梁的变形，以便直接利用挠度表的结果，将其余部分暂时看成刚体，最后再叠加，这种方法可以解决比较复杂的变形问题。

(2) 这里应用了小变形的条件。在小变形的条件下 $\tan\theta \approx \theta$，才有 $w_{C2} = a\theta_{B2} = -\frac{Fa^2 l}{3EI_z}$。如不作特殊说明，本书涉及内容均满足小变形条件。

【例 10-4】 变截面梁如图 10.8(a)所示，已知 AE 段和 DB 段的弯曲刚度为 EI，ED 段的弯曲刚度为 2EI。求跨度中点 C 的挠度。

【分析】 对变截面梁也可利用局部刚化法，但本题利用局部刚化法不可直接查表(因为表中结果只对等截面适用)。通过观察可以看出，本题受力和变形完全对称。利用对称性，可以取原梁的一半进行分析。由于对称，横截面 C 的转角为零，可将 CB 段看做悬臂梁进行处理。

【解】 由对称性，跨度中点横截面 C 的转角为零。取一半进行分析，把变截面梁的 CB 段看做悬臂梁，如图 10.8(b)所示，自由端 B 的挠度 $|w_B|$ 等于原来梁 AB 的跨中点挠度 $|w_C|$。

(1) 只考虑 DB 段变形，令 CD 段不变形(即刚化 CD 段)

此时 DB 段可看作是悬臂梁，如图 10.8(c)所示。查表得 B 端的挠度为

$$w_{B1} = \frac{\frac{F}{2}\left(\frac{l}{4}\right)^3}{3EI} = \frac{Fl^3}{384EI}$$

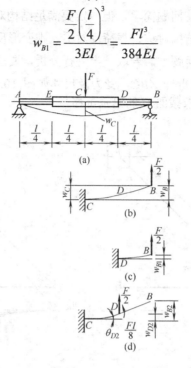

图 10.8 例 10-4 图

(2) 再刚化 DB 段，考虑 CD 段弯曲

将点 B 的约束力 $\frac{F}{2}$ 向点 D 简化，得一个集中力偶 $\frac{Fl}{8}$ 和一个集中力 $\frac{F}{2}$，如图 10.8(d) 所示。查挠度表得由它们引起截面 D 的转角和挠度分别为

$$\theta_{D2} = \frac{\frac{Fl}{8}\times\frac{l}{4}}{2EI} + \frac{\frac{F}{2}\times\left(\frac{l}{4}\right)^2}{2\times(2EI)} = \frac{3Fl^2}{128EI}$$

$$w_{D2} = \frac{\frac{Fl}{8}\times\left(\frac{l}{4}\right)^2}{2\times(2EI)} + \frac{\frac{F}{2}\times\left(\frac{l}{4}\right)^3}{3\times(2EI)} = \frac{5Fl^3}{1536EI}$$

由 θ_{D2} 和 w_{D2} 而引起的 B 端挠度为

$$w_{B2} = w_{D2} + \theta_{D2}\times\frac{l}{4} = \frac{5Fl^3}{1536EI} + \frac{3Fl^2}{128EI}\times\frac{l}{4} = \frac{7Fl^3}{768EI}$$

(3) 由叠加法求得 B 端挠度为

$$w_B = w_{B1} + w_{B2} = \frac{Fl^3}{384EI} + \frac{7Fl^3}{768EI} = \frac{3Fl^3}{256EI}$$

因此梁跨度中点 C 的挠度为

$$w_C = -w_B = -\frac{3Fl^3}{256EI}(\downarrow)$$

【讨论】

(1) 有时利用对称性可使问题简单，但一定要满足结构对称的条件。若结构对称，载荷也对称，则变形对称。若结构对称，载荷反对称，则变形反对称。

(2) 在利用对称性处理问题时，若取一半进行分析，要注意约束条件和受力的转化。

【例 10-5】 水平面内的折杆 ABC，受力及尺寸如图 10.9(a)所示。已知折杆的弯曲刚度为 EI，扭转刚度为 GI_p。求截面 C 的铅垂位移。

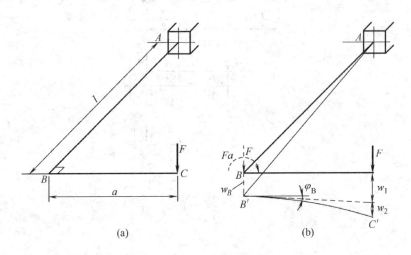

图 10.9　例 10-5 图

【分析】 截面 C 的挠度与 BC 自身变形有关，还受 AB 段变形的影响。采用局部刚化法时，要注意 AB 段既有弯曲变形又有扭转变形。

【解】

(1) 刚化 BC 段，考虑 AB 段变形

将 BC 段看做刚体，则 AB 段相当于在截面 B 处承受一个集中力 F 和一个集中力偶 $M_e = Fa$ 作用。集中力 F 使 AB 段发生弯曲变形，集中力偶 M_e 使 AB 段发生扭转变形，如图 10.9(b)所示。

集中力 F 作用下，截面 B 的铅垂位移为

$$w_B = \frac{Fl^3}{3EI} \quad (\downarrow)$$

集中力偶 $M_e = Fa$ 作用下，截面 B 的转角为

$$\varphi_B = \frac{M_e l}{GI_p} = \frac{Fal}{GI_p}$$

由此得

$$w_1 = w_B + \varphi_B a = \frac{Fl^3}{3EI} + \frac{Fa^2 l}{GI_p} (\downarrow)$$

(2) 刚化 AB 段，考虑 BC 段弯曲变形

此时，AB 段不变形，BC 段相当于在截面 B 处受固定端约束，则

$$w_2 = \frac{Fa^3}{3EI}(\downarrow)$$

(3) 由叠加法求得梁在截面 C 处的挠度为

$$w_C = w_1 + w_2 = \frac{F(a^3 + l^3)}{3EI} + \frac{Fa^2 l}{GI_p}(\downarrow)$$

【讨论】 由于涉及到扭转变形，实为一个空间位移问题，需注意位移的方向。

10.5 简单超静定梁

前面研究的梁是静定梁。为了求解超静定梁，除应建立平衡方程外，还应利用变形协调条件及力与位移间的物理关系，建立补充方程。现以图 10.10(a)所示梁为例说明求解超静定问题的方法。这是一个一次超静定问题，设想去除多余约束支座 B，相应地在 B 处施加多余约束力 F_B，而系统受力不变，如图 10.10(b)所示，此结构变为静定结构，再加变形条件 $w_B = 0$，则此静定结构称为原来超静定结构的**相当系统**。

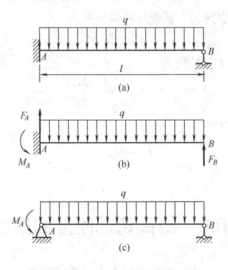

图 10.10 超静定梁及其相当系统

由叠加法查表得，图 10.10(b)所示受力情况下，截面 B 的挠度为

$$w_B = -\frac{ql^4}{8EI} + \frac{F_B l^3}{3EI} = 0$$

于是得多余约束力为

$$F_B = 3ql/8$$

求得多余约束力 F_B 后，截面 A 的约束力可由平衡方程求得。从而可进一步可进行内力、应力、强度和刚度分析。

需注意的是，超静定结构的相当系统通常不止一个。若以图 10.10(c)所示简支梁为该结构的相当系统，则对应的变形协调条件为

$$\theta_A = 0$$

剩余运算请读者完成。

【例 10-6】 图 10.11(a)所示超静定梁的弯曲刚度为 EI，求其约束力。

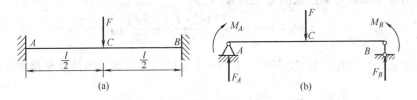

图 10.11　例 10-6 图

【分析】 此题表面上是三次超静定问题。但由于结构对称，载荷也对称，可利用对称性减少超静定次数。

【解】 一般因轴力较小，不予考虑。去除 A，B 处的转动约束，用约束力偶 M_A 和 M_B 代替，将结构变为图 10.11(b)所示相当系统。由对称性可知

$$M_A = M_B, \quad F_A = F_B = \frac{F}{2} \tag{a}$$

原题简化为一次超静定问题。其变形协调条件为

$$\theta_A = \theta_B = 0 \tag{b}$$

利用叠加法求得截面 A 的转角为

$$\theta_A = -\frac{M_A l}{3EI} - \frac{M_B l}{6EI} - \frac{Fl^2}{16EI} \tag{c}$$

将式(a)，(b)，(c)联列解得

$$M_A = M_B = -\frac{Fl}{8}$$

负号表示方向与图示方向相反。

10.6　提高弯曲刚度的措施

从挠曲线的近似微分方程及其积分可以看出，梁的弯曲变形与梁的跨度、支承情况、梁截面的惯性矩、材料的弹性模量、梁上作用载荷的类别和分布情况有关。因此，为提高梁的刚度，应从以下几方面入手。

1. 调整加载方式，改善结构设计

弯矩是引起弯曲变形的主要因素，所以通过调整加载方式，改善结构设计，减小梁的弯矩可以提高梁的弯曲刚度。例如图 10.12(a)所示的简支梁，若将集中力分散成作用于全梁上的均布载荷，如图 10.12(b)所示，则此时最大挠度仅为集中力 F 作用时的 62.5%。如果再将该简支梁的支座内移，改为两端外伸梁，如图 10.12(c)所示，则梁的最大挠度进一步减小。

2. 减小梁的跨度，增加支承约束

由于梁的挠度与其跨长的 n 次幂（$n \geq 2$）成正比，因此，设法缩短梁的跨长，将能显著

地减小其挠度。工程实际中的钢梁有时采用两端外伸的结构，如图 10.12(c)，就是为缩短跨长从而减小梁的最大挠度，由于梁外伸部分的自重作用也会使跨中的挠度有所减小。

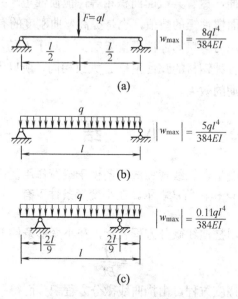

图 10.12 调整加载方式，改善结构设计

在跨度不能减小的情况下，可采取增加支承(使跨度减小)的方法提高梁的刚度。例如车削细长工件时，除用尾顶尖外，有时还加用中心架或跟刀架，以减小工件的变形，提高加工精度。需注意的是，为提高弯曲刚度而增加支承，都将使杆件由原来的静定梁变为超静定梁。如图 10.13(b)在悬臂梁的自由端增加一个支座，在图 10.13(d)简支梁跨中点增加一个支座，均可使梁的挠度显著减小。

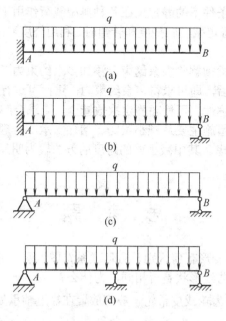

图 10.13 增加支承

3. 增大梁的弯曲刚度 EI

各种不同形状的横截面，尽管其截面面积相等，但惯性矩却并不一定相等。所以选取合理的截面形状，增大截面惯性矩的数值，也是提高弯曲刚度的有效措施。

最后指出，弯曲变形还与材料的弹性模量 E 有关。对于 E 值不同的材料来说，E 值越大，弯曲变形越小。因为各种钢材的弹性模量 E 大致相同，所以为提高弯曲刚度而采用高强度钢材，并不会达到预期的效果。

小 结

(1) 梁发生平面弯曲变形，轴线弯曲成一条位于载荷作用面内的平面曲线，称为挠曲线。横截面的位移用挠度 w 和转角 θ 表示。在小变形条件下有

$$\theta \approx w'$$

变形和受力的关系可用挠曲线微分方程表示，在小变形条件下有

$$w'' = \frac{M}{EI}$$

(2) 梁的转角方程和挠度方程可由挠曲线微分方程积分而得

$$\theta = w' = \int \frac{M}{EI} \mathrm{d}x + C$$

$$w = \iint \frac{M}{EI} \mathrm{d}x\mathrm{d}x + Cx + D$$

式中 C，D 为积分常数，可由边界条件和连续条件确定。积分法是基本方法，适用于各种载荷分布，但是当梁的弯矩方程是 n 段分段连续函数时，将会有 $2n$ 个积分常数，计算比较烦琐。

(3) 工程中各种支承条件下的静定梁在各种典型载荷作用下的挠度和转角可在工程手册中查到。在计算梁某些特定截面的挠度和转角时，利用挠度表(附录 C)采用叠加法比较简便，要求熟练掌握。

(4) 求解简单超静定梁须解除多余约束，添加多余约束力，确定与多余约束力对应的变形协调方程。求得变形后，即可求得多余约束力，进而可进行内力和应力分析等。

(5) 利用对称、反对称性，可使超静定次数减少，要求会解一次超静定问题。

(6) 提高弯曲刚度的措施主要从减小梁跨、增加支承、合理安排载荷以降低弯矩、增大截面惯性矩 I 等方面考虑。其中减小梁的跨度的方法较为明显，需注意增加支承将使结构变为超静定结构。

思 考 题

10-1 梁的截面位移和变形有何区别？有何联系？图示两梁的弯曲刚度相同，则两梁的挠曲线曲率是否相同，挠曲线形状是否相同，为什么？

10-2 工程中传动轴的齿轮或皮带轮一般都放置在靠近轴承处，而不放在中间，这是为什么？

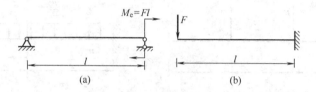

思考题 10-1 图

10-3 材料相同，横截面面积相等的钢杆和钢丝绳相比，为何钢丝绳要柔软得多？

10-4 用叠加法求梁的位移时，应满足哪些条件？

10-5 提高梁的弯曲刚度的主要措施有哪些？与提高梁强度的措施有何不同？

习　　题

10-1 试确定图示各梁挠曲线的大致形状。

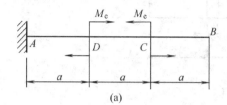 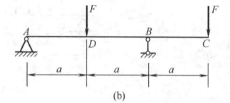

题 10-1 图

10-2 试用积分法求图示各梁的挠曲线方程，并求截面 A 的挠度和截面 B 的转角。已知各梁的弯曲刚度均为 EI。

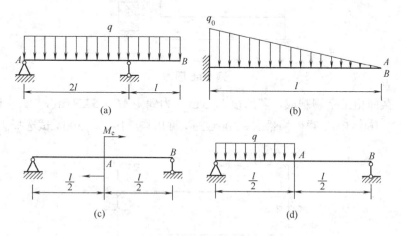

题 10-2 图

10-3 用叠加法求图示各梁截面 A 的挠度和截面 B 的转角。已知各梁的弯曲刚度均为 EI。

10-4 图示外伸梁的弯曲刚度为 EI，为使载荷 F 作用点的挠度 w_C 等于零，求载荷 F 与 q 的关系。若要使 $\theta_C = 0$，则 F 与 q 的关系又如何？

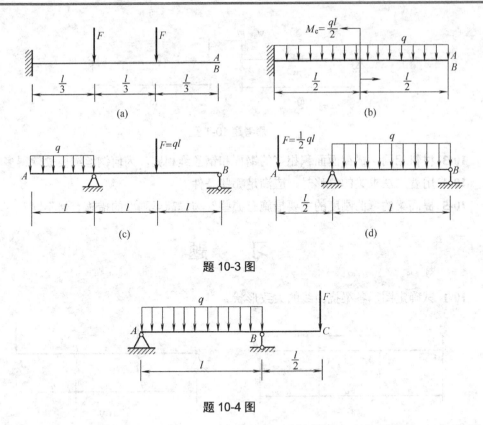

题 10-3 图

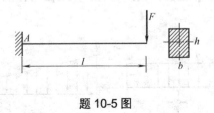

题 10-4 图

10-5 矩形截面悬臂梁受力如图所示。已知材料的弹性模量 E 和许用应力 $[\sigma]$，求满足强度条件下的最大挠度。

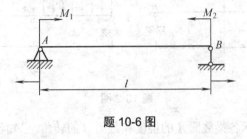

题 10-5 图

10-6 梁截面由工字钢制成，若跨度 $l = 5\,\text{m}$，力偶矩 $M_1 = 5\,\text{kN}\cdot\text{m}$，$M_2 = 10\,\text{kN}\cdot\text{m}$，许用应力 $[\sigma] = 160\,\text{MPa}$，弹性模量 $E = 200\,\text{GPa}$，许用挠度 $[w] = l/500$，试选择工字钢型号。

题 10-6 图

10-7 弯曲刚度为 EI 的梁如图所示，为使梁的 3 个约束力相等，求支座 C 与梁之间的空隙 δ。

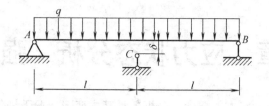

题 10-7 图

10-8 求图示各超静定梁的约束力(忽略轴力)。设梁的弯曲刚度 EI 为常数。

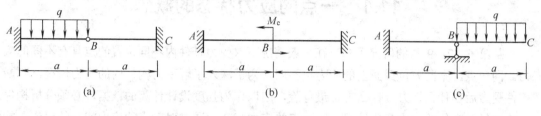

(a)   (b)   (c)

题 10-8 图

10-9 梁 AB 因强度和刚度不足,用同一材料和同样截面的短梁 AC 加固,如图所示。求:

(1) 二梁接触处的作用力 F_C。

(2) 加固后梁 AB 的最大弯矩和截面 B 的挠度比加固前分别减小多少?

10-10 图示悬臂梁的弯曲刚度 $EI = 30 \times 10^3 \text{ N} \cdot \text{m}^2$。弹簧的刚度系数 $k = 175 \times 10^3 \text{ N/m}$。若梁与弹簧间的空隙为 $\delta = 1.25 \text{ mm}$,当集中力 $F = 450 \text{ N}$ 作用于梁的自由端时,问弹簧上的作用力为多大?

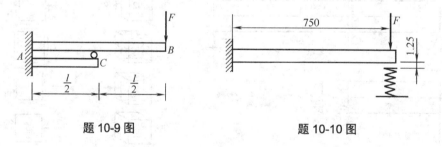

题 10-9 图   题 10-10 图

第 11 章 应力状态分析 强度理论

本章利用一点的应力状态的概念,分析各种基本变形情况下杆件的危险应力,并利用强度理论(假说)分析杆件的复杂强度问题。

11.1 一点的应力状态的概念

从第 6,7,9 章的研究可知,在一般情况下,受力杆件内不同位置的点具有不同的应力。同一点,不同方位截面上的应力也不同。为了深入了解受力构件内的应力情况,判断构件受力后在什么地方、什么方位最危险,用以作为强度设计计算的依据,必须分析构件一点处任意方位的应力变化情况,即**一点的应力状态**。通过对一点的应力状态的研究,能正确地解决构件在复杂受力情况下的强度问题。

为了分析受力构件内一点处的应力状态,可围绕该点截取各边长均为无穷小的正六面体,称为**单元体**。以图 11.1(a)所示简支梁弯曲为例,设想分别围绕沿截面 $m—m$ 上 5 个点以纵横 6 个截面从杆内截取 5 个单元体,并将取得的单元体放大。这 5 个单元体的应力状态如图 11.1(b)所示。

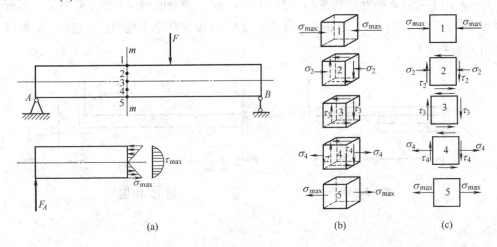

图 11.1 弯曲应力

由于各单元体前后两个面均无应力,故可用图 11.1(c)所示平面图表示。在横截面 $m—m$ 上点 1 仅有最大压应力;点 2 不仅有压应力,还有切应力;点 3 仅有最大切应力;点 4 不仅有拉应力还有切应力;点 5 只有最大拉应力。

围绕一点取出的单元体,一般在 3 个方向上的尺寸均为无穷小。这样就可以认为:

(1) 在它的每个面上,应力都是均匀分布的。
(2) 单元体相互平行的截面上,应力都是相同的,且都等于通过所研究的点的平行面上的应力。

因此，单元体的应力状态就可以代表一点的应力状态。若在单元体上某一面上的切应力等于零，则称该面为**主平面**。主平面上的应力称为**主应力**。一般情况下，通过受力构件的任意点皆可找到3个互相垂直的主平面。因而每一点都有3个主应力。依次用 σ_1，σ_2，σ_3 表示，且按代数值的大小排列，即 $\sigma_1 \geq \sigma_2 \geq \sigma_3$。根据主应力情况，应力状态可分为3类。

(1) **单向应力状态**：3个主应力中，仅有一个主应力不为零。如图11.1的点1和点5。

(2) **平面应力状态(二向应力状态)**：3个主应力中，仅有一个主应力为零。如图11.1的点2、点3和点4。点3的应力状态又常称为**纯剪切应力状态**。

(3) **空间应力状态(三向应力状态)**：3个主应力均不为零。

11.2 平面应力状态分析 主应力

工程中常见的平面应力状态如图11.2所示，与平面 xy 平行的前后两个面上无应力。

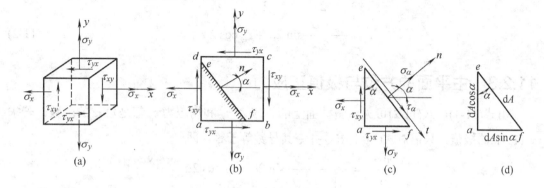

图11.2 平面应力状态单元体

设应力分量 σ_x，σ_y，τ_{xy} 和 τ_{yx} 皆为已知。图11.2(b)为单元体的正投影。图11.2(b)中，面 bc 和面 ad 的法线方向与轴 x 平行，因此面 bc 和面 ad 称为面 x。用 σ_x 表示面 x 上的正应力，τ_{xy} 表示面 x 上沿 y 方向的切应力。τ_{xy} 的第一个下标表示面 x，第二个下标表示切应力沿 y 方向。因此 σ_x 实际上是 σ_{xx} 的简略记法。面 ab 和面 cd 的法线与轴 y 平行，称为面 y。同理，用 σ_y 表示面 y 上的正应力。用 τ_{yx} 表示面 y 沿 x 方向的切应力。

11.2.1 关于应力的正负约定

材料力学约定：正应力以拉应力为正，压应力为负；切应力对单元体内任一点取矩，顺时针转向为正，反之为负。

按照上述规定，在图11.2中的 σ_x，σ_y，τ_{xy} 皆为正，而 τ_{yx} 为负。

11.2.2 任意斜截面上的应力

取任意斜截面 ef，其外法线 n 与轴 x 的夹角为 α。这里规定：由轴 x 逆时针转到外法

线 n 时，角 α 为正，反之为负。以截面 ef 把单元体分成两部分，并研究 aef 部分的平衡，如图 11.2(c)所示。斜截面 ef 上的应力由正应力 σ_α 和切应力 τ_α 表示。若斜截面 ef 的面积为 $\mathrm{d}A$，如图 11.2(d)所示，则面 af 和面 ae 的面积分别是 $\mathrm{d}A\sin\alpha$ 和 $\mathrm{d}A\cos\alpha$。如图 11.2(c)所示，把作用于 aef 部分的力，分别向轴 n 和轴 t 投影，所得平衡方程是

$$\sum F_n = 0 \quad \sigma_\alpha \mathrm{d}A + (\tau_{xy}\mathrm{d}A\cos\alpha)\sin\alpha - (\sigma_x\mathrm{d}A\cos\alpha)\cos\alpha + (\tau_{yx}\mathrm{d}A\sin\alpha)\cos\alpha - (\sigma_y\mathrm{d}A\sin\alpha)\sin\alpha = 0$$

$$\sum F_t = 0 \quad \tau_\alpha \mathrm{d}A - (\tau_{xy}\mathrm{d}A\cos\alpha)\cos\alpha - (\sigma_x\mathrm{d}A\cos\alpha)\sin\alpha + (\sigma_y\mathrm{d}A\sin\alpha)\cos\alpha + (\tau_{yx}\mathrm{d}A\sin\alpha)\sin\alpha = 0$$

根据切应力互等定理，τ_{xy} 和 τ_{yx} 在数值上相等，以 τ_{xy} 代换 τ_{yx}，化简上述两个平衡方程得

$$\sigma_\alpha = \sigma_x\cos^2\alpha + \sigma_y\sin^2\alpha - 2\tau_{xy}\sin\alpha\cos\alpha$$
$$= \frac{\sigma_x + \sigma_y}{2} + \frac{\sigma_x - \sigma_y}{2}\cos 2\alpha - \tau_{xy}\sin 2\alpha \tag{11-1}$$

$$\tau_\alpha = \frac{\sigma_x - \sigma_y}{2}\sin 2\alpha + \tau_{xy}\cos 2\alpha \tag{11-2}$$

11.2.3 主平面的方位与极值正应力

由式(11-1)，式(11-2)可见，斜截面上的正应力 σ_α 和切应力 τ_α 都是角 α 的函数。若求式(11-1)的极值，只需对式(11-1)求导并令其导数等于零，即

$$\frac{\mathrm{d}\sigma_\alpha}{\mathrm{d}\alpha} = -2\left[\frac{\sigma_x - \sigma_y}{2}\sin 2\alpha + \tau_{xy}\cos 2\alpha\right] = 0$$

若 $\alpha = \alpha_0$ 时，$\dfrac{\mathrm{d}\sigma_\alpha}{\mathrm{d}\alpha} = 0$，则 α_0 所确定的截面上，正应力即为极大值或极小值。即

$$\frac{\sigma_x - \sigma_y}{2}\sin 2\alpha_0 + \tau_{xy}\cos 2\alpha_0 = 0$$

由此得

$$\tan 2\alpha_0 = -\frac{2\tau_{xy}}{\sigma_x - \sigma_y} \tag{11-3}$$

由式(11-3)可以求出相差 $90°$ 的两个角度 α_0，它们确定两个相互垂直的平面，其中一个是极大正应力所在的平面，另一个是极小正应力所在的平面。注意到

$$\frac{\mathrm{d}\sigma_\alpha}{\mathrm{d}\alpha} = -2\left[\frac{\sigma_x - \sigma_y}{2}\sin 2\alpha + \tau_{xy}\cos 2\alpha\right] = -2\tau_\alpha$$

可见 $\alpha = \alpha_0$ 时，$\tau_{\alpha_0} = 0$。故由式(11-3)计算出的两个相互垂直的平面是主平面，主应力就是极值正应力。利用式(11-3)求出 $\sin 2\alpha_0$ 和 $\cos 2\alpha_0$，代入式(11-1)得极大和极小的正应力为

$$\left.\begin{array}{r}\sigma_{\max}\\ \sigma_{\min}\end{array}\right\} = \frac{\sigma_x + \sigma_y}{2} \pm \sqrt{\left(\frac{\sigma_x - \sigma_y}{2}\right)^2 + \tau_{xy}^2} \tag{11-4}$$

11.2.4 极值切应力

对式(11-2)取导数

$$\frac{d\tau_\alpha}{d\alpha} = (\sigma_x - \sigma_y)\cos 2\alpha - 2\tau_{xy}\sin 2\alpha$$

令 $\alpha = \alpha_1$ 时，$\frac{d\tau_\alpha}{d\alpha} = 0$，即

$$(\sigma_x - \sigma_y)\cos 2\alpha_1 - 2\tau_{xy}\sin 2\alpha_1 = 0$$

求得

$$\tan 2\alpha_1 = \frac{\sigma_x - \sigma_y}{2\tau_{xy}} \tag{11-5}$$

同理，利用式(11-5)求出 $\sin 2\alpha_1$ 和 $\cos 2\alpha_1$，代入式(11-2)，可求得切应力的极大和极小值

$$\left.\begin{matrix}\tau_{\max}\\ \tau_{\min}\end{matrix}\right\} = \pm\sqrt{\left(\frac{\sigma_x - \sigma_y}{2}\right)^2 + \tau_{xy}^2} \tag{11-6}$$

由式(11-3)和式(11-5)知，$\tan 2\alpha_0 \tan 2\alpha_1 = -1$，可见 α_0 和 α_1 相差 $\pm 45°$。

11.2.5 应力圆

将式(11-1)和式(11-2)改写成

$$\sigma_\alpha - \frac{\sigma_x + \sigma_y}{2} = \frac{\sigma_x - \sigma_y}{2}\cos 2\alpha - \tau_{xy}\sin 2\alpha$$

$$\tau_\alpha = \frac{\sigma_x - \sigma_y}{2}\sin 2\alpha + \tau_{xy}\cos 2\alpha$$

以上两式等号两边分别平方，然后相加并化简得

$$\left(\sigma_\alpha - \frac{\sigma_x - \sigma_y}{2}\right)^2 + \tau_\alpha^2 = \left(\frac{\sigma_x - \sigma_y}{2}\right)^2 + \tau_{xy}^2 \tag{11-7}$$

上式表明在 σ_x，σ_y，τ_{xy} 皆为已知的条件下，这是一个以 $\left(\frac{\sigma_x + \sigma_y}{2}, 0\right)$ 为圆心，$\sqrt{\left(\frac{\sigma_x - \sigma_y}{2}\right)^2 + \tau_{xy}^2}$ 为半径的圆周方程。这个圆周称为**应力圆**或**莫尔应力圆**。

以图 11.2(b)为例，说明应力圆的作图方法。
(1) 建立 $\sigma - \tau$ 坐标系，如图 11.3 所示；
(2) 画出面 x 所在的点 D；
(3) 画出面 y 所在的点 D_1；
(4) 连接 DD_1 并与轴 σ 交于点 C；
(5) 以点 C 为圆心，CD 为半径画圆。

这样就可得到图 11.3 所示的以 $\left(\dfrac{\sigma_x+\sigma_y}{2},\ 0\right)$ 为圆心，$CD=\sqrt{\left(\dfrac{\sigma_x-\sigma_y}{2}\right)^2+\tau_{xy}^2}$ 为半径的应力圆。从图上可以看出

$$\sigma_1 = OC + AC = OC + CD = \frac{\sigma_x+\sigma_y}{2} + \sqrt{\left(\frac{\sigma_x-\sigma_y}{2}\right)^2+\tau_{xy}^2}$$

$$\sigma_2 = OC - BC = OC - CD = \frac{\sigma_x+\sigma_y}{2} - \sqrt{\left(\frac{\sigma_x-\sigma_y}{2}\right)^2+\tau_{xy}^2}$$

$$\left.\begin{array}{c}\tau_{\max}\\ \tau_{\min}\end{array}\right\} = \pm CD = \pm\sqrt{\left(\frac{\sigma_x-\sigma_y}{2}\right)^2+\tau_{xy}^2}$$

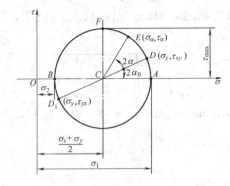

图 11.3 应力圆

【讨论】 应力圆上 DD_1 为圆的直径，若先找出点 $D(\sigma_x,\ \tau_{xy})$，点 $C\left(\dfrac{\sigma_x+\sigma_y}{2},\ 0\right)$，再以 CD 为半径画圆也可得图 11.3 所示的应力圆。

从面 x 所在的点 D 顺时针转到主平面所在的点 A，根据顺时针的转角为负，得

$$\tan(-2\alpha_0) = \frac{\tau_{xy}}{\dfrac{\sigma_x-\sigma_y}{2}} = \frac{2\tau_{xy}}{\sigma_x-\sigma_y}$$

即

$$\tan(2\alpha_0) = -\frac{2\tau_{xy}}{\sigma_x-\sigma_y}$$

同样，利用应力圆也可以得到式(11-1)，式(11-2)。
应力圆与式(11-1)，式(11-2)的对应关系如下。
(1) 圆上一点对应单元体的一个面；
(2) 圆上转角为单元体上转角的两倍，且转向相同；
(3) 圆心横坐标为平均正应力，为不变量；
(4) 半径对应极值切应力。

图 11.3 中只画出一个主应力角 α_0(点 A 对应的面)，由图可见，另一个主应力角与图中相差 180°(点 B 对应的面)，对应于单元体中相差 90° 角。

【例 11-1】 求图 11.4 所示单元体斜截面上的正应力和切应力(应力单位为 MPa)。

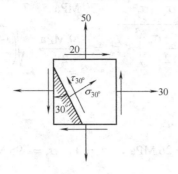

图 11.4 例 11-1 图

【解】 选定 $\sigma_x = 30$ MPa, $\sigma_y = 50$ MPa, $\tau_{xy} = -20$ MPa。

由式(11-1)，(11-2)得

$$\sigma_{30°} = \frac{\sigma_x + \sigma_y}{2} + \frac{\sigma_x - \sigma_y}{2} \cos 2\alpha - \tau_{xy} \sin 2\alpha$$

$$= \frac{(30+50) \text{ MPa}}{2} + \frac{(30-50) \text{ MPa}}{2} - (-20 \text{ MPa}) \sin 60° = 52.3 \text{ MPa}$$

$$\tau_{30°} = \frac{\sigma_x - \sigma_y}{2} \sin 2\alpha + \tau_{xy} \cos 2\alpha$$

$$= \frac{(30-50) \text{ MPa}}{2} \sin 60° + (-20 \text{ MPa}) \cos 60°$$

$$= -18.66 \text{ MPa}$$

【例 11-2】 一单元体的应力如图 11.5(a)所示(应力单位为 MPa)，分别用解析法和图解法计算主应力的大小和方向及最大切应力。

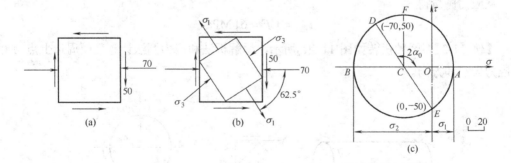

图 11.5 例 11-2 图

【解】

(1) 解析法

截面 x 与 y 上的应力分别为

$$\sigma_x = -70 \text{ MPa}, \quad \tau_{xy} = 50 \text{ MPa}, \quad \sigma_y = 0$$

代入式(11-3)，式(11-4)得

$$\tan 2\alpha_0 = -\frac{2\tau_{xy}}{\sigma_x - \sigma_y} = -\frac{2 \times 50 \text{ MPa}}{-70 \text{ MPa}} = \frac{10}{7}, \quad \alpha_0 = -62.5°$$

$$\left.\begin{array}{c}\sigma_{\max}\\\sigma_{\min}\end{array}\right\} = \frac{\sigma_x + \sigma_y}{2} \pm \sqrt{\left(\frac{\sigma_x - \sigma_y}{2}\right)^2 + \tau_{xy}^2} = \frac{-70 \text{ MPa}}{2} \pm \sqrt{\left(\frac{-70 \text{ MPa}}{2}\right)^2 + (50 \text{ MPa})^2}$$

$$= \begin{cases} 26 \text{ MPa} \\ -96 \text{ MPa} \end{cases}$$

由此可见

$$\sigma_1 = 26 \text{ MPa}, \quad \sigma_2 = 0, \quad \sigma_3 = -96 \text{ MPa}$$

而

$$\tau_{\max} = \sqrt{\left(\frac{\sigma_x - \sigma_y}{2}\right)^2 + \tau_{xy}^2} = \sqrt{\left(\frac{-70 \text{ MPa}}{2}\right)^2 + (50 \text{ MPa})^2} = 61 \text{ MPa}$$

(2) 图解法

建立 $\sigma - \tau$ 坐标系，按选定的比例尺，由坐标 $(-70, 50)$ MPa 与 $(0, -50)$ MPa 分别确定点 D 与点 E 如图 11.5(c)所示。连接 DE 交轴 σ 于点 C，并以 CD 为半径画圆即得相应的应力圆。

应力圆与坐标轴 σ 交于 A，B 两点。按选定的比例尺量得

$$OA = 26 \text{ MPa}, \quad OB = -96 \text{ MPa}$$

所以

$$\sigma_1 = 26 \text{ MPa}, \quad \sigma_2 = 0, \quad \sigma_3 = -96 \text{ MPa}$$

从应力圆量得 $\angle DCA = 125°$，且为顺时针转向，因此

$$\alpha_0 = -62.5°$$

从应力圆量得

$$\tau_{\max} = CF = 61 \text{ MPa}$$

【例 11-3】 圆轴扭转如图 11.6(a)所示，用解析法和应力圆法计算截面周边上点 A 的主应力大小和方向。

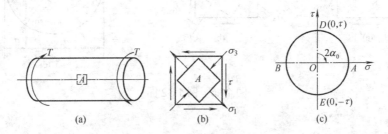

图 11.6 例 11-3 图

【解】

(1) 解析法

圆轴扭转时，横截面周边的切应力为

$$\tau = \frac{T}{W_p}$$

单元体如图 11.6(b)所示。其中

$$\sigma_x = 0, \quad \sigma_y = 0, \quad \tau_{xy} = \tau$$

由式(11-4)得

$$\left.\begin{array}{c}\sigma_{\max}\\ \sigma_{\min}\end{array}\right\} = \frac{\sigma_x + \sigma_y}{2} \pm \sqrt{\left(\frac{\sigma_x - \sigma_y}{2}\right)^2 + \tau_{xy}^2} = \pm \tau$$

由式(11-3)得

$$\tan(2\alpha_0) = -\frac{2\tau_{xy}}{\sigma_x - \sigma_y} \to -\infty$$

所以

$$\alpha_0 = -45° \text{ 或 } -135°$$

(2) 图解法

建立 $\sigma-\tau$ 坐标系，按选定的比例尺，由坐标$(0,\ \tau)$与$(0,\ -\tau)$分别确定点 D 与点 E 如图 11.6(c)。连接 DE 交轴 σ 于原点 O，并以 OD 为半径画圆即得相应的应力圆。

应力圆与坐标轴 σ 交于 A，B 两点。按选定的比例尺量得 $OA = \tau$，$OB = -\tau$，所以

$$\sigma_1 = \tau, \quad \sigma_2 = 0, \quad \sigma_3 = -\tau$$

从应力圆量得 $\angle DOA = 90°$，且为顺时针转向，因此

$$\alpha_0 = -45°$$

【例 11-4】 如图 11.7(a)所示，一受内压的圆筒薄壁容器。已知圆筒的平均直径为 D，壁厚为 $\delta\left(\delta \leqslant \dfrac{D}{20}\right)$，承受的内压为 p。试分析筒壁上任一点 A 处的主应力。

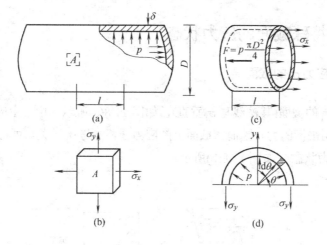

图 11.7　例 11-4 图

【解】 两端封闭的圆筒，作用于筒底的合力为

$$F = p\frac{\pi D^2}{4}$$

薄壁圆筒横截面面积为 $A = \pi D \delta$，故有

$$\sigma_x = \frac{F}{A} = \frac{p \cdot \dfrac{\pi D^2}{4}}{\pi D \delta} = \frac{pD}{4\delta}$$

在内压作用下，纵向截面上有正应力 σ_y，由于薄壁，纵向截面上的应力可视为均匀分布。用截面法，取长度为 l 的一段圆筒，截取其上半部分研究，如图 11.7(d)所示，由 $\sum F_y = 0$，得

$$2\sigma_y l \delta = \int_0^\pi pl \cdot \frac{D}{2} \sin\theta \, \mathrm{d}\theta = plD$$

故

$$\sigma_y = \frac{pD}{2\delta}$$

此外，在圆筒内壁尽管有径向应力 $\sigma_z = -p$，但对于薄壁圆筒，$D \gg \delta$，故其径向应力 p 远小于 σ_x 和 σ_y，一般可忽略不计。σ_x 作用的截面是轴向拉伸的横截面，这类截面没有切应力。又因为内压是轴对称载荷，所以 σ_y 作用的截面上也没有切应力。这样，通过壁内任意点的纵横两截面皆为主平面。其主应力为

$$\sigma_1 = \frac{pD}{2\delta}, \quad \sigma_2 = \frac{pD}{4\delta}, \quad \sigma_3 = 0 \tag{11-8}$$

11.3 特殊三向应力状态下的极值应力

3 个主应力均不为零的应力状态称为三向应力状态。如图 11.8 所示。3 个主应力均已知，且满足 $\sigma_1 \geqslant \sigma_2 \geqslant \sigma_3$。首先分析与 3 个主应力平行的 3 组特殊截面。

11.3.1 3 组特殊截面的应力状态

1. 平行于主应力 σ_1 的截面

对于平行于 σ_1 的截面(其法线与 σ_1 垂直)，如图 11.8(a)所示。由于主应力 σ_1 所在的两个平面上是一对自相平衡的力，因而该截面上的应力 σ，τ 与 σ_1 无关。可将其看作只有 σ_2 和 σ_3 作用的平面应力状态，如图 11.8(b)所示。

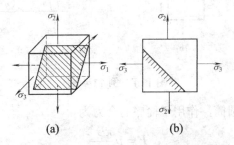

图 11.8 平行于主应力 σ_1 的截面

2. 平行于主应力 σ_2 的截面

同理,平行于主应力 σ_2 的截面上的应力 σ,τ 与 σ_2 无关。可将其看作只有 σ_1 和 σ_3 作用的平面应力状态,如图 11.9 所示。

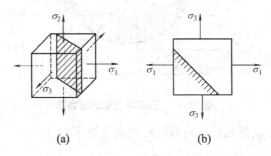

图 11.9 平行于主应力 σ_2 的截面

3. 平行于主应力 σ_3 的截面

同理,平行于主应力 σ_3 的截面上的应力 σ,τ 与 σ_3 无关。可将其看作只有 σ_1 和 σ_2 作用的平面应力状态。如图 11.10 所示。

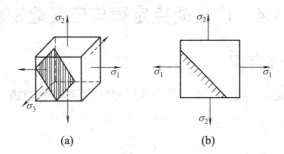

图 11.10 平行于主应力 σ_3 的截面

11.3.2 三向应力状态的应力圆和极值应力

根据图 11.8,图 11.9,图 11.10 中所示的平面应力状态,可作 3 个与其对应的应力圆,如图 11.11 所示。从图 11.11 可见:

(1) 3 组特殊截面上的应力都落在相应的应力圆圆周上;

(2) 对于不平行于任一主应力的任意截面,其截面上的应力都落在 3 个应力圆之间的阴影部分。

在三向应力状态中,

$$\sigma_{\max} = \sigma_1, \quad \sigma_{\min} = \sigma_3, \quad \tau_{\max} = \frac{\sigma_1 - \sigma_3}{2} \tag{11-9}$$

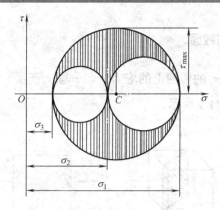

图 11.11 三向应力状态应力圆

对于平行于主应力 σ_1 的截面，其截面内的最大切应力为

$$\tau'_{max} = \frac{\sigma_2 - \sigma_3}{2}$$

对于平行于主应力 σ_3 的截面，其截面内的最大切应力为

$$\tau''_{max} = \frac{\sigma_1 - \sigma_2}{2}$$

由此可见，最大切应力 τ_{max} 作用面与 σ_2 平行。

11.4 广义胡克定律与应变能密度

11.4.1 广义胡克定律

由第 6,7 章研究结果知道，在单向拉伸或压缩时，在线弹性范围内的应力-应变关系(单向胡克定律)是

$$\varepsilon = \frac{\sigma}{E}$$

同时引起的横向线应变为

$$\varepsilon' = -\mu\varepsilon = -\mu\frac{\sigma}{E}$$

剪切胡克定律为

$$\gamma = \frac{\tau}{G}$$

图 11.12(a)所示为一般应力状态，对于各向同性材料，当变形很小且在线弹性范围内时，线应变只与正应力有关，而与切应力无关；切应变只与切应力有关，而与正应力无关。引起 x 方向线应变的有 σ_x，σ_y 和 σ_z。其中，

σ_x 引起的 x 方向的线应变为 $\quad \varepsilon_x = \dfrac{\sigma_x}{E}$

σ_y 引起的 x 方向的线应变为 $\quad \varepsilon_x = -\mu\dfrac{\sigma_y}{E}$

σ_z 引起的 x 方向的线应变为
$$\varepsilon_x = -\mu\frac{\sigma_z}{E}$$

在线弹性范围内，用迭加原理可以求得在 σ_x，σ_y 和 σ_z 的共同作用下，x 方向的线应变为

$$\varepsilon_x = \frac{1}{E}[\sigma_x - \mu(\sigma_y + \sigma_z)]$$

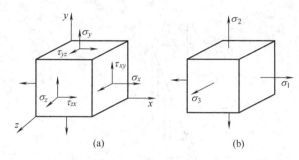

图 11.12 三向应力状态

同理，可以求出沿 y 和 z 方向的线应变 ε_y 和 ε_z，最后得到

$$\left.\begin{array}{ll} \varepsilon_x = \frac{1}{E}[\sigma_x - \mu(\sigma_y + \sigma_z)], & \gamma_{xy} = \frac{\tau_{xy}}{G} \\ \varepsilon_y = \frac{1}{E}[\sigma_y - \mu(\sigma_z + \sigma_x)], & \gamma_{yz} = \frac{\tau_{yz}}{G} \\ \varepsilon_z = \frac{1}{E}[\sigma_z - \mu(\sigma_x + \sigma_y)], & \gamma_{zx} = \frac{\tau_{zx}}{G} \end{array}\right\} \tag{11-10}$$

上式称为一般应力状态下的**广义胡克定律**。其中，$\tau_{xy} = \tau_{yx}$，$\tau_{yz} = \tau_{zy}$，$\tau_{zx} = \tau_{xz}$。

11.4.2 主应力状态下的线应变

对于单元体的三个面皆为主平面的应力状态，如图 11.12(b) 所示，3 个主应力方向的线应变为

$$\left.\begin{array}{l} \varepsilon_1 = \frac{1}{E}[\sigma_1 - \mu(\sigma_2 + \sigma_3)] \\ \varepsilon_2 = \frac{1}{E}[\sigma_2 - \mu(\sigma_3 + \sigma_1)] \\ \varepsilon_3 = \frac{1}{E}[\sigma_3 - \mu(\sigma_1 + \sigma_2)] \end{array}\right\} \tag{11-11}$$

3 个主应力方向的线应变皆称为主应变。式(11-11)为主应力表示的**广义胡克定律**。

11.4.3 应变能密度

物体受外力作用而产生弹性变形时，在物体内部所储存的能量，称为**弹性应变能**，简称为**应变能**。在弹性范围内，当外力缓慢地增加时，若不考虑能量损失，根据能量守恒原

理，外力作的功将全部以应变能的形式储存在弹性体内。当外力逐渐解除时，变形逐渐消失，弹性体将释放出全部应变能而对外作功。

在单向拉伸(压缩)时，若应力-应变满足广义胡克定律，则相应的力和位移存在线性关系，如图 11.13 所示。这时力所作的功为

$$W = \frac{1}{2}F\varDelta$$

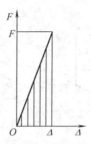

图 11.13　线弹性力作功

对于如图 11.14 所示的单元体。作用在单元体 3 对平面上的力分别为 $\sigma_1 \mathrm{d}y\mathrm{d}z$，$\sigma_2 \mathrm{d}x\mathrm{d}z$，$\sigma_3 \mathrm{d}x\mathrm{d}y$，与这些力对应的位移分别为 $\varepsilon_1 \mathrm{d}x$，$\varepsilon_2 \mathrm{d}y$，$\varepsilon_3 \mathrm{d}z$。于是，作用在单元体上的所有力作的功之和为

$$\mathrm{d}W = \frac{1}{2}\sigma_1 \mathrm{d}y\mathrm{d}z \cdot \varepsilon_1 \mathrm{d}x + \frac{1}{2}\sigma_2 \mathrm{d}x\mathrm{d}z \cdot \varepsilon_2 \mathrm{d}y + \frac{1}{2}\sigma_3 \mathrm{d}x\mathrm{d}y \cdot \varepsilon_3 \mathrm{d}z$$

$$= \frac{1}{2}(\sigma_1\varepsilon_1 + \sigma_2\varepsilon_2 + \sigma_3\varepsilon_3)\mathrm{d}x\mathrm{d}y\mathrm{d}z = \frac{1}{2}(\sigma_1\varepsilon_1 + \sigma_2\varepsilon_2 + \sigma_3\varepsilon_3)\mathrm{d}V$$

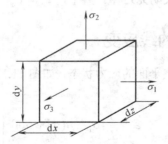

图 11.14　三向主应力

这些功全部转化为储存于弹性体的应变能 $\mathrm{d}V_\varepsilon$，$\mathrm{d}V_\varepsilon = \mathrm{d}W$。定义单位体积的应变能称为**应变能密度 v_ε**，综上所述可表示为

$$v_\varepsilon = \frac{\mathrm{d}V_\varepsilon}{\mathrm{d}V}$$

根据应变能密度的定义，得到三向应力状态下，总应变能密度表达式为

$$v_\varepsilon = \frac{1}{2}(\sigma_1\varepsilon_1 + \sigma_2\varepsilon_2 + \sigma_3\varepsilon_3)$$

将式(11-11)代入上式得

$$v_\varepsilon = \frac{1}{2E}[\sigma_1^2 + \sigma_2^2 + \sigma_3^2 - 2\mu(\sigma_1\sigma_2 + \sigma_2\sigma_3 + \sigma_3\sigma_1)] \tag{11-12}$$

11.4.4 体积改变能密度与畸变能密度

一般情况下，单元体将同时发生体积改变和形状改变。因此，总应变能密度包含相互独立的两种应变能密度。即

$$v_\varepsilon = v_V + v_d \tag{11-13}$$

式中，v_V 和 v_d 分别称为**体积改变能密度**和**畸变能密度**(又称**形状改变能密度**)。

首先研究单元体的体积变化。设单元体的 3 对平面均为主平面，变形前各棱边的长度均为 a。如图 11.15 所示。体积 $dV = a^3$，变形后，单元体的体积为

$$dV_1 = (1+\varepsilon_1)a \cdot (1+\varepsilon_2)a \cdot (1+\varepsilon_3)a = (1+\varepsilon_1) \cdot (1+\varepsilon_2) \cdot (1+\varepsilon_3)a^3$$

展开上式，并略去高阶微量 $\varepsilon_1\varepsilon_2$，$\varepsilon_2\varepsilon_3$，$\varepsilon_3\varepsilon_1$，$\varepsilon_1\varepsilon_2\varepsilon_3$ 的各项，得

$$dV_1 = (1 + \varepsilon_1 + \varepsilon_2 + \varepsilon_3)a^3$$

单位体积的体积变化率为

$$\theta = \frac{dV_1 - dV}{dV} = \varepsilon_1 + \varepsilon_2 + \varepsilon_3 \tag{11-14}$$

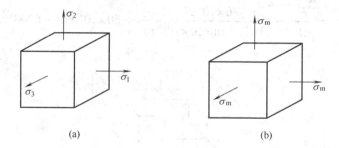

图 11.15 三向应力

将式(11-11)代入式(11-14)，整理后得

$$\theta = \frac{1-2\mu}{E}(\sigma_1 + \sigma_2 + \sigma_3) \tag{11-15}$$

上式可写成

$$\theta = \frac{3(1-2\mu)}{E}\sigma_m \tag{11-16}$$

其中 $\sigma_m = \dfrac{\sigma_1 + \sigma_2 + \sigma_3}{3}$ 为**平均应力**。上式表明，体积应变仅与平均应力(或 3 个主应力的和)有关，而与 3 个主应力之间的比例无关。

若用主应力的平均值 $\sigma_m = \dfrac{\sigma_1 + \sigma_2 + \sigma_3}{3}$ 分别代替原来单元体的 3 个主应力，则图 11.15(a)所示的单元体变为图 11.15(b)所示的单元体。此时图 11.15(b)所示的单元体只有体积变化，没有形状改变，且体积改变等于原单元体的体积改变。

其体积改变能密度为

$$v_V = \frac{1}{2}\sigma_m\varepsilon_m + \frac{1}{2}\sigma_m\varepsilon_m + \frac{1}{2}\sigma_m\varepsilon_m = \frac{3}{2}\sigma_m\varepsilon_m$$

将 $\varepsilon_m = \dfrac{\sigma_m}{E} - \mu\left(\dfrac{\sigma_m}{E} + \dfrac{\sigma_m}{E}\right)$ 代入上式得

$$v_V = \frac{3(1-2\mu)}{2E}\sigma_m^2 = \frac{1-2\mu}{6E}(\sigma_1+\sigma_2+\sigma_3)^2 \tag{11-17}$$

由式(11-13)得单元体的畸变能密度为

$$v_d = v_\varepsilon - v_V$$

将式(11-12),式(11-17)代入上式并化简得

$$v_d = \frac{1+\mu}{6E}[(\sigma_1-\sigma_2)^2 + (\sigma_2-\sigma_3)^2 + (\sigma_3-\sigma_1)^2] \tag{11-18}$$

【例 11-5】如图 11.16 所示,钢块上开有宽度和深度均为 10 mm 的槽,槽内嵌入边长为 10 mm 的正方形铝块,受 $F = 6$ kN 的压力作用,设钢块的变形不计,铝的 $E = 70$ GPa,$\mu = 0.33$,求铝块的 3 个主应力和相应的主应变。

【解】 选坐标系如图 11.16 所示。显然

$$\sigma_z = 0$$

$$\sigma_y = -\frac{F}{A} = -\frac{6\times 10^3 \text{ N}}{10\times 10^{-3} \text{ m} \times 10\times 10^{-3} \text{ m}} = -60\times 10^6 \text{ Pa} = -60 \text{ MPa}$$

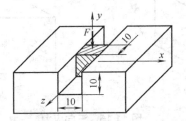

图 11.16 例 11-5 图

由于 3 个坐标平面的切应力等于零,故 σ_x,σ_y,σ_z 均为主应力。由于钢块的变形不计(与铝相比认为钢块不变形),所以铝块沿 x 方向的应变等于零。由式(11-10)得

$$\varepsilon_x = \frac{1}{E}[\sigma_x - \mu(\sigma_y+\sigma_z)] = \frac{1}{70\times 10^9 \text{ Pa}}[\sigma_x - 0.33\times(-60\times 10^6 \text{ Pa})] = 0$$

解得

$$\sigma_x = -19.8\times 10^6 \text{ Pa} = -19.8 \text{ MPa}$$

故

$$\sigma_1 = \sigma_z = 0, \quad \sigma_2 = \sigma_x = -19.8 \text{ MPa}, \quad \sigma_3 = \sigma_y = -60 \text{ MPa}$$

由式(11-11)得

$$\varepsilon_1 = \frac{1}{E}[\sigma_1 - \mu(\sigma_2+\sigma_3)] = \frac{1}{70\times 10^9 \text{ Pa}}\times[-0.33\times(-19.8-60)\times 10^6 \text{ Pa}]$$

$$= 376\times 10^{-6}$$

$$\varepsilon_2 = 0$$
$$\varepsilon_3 = \frac{1}{E}[\sigma_3 - \mu(\sigma_1 + \sigma_2)] = \frac{1}{70 \times 10^9 \text{ Pa}} \times [-60 - 0.33 \times (-19.8)] \times 10^6 \text{ Pa}$$
$$= -764 \times 10^{-6}$$

11.5 强度理论

当构件的应力达到材料的某一极限状态时将会引起构件的破坏。对于单向应力状态(如轴向拉伸、压缩),极限应力完全可以通过简单的拉伸、压缩试验来测定。对于复杂的应力状态,如三向应力状态,3个主应力之间的比值有无穷多种组合,要对每一种组合情况都由试验来确定材料的极限应力状态,显然是不可能做到的。因此,有必要深入分析材料破坏的原因。

经过长期的生产实践和试验研究,人们将材料的破坏归纳为脆性断裂和塑性屈服两种类型,并对每种类型的破坏原因都提出了相应的假说,称为**强度理论**。

11.5.1 断裂强度理论

对于脆性材料,其破坏的主要形式为脆性断裂。解释这类材料的破坏原因主要有如下两个理论。

1. 最大拉应力理论(第一强度理论)

这个理论认为,脆性材料破坏的主要原因是由于最大拉应力引起的。只要最大拉应力 $\sigma_{t\max}$ 达到材料破坏的极限值 σ_u,材料就发生断裂。而无论何种应力状态,最大拉应力 $\sigma_{t\max} = \sigma_1$。既然最大拉应力的极限值与应力状态无关,于是就可用单向应力状态来确定这一极限值。在单向拉伸材料发生断裂时,最大拉应力的极限值为 $\sigma_u = \sigma_b$。因此,断裂准则为

$$\sigma_1 = \sigma_b \tag{11-19}$$

为使构件不发生破坏,相应的强度条件为

$$\sigma_1 \leqslant [\sigma] \tag{11-20}$$

其中 $[\sigma] = \dfrac{\sigma_b}{n}$ 为许用应力,式中 n 为安全因数。

铸铁等脆性材料在单向拉伸时,断裂发生于拉应力最大的横截面。脆性材料扭转时断裂沿拉应力最大的斜截面。这些现象都符合最大拉应力理论。但这一理论没有考虑其他两个应力的影响,并且对没有拉应力的状态(如单向压缩、三向压缩等)无法应用。

2. 最大拉应变理论(第二强度理论)

这一理论认为,无论什么应力状态,最大拉应变是引起材料断裂的主要因素。按照这一理论,只要最大拉应变 $\varepsilon_{\max}$ 达到某一极限值 ε_u,材料就发生断裂。最大拉应变为

$$\varepsilon_{max} = \varepsilon_1$$
$$\varepsilon_1 = \frac{1}{E}[\sigma_1 - \mu(\sigma_2 + \sigma_3)]$$

而拉应变的极限值，可由单向拉伸确定。设脆性材料在单向拉伸到断裂时，仍可用胡克定律计算应变，则

$$\varepsilon_u = \frac{\sigma_b}{E}$$

故断裂准则为

$$\frac{1}{E}[\sigma_1 - \mu(\sigma_2 + \sigma_3)] = \frac{\sigma_b}{E}$$

化简得

$$\sigma_1 - \mu(\sigma_2 + \sigma_3) = \sigma_b$$

为使构件能够安全工作，相应的强度条件为

$$\sigma_1 - \mu(\sigma_2 + \sigma_3) \leqslant [\sigma] \tag{11-21}$$

石块、混凝土等脆性材料在轴向压缩时，若通过添加润滑剂等使其接触面的摩擦力较小时，石块、混凝土等脆性材料将沿垂直于压力的方向裂开。即沿 ε_1 的方向裂开，符合最大拉应变理论。但是按照这一理论，二向拉伸比单向拉伸安全，但试验结果并不能证明这一点。对这种情况，最大拉应力理论更接近试验结果。

11.5.2 屈服强度理论

对于塑性材料，其破坏的主要形式为塑性屈服，因为此时变形太大，构件已失效。解释这类材料的破坏原因主要有如下两个理论。

1. 最大切应力理论(第三强度理论)

这一理论认为，无论什么应力状态，最大切应力是引起屈服破坏的主要因素。按照这一理论，当最大切应力 τ_{max} 达到某一极限值 τ_u 时，材料就发生屈服。

三向应力状态的最大切应力为

$$\tau_{max} = \frac{\sigma_1 - \sigma_3}{2}$$

最大切应力的极限值可由单向应力状态确定。在单向拉伸时，当材料达到屈服状态时 $\sigma_1 = \sigma_s$，$\sigma_2 = \sigma_3 = 0$。代入最大切应力公式得

$$\tau_u = \frac{\sigma_1 - \sigma_3}{2} = \frac{\sigma_s}{2}$$

故屈服准则为

$$\frac{\sigma_1 - \sigma_3}{2} = \frac{\sigma_s}{2}$$

即

$$\sigma_1 - \sigma_3 = \sigma_s$$

为使构件能够安全工作，相应的强度条件为

$$\sigma_1 - \sigma_3 \leqslant [\sigma] \tag{11-22}$$

这一理论能够很好的解释塑性材料的屈服现象。例如，低碳钢拉伸时，沿与轴线成45°的方向出现滑移线，而沿这一方向的斜截面上的切应力正好是最大。然而这一理论未考虑σ_2的影响，其计算结果偏于安全。

2. 畸变能密度理论(第四强度理论)

这一理论认为，畸变能是引起材料屈服的主要因素。按照这一理论，无论什么应力状态，只要畸变能密度v_d达到某一极限值v_u，材料就会发生屈服。

由式(11-18) 知畸变能密度

$$v_d = \frac{1+\mu}{6E}[(\sigma_1 - \sigma_2)^2 + (\sigma_2 - \sigma_3)^2 + (\sigma_3 - \sigma_1)^2]$$

畸变能密度的极限值可由单向拉伸获得，在单向拉伸到材料屈服时，$\sigma_1 = \sigma_s$，$\sigma_2 = \sigma_3 = 0$。代入畸变能密度公式得

$$v_u = \frac{1+\mu}{6E}(\sigma_s^2 + \sigma_s^2) = \frac{1+\mu}{6E}2\sigma_s^2$$

故屈服准则为

$$\frac{1+\mu}{6E}[(\sigma_1 - \sigma_2)^2 + (\sigma_2 - \sigma_3)^2 + (\sigma_3 - \sigma_1)^2] = \frac{1+\mu}{6E}2\sigma_s^2$$

化简得

$$\sqrt{\frac{1}{2}[(\sigma_1 - \sigma_2)^2 + (\sigma_2 - \sigma_3)^2 + (\sigma_3 - \sigma_1)^2]} = \sigma_s$$

为使构件能够安全工作，相应的强度条件为

$$\sqrt{\frac{1}{2}[(\sigma_1 - \sigma_2)^2 + (\sigma_2 - \sigma_3)^2 + (\sigma_3 - \sigma_1)^2]} \leqslant [\sigma] \tag{11-23}$$

这一理论与实验结果相当吻合，比最大切应力理论更符合实验结果。

强度条件可写成统一的形式

$$\sigma_{eq} \leqslant [\sigma] \tag{11-24}$$

其中

$$\sigma_{eq1} = \sigma_1$$
$$\sigma_{eq2} = \sigma_1 - \mu(\sigma_2 - \sigma_3)$$
$$\sigma_{eq3} = \sigma_1 - \sigma_3$$
$$\sigma_{eq4} = \sqrt{\frac{1}{2}[(\sigma_1 - \sigma_2)^2 + (\sigma_2 - \sigma_3)^2 + (\sigma_3 - \sigma_1)^2]}$$

【例11-6】 如图11.17所示工字型钢梁，$F = 210\,\text{kN}$，许用应力$[\sigma] = 160\,\text{MPa}$，截面高度$h = 250\,\text{mm}$，宽度$b = 113\,\text{mm}$，腹板与翼缘的厚度分别为$t = 10\,\text{mm}$与$\delta = 13\,\text{mm}$，截面的惯性矩$I_z = 5.25 \times 10^{-5}\,\text{m}^4$，试按第三强度理论校核梁的强度。

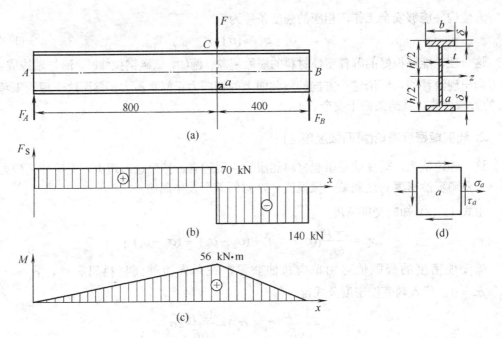

图 11.17 例 11-6 图

【解】 梁的剪力图和弯矩图如图 11.17(b)，(c)所示。最大剪力和最大弯矩在横截面 C。

$$F_{S\max} = 140 \text{ kN}, \quad M_{\max} = 56 \text{ kN} \cdot \text{m}$$

(1) 最大弯曲正应力的校核

$$\sigma_{\max} = \frac{M_{\max}}{I_z}\frac{h}{2} = \frac{56\times10^3 \text{ N}\cdot\text{m} \times 0.25 \text{ m}}{2\times 5.25\times10^{-5} \text{ m}^4} = 133\times10^6 \text{ Pa} = 133 \text{ MPa} < [\sigma]$$

(2) 最大切应力的校核

$$\tau_{\max} = \frac{F_{S\max}}{8I_z t}[bh^2 - (b-t)(h-2\delta)^2]$$

$$= \frac{140\times10^3 \text{ N}\times[0.113 \text{ m}\times 0.25^2 \text{ m}^2 - (0.113-0.01) \text{ m}\times(0.25-2\times0.013)^2 \text{ m}^2]}{8\times 5.25\times10^{-5} \text{ m}^4 \times 0.01 \text{ m}}$$

$$= 6.31\times10^7 \text{ Pa} = 63.1 \text{ MPa} < [\tau]$$

(3) 在腹板与翼缘交界处(点 a)的校核

$$\sigma_a = \frac{M_{\max}}{I_z}\left(\frac{h}{2}-\delta\right) = \frac{5.6\times10^4 \text{ N}\cdot\text{m}}{5.25\times10^{-5} \text{ m}^4}\left(\frac{0.25}{2}-0.013\right) \text{m} = 1.195\times10^8 \text{ Pa}$$

$$= 119.5 \text{ MPa}$$

$$\tau_a = \frac{F_{S\max}}{I_z t} b\delta\left(\frac{h}{2}-\frac{\delta}{2}\right) = \frac{140\times10^3 \text{ N}\times 0.113 \text{ m}\times 0.013 \text{ m}\times(0.25-0.013) \text{ m}}{2\times 5.25\times10^{-5} \text{ m}^4 \times 0.01 \text{ m}}$$

$$= 4.64\times10^7 \text{ Pa} = 46.4 \text{ MPa}$$

单元体的应力状态如图 11.17(d)所示。

$$\sigma_{1,3} = \frac{\sigma_a}{2} \pm \sqrt{\left(\frac{\sigma_a}{2}\right)^2 + \tau_a^2}$$

由第三强度理论

$$\sigma_{eq3} = \sigma_1 - \sigma_3 = \sqrt{\sigma_a^2 + 4\tau_a^2} = \sqrt{(119.5 \text{ MPa})^2 + 4 \times (46.4 \text{ MPa})^2} = 151 \text{ MPa} < [\sigma]$$

即此梁满足强度要求。

小 结

本章介绍了一点的应力状态，即受力构件上过该点的单元体各个不同截面上的应力状况。接着介绍了用解析法和图解法计算任意斜截面上的应力、主应力的大小和方向以及最大切应力的大小和方向，并介绍了广义胡克定律和强度理论。本章重点是平面应力状态分析(解析法和应力圆法都要求熟练掌握)和强度理论的应用。

(1) 在分析平面应力状态时要注意最大切应力与面内最大切应力的区别。

(2) 在强度理论中，一般脆性断裂用第一、第二强度理论，塑性屈服用第三、第四强度理论。

应当指出：材料的塑性或脆性性质不仅与材料本身有关，而且与所处的应力状态及温度等因素有关。在三向压缩条件下，脆性材料有时会呈现良好的塑性，例如，将淬火的钢球放在铸铁板上，在钢球上加一定载荷后会使铸铁板产生凹坑(塑性破坏)。而在三向拉伸条件下，塑性材料会呈现脆性断裂，如带环槽的低碳钢试件在拉伸时，会发生脆性破坏。

思 考 题

11-1 何谓一点处的应力状态？

11-2 何谓主平面？何谓主应力？如何确定主应力的大小与方位？

11-3 何谓单向应力状态？何谓平面应力状态？何谓三向应力状态？何谓纯剪切应力状态？

11-4 平面应力状态的极值切应力就是单元体的最大切应力吗？

11-5 脆性材料一般用哪几个强度理论？塑性材料一般用哪几个强度理论？

11-6 何谓广义胡克定律？该定律是如何建立的？其适用范围是什么？

11-7 若某一方向的主应力为零，其主应变一定为零吗？

11-8 若受力构件内某点沿某一方向有线应变，则该点沿此方向一定有正应力吗？

11-9 过受力构件上任一点，其主平面有几个？

11-10 用塑性很好的低碳钢制成的螺栓，当拧得过紧时，往往沿螺纹根部崩断，试分析其破坏原因。

习 题

11-1 已知应力状态如图所示(应力单位为 MPa)，用解析法计算图中指定截面的正应力与切应力。

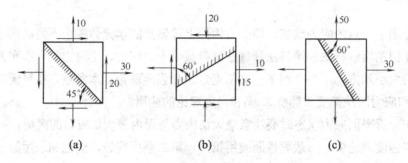

题 11-1 图

11-2 已知应力状态如图所示(应力单位为 MPa)，用解析法计算：
(1) 主应力大小，主平面位置；
(2) 在单元体上绘出主平面位置及主应力方向；
(3) 最大切应力。

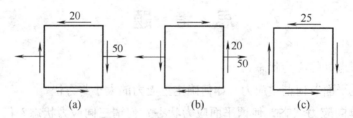

题 11-2 图

11-3 用图解法解题 11-1。

11-4 用图解法解题 11-2。

11-5 图示棱柱形单元体上 $\sigma_y = 40$ MPa，其面 AB 上无应力作用，求 σ_x 及 τ_{xy}。

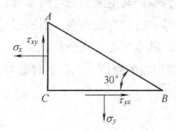

题 11-5 图

11-6 已知某点 A 处截面 AB 与 AC 的应力如图所示(应力单位为 MPa)，试用应力圆法求该点的主应力大小和主应力的方位及面 AB 与面 AC 间夹角大小。本题若用解析法求解，方便吗？

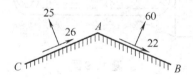

题 11-6 图

11-7 图示应力状态，应力 $\sigma_x = \sigma_y = \sigma$，证明其任意斜截面上的正应力均为 σ，而切应力则为零；并思考其应力圆形式。

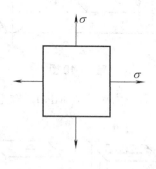

题 11-7 图

11-8 图示单元体处于平面应力状态，已知应力 $\sigma_x = 100\,\text{MPa}$，$\sigma_y = 80\,\text{MPa}$，$\tau_{xy} = 50\,\text{MPa}$，弹性模量 $E = 200\,\text{GPa}$，泊松比 $\mu = 0.3$，求正应变 ε_x，ε_y 与切应变 γ_{xy}，以及 $\alpha = 30°$ 方位的正应变。

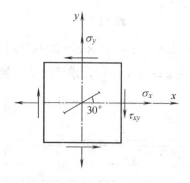

题 11-8 图

11-9 图示薄壁圆筒，平均直径 $d = 50\,\text{mm}$，壁厚 $\delta = 2\,\text{mm}$，受轴向拉力 $F = 20\,\text{kN}$ 和力偶矩 $M_e = 600\,\text{N}\cdot\text{m}$ 作用。D 为筒壁上任一点，求：

(1) 在点 D 处沿纵横截面取一单元体，求单元体各面上的应力并画出单元体图；

(2) 按图示倾斜 30° 方位取单元体，求出单元体各面上的应力并画出单元体图；

(3) 求点 D 处的主应力和主平面，并画出主单元体图。

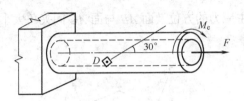

题 11-9 图

11-10 受扭圆轴，直径 $d = 20\,\text{mm}$，材料的 $E = 200\,\text{GPa}$，$\mu = 0.3$，现测得圆轴表面与轴线成 $45°$ 方向的应变 $\varepsilon = 5.2 \times 10^{-4}$，求扭矩 T。

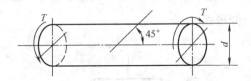

题 11-10 图

11-11 已知应力状态如图所示(应力单位为 MPa)，求主应力的大小和最大切应力。

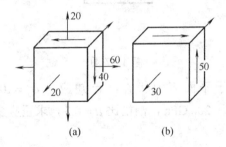

题 11-11 图

11-12 28a 号工字钢梁受力如图所示，钢材 $E = 200\,\text{GPa}$，$\mu = 0.3$。现测得梁中性层上点 K 处与轴线成 $45°$ 方向的应变 $\varepsilon = -2.6 \times 10^{-4}$，求梁承受的载荷 F。

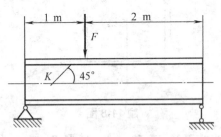

题 11-12 图

11-13 某厚壁圆筒的横截面如图所示。危险点处 $\sigma_t = 55\,\text{MPa}$，$\sigma_r = -35\,\text{MPa}$，第三个主应力垂直于图面是拉应力，且为 $42\,\text{MPa}$。试按第三和第四强度理论计算其相当应力。

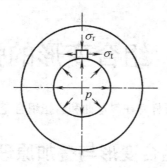

题 11-13 图

11-14 图示同一材料的两个单元体，试按第四强度理论判断哪个更危险。

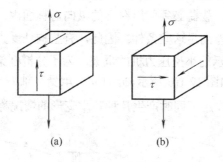

题 11-14 图

第 12 章 组合变形的强度问题

本章利用线性叠加原理分析杆件在斜弯曲和弯扭组合变形情况下的应力和强度问题。

12.1 组合变形与叠加原理的概念

在前面的几章中,分别讨论了杆件轴向拉伸、压缩、扭转及平面弯曲等几种基本变形。基本变形要求载荷具备一定的条件,例如,轴向拉伸和压缩时,载荷的作用线和直杆的轴线必须重合;平面弯曲时,载荷必须作用在梁的纵向对称面内。事实上,在工程实际中,很多构件的受力并不一定能满足这些条件。因此,有些构件受力后,会同时产生几种基本变形。例如,图 12.1(a)所示的小型压力机的框架。为了分析框架立柱的变形,首先研究立柱的任一横截面的内力,如图 12.1(b)所示。此时立柱承受着轴力 F_N 引起的拉伸和由 $M = Fa$ 引起的弯曲。构件在外力作用下同时产生几种基本变形的情况称为**组合变形**。

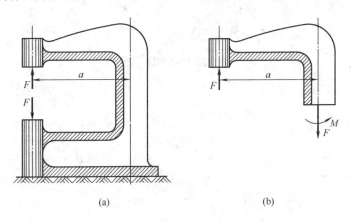

图 12.1 小型压力机的框架受力

在一般情况下,当构件的变形是在线弹性范围内,且为小变形的条件下,当构件受多个外力共同作用时,各外力所引起的内力、应力及变形均互不相关。可以用**叠加法**计算。即分别计算每一个外力所引起的应力和变形,然后再将所有的应力及变形加以综合,求出构件总的应力及变形。

12.2 斜 弯 曲

一矩形截面的悬臂梁,受力如图 12.2 所示。因外力不在对称平面内,不满足平面弯曲的条件,不能直接用平面弯曲的公式计算。为此,将力 F 向两个对称平面内分解,得

$$F_y = F\cos\varphi, \quad F_z = F\sin\varphi \tag{a}$$

这时，F_y，F_z 将分别使构件产生以轴 z 及轴 y 为中性轴的两个平面弯曲变形。

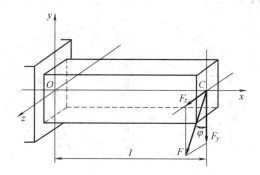

图 12.2　斜弯曲受力

12.2.1　斜弯曲时的变形

在 F_y 作用下，悬臂梁自由端在 y 方向的挠度为

$$w_y = -\frac{F_y l^3}{3EI_z} = -\frac{Fl^3 \cos\varphi}{3EI_z} \tag{b}$$

在 F_z 作用下，悬臂梁自由端在 z 方向的挠度为

$$w_z = \frac{F_z l^3}{3EI_y} = \frac{Fl^3 \sin\varphi}{3EI_y} \tag{c}$$

自由端的总挠度为

$$w = \sqrt{w_y^2 + w_z^2} = \frac{Fl^3}{3E}\sqrt{\frac{\cos^2\varphi}{I_z^2} + \frac{\sin^2\varphi}{I_y^2}} \tag{12-1}$$

自由端的总挠度 w 与轴 y 的夹角为

$$\tan\beta = \frac{w_z}{w_y} = \frac{\sin\varphi\, I_z}{\cos\varphi\, I_y} = \tan\varphi\, \frac{I_z}{I_y} \tag{12-2}$$

由式(12-2)可知，当 $I_y \neq I_z$ 时，$\beta \neq \varphi$，挠度 w 方向与载荷 F 的作用线方向不一致，即构件弯曲以后的挠曲线不再是载荷作用平面内的一条平面曲线，如图 12.3 所示，这种弯曲称为**斜弯曲**。

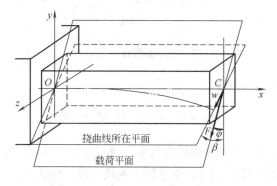

图 12.3　斜弯曲变形

12.2.2 斜弯曲时的应力

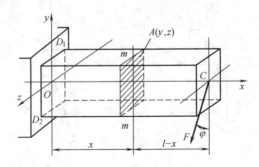

图 12.4 矩形截面梁的截面 m—m

设对图示右手坐标系,弯矩右螺旋矢量指向与坐标轴同向者为正,反之为负,则图 12.4 所示矩形截面梁的截面 m—m 上由 F_z 及 F_y 引起的弯矩分别为

$$M_y = -F_z(l-x) = -F(l-x)\sin\varphi \tag{d}$$

$$M_z = F_y(l-x) = -F(l-x)\cos\varphi \tag{e}$$

M_y,M_z 在该截面上任一点 $A(y,z)$ 处引起的应力分别为

$$\sigma' = -\frac{M_z y}{I_z}, \quad \sigma'' = \frac{M_y z}{I_y}$$

如图 12.5(a),(b)所示,截面 m—m 上任一点 A 处总的正应力如图 12.5(c)所示为

$$\sigma = \sigma' + \sigma'' = -\frac{M_z y}{I_z} + \frac{M_y z}{I_y} \tag{12-3}$$

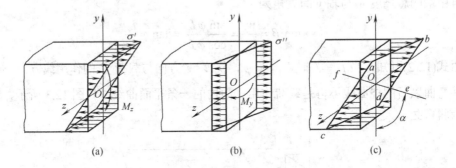

图 12.5 斜弯曲应力分布

将式(d),(e)代入式(12-3)得

$$\sigma = F(l-x)\left(\frac{y}{I_z}\cos\varphi - \frac{z}{I_y}\sin\varphi\right) \tag{12-4}$$

从图 12.5(c)可见,直线 ef 上的应力为零,故直线 ef 为梁斜弯曲时的中性轴。且距中性轴最远的点应力最大。设 (y_0, z_0) 为中性轴上的任一点,则由式(12-4)得

$$\frac{y_0}{I_z}\cos\varphi - \frac{z_0}{I_y}\sin\varphi = 0 \tag{12-5}$$

上式为**中性轴方程**。

斜弯曲时最大拉、压应力发生在危险截面上距中性轴最远的点。其最大拉、压应力由式(12-3)确定,其强度条件分别为

$$\sigma_{t\max} \leqslant [\sigma_t] \tag{12-6}$$

$$\sigma_{c\max} \leqslant [\sigma_c] \tag{12-7}$$

【例 12-1】 图 12.6(a)所示简支梁用 32a 号工字钢制成,跨距 $l=4$ m,材料为 Q235 钢,$[\sigma]=160$ MPa。作用在梁跨中点截面 C 的集中力 $F=30$ kN,力 F 的作用线与铅直对称轴 y 夹角 $\alpha=15°$,试校核梁的强度。

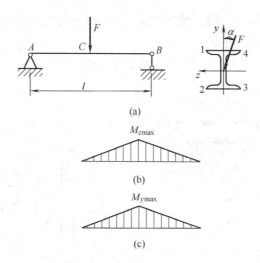

图 12.6 例 12-1 图

【解】 首先分解载荷,将 F 沿轴 y 和轴 z 分解,有

$F_y = -F\cos\alpha = -30$ kN $\cdot \cos 15° = -29$ kN,$F_z = F\sin\alpha = 30$ kN $\cdot \sin 15° = 7.76$ kN

在平面 xy 上由 F_y 引起的梁中点 C 处最大弯矩的绝对值为

$$|M_{z\max}| = \left|\frac{F_y l}{4}\right| = \frac{29 \text{ kN} \times 4 \text{ m}}{4} = 29 \text{ kN}\cdot\text{m}$$

在平面 xz 内由 F_z 引起的最大弯矩的绝对值为

$$|M_{y\max}| = \left|\frac{F_z l}{4}\right| = \frac{7.76 \text{ kN} \times 4 \text{ m}}{4} = 7.76 \text{ kN}\cdot\text{m}$$

分析图 12.6(a)右图所示截面的 4 个角点 1,2,3,4 处的应力情况,可以发现 $M_{z\max}$ 和 $M_{y\max}$ 均在点 2 处产生极值拉应力,因而最大拉应力发生在梁跨度中点截面 C 的点 2。实际计算中,常常根据变形(受拉还是受压)确定应力正负后叠加。由附录 D 型钢表中查得 32a 工字钢的两个弯曲截面系数分别为

$$W_y = 70.8 \text{ cm}^3, \quad W_z = 692.2 \text{ cm}^3$$

计算点 2 处的拉应力

$$\sigma_{(2)} = \frac{|M_{y\max}|}{W_y} + \frac{|M_{z\max}|}{W_z} = \frac{7.76 \times 10^3 \text{ N} \cdot \text{m}}{70.8 \times 10^{-6} \text{ m}^3} + \frac{29 \times 10^3 \text{ N} \cdot \text{m}}{692.2 \times 10^{-6} \text{ m}^3}$$

$$= 152 \times 10^6 \text{ Pa} = 152 \text{ MPa} < [\sigma]$$

故此梁是安全的。

12.3 弯扭组合的强度问题

以图 12.7(a)为例，分析 AB 段的强度问题。将力 F 由点 C 平移至点 B，同时附加一力偶 $M_x = Fa$，此时仅分析 AB 段，如图 12.7(b)所示。AB 段的弯矩图和扭矩图分别如图 12.7(c)，(d)所示，若不考虑剪力的影响，此时 AB 段的变形为弯曲和扭转的组合变形。危险截面在截面 A，其内力值为

$$M = Fl, \quad T = Fa$$

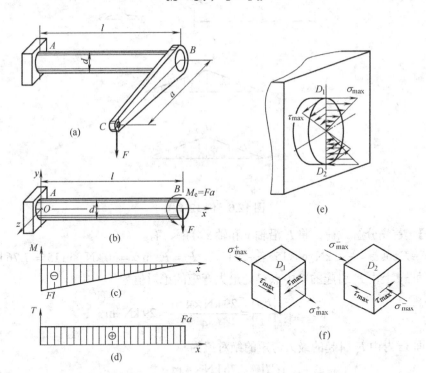

图 12.7　弯扭组合

横截面 A 在弯矩 M 的作用下，点 D_1 的正应力为最大拉应力，点 D_2 的正应力为最大压应力，如图 12.7(e)所示。在扭矩 T 的作用下，横截面 A 周边各点的扭转切应力均为最大，因而 D_1，D_2 为横截面 A 的两个危险点。D_1，D_2 两点的应力状态如图 12.7(f)所示。现以点 D_1 的应力状态为例，分析其强度条件。

点 D_1 的应力分别为

$$\sigma = \frac{M}{W}, \quad \tau = \frac{T}{W_p} \tag{a}$$

点 D_1 的主应力分别为

$$\sigma_{1,3} = \frac{\sigma}{2} \pm \sqrt{\left(\frac{\sigma}{2}\right)^2 + \tau^2}, \quad \sigma_2 = 0 \tag{b}$$

因轴类零件通常为塑性材料，故可用第三，第四强度理论检验其强度条件。若用第三强度理论，则

$$\sigma_{eq3} = \sigma_1 - \sigma_3$$

将式(b)代入上式得

$$\sigma_{eq3} = \sqrt{\sigma^2 + 4\tau^2}$$

其强度条件为

$$\sqrt{\sigma^2 + 4\tau^2} \leqslant [\sigma] \tag{12-8}$$

若用第四强度理论，则

$$\sigma_{eq4} = \sqrt{\frac{1}{2}[(\sigma_1 - \sigma_2)^2 + (\sigma_2 - \sigma_3)^2 + (\sigma_3 - \sigma_1)^2]}$$

将式(b)代入上式得

$$\sigma_{eq4} = \sqrt{\sigma^2 + 3\tau^2}$$

其强度条件为

$$\sqrt{\sigma^2 + 3\tau^2} \leqslant [\sigma] \tag{12-9}$$

因圆轴横截面的

$$W_p = 2W \tag{c}$$

将式(a)，式(c)代入式(12-8)得

$$\frac{\sqrt{M^2 + T^2}}{W} \leqslant [\sigma] \tag{12-10}$$

将式(a)，式(c)代入式(12-9)得

$$\frac{\sqrt{M^2 + 0.75T^2}}{W} \leqslant [\sigma] \tag{12-11}$$

计算圆截面杆时，用式(12-10)或式(12-11)比较方便，但计算非圆截面杆及拉弯扭组合变形时，只能用式(12-8)或式(12-9)。

【例 12-2】图 12.8(a)所示圆轴，装有两个皮带轮 A 和 B，两轮直径相同，$D_A = D_B = 1\,\text{m}$；重量 $W_A = W_B = 5\,\text{kN}$。轮 A 上的皮带拉力沿水平方位，轮 B 上的皮带拉力沿铅直方位，拉力的大小为紧边 $F_A = F_B = 5\,\text{kN}$，松边 $F_A' = F_B' = 2\,\text{kN}$。设许用应力$[\sigma] = 80\,\text{MPa}$，试按第三强度理论求圆轴所需的直径 d。

【解】

(1) 分析载荷

将图 12.8(a)所示载荷向轴线简化，得圆轴所受载荷，如图 12.8(b)所示。

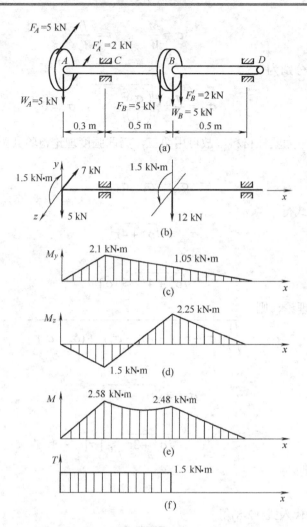

图 12.8 例 12-2 的受力图与内力图

(2) 作内力图

作出水平面内的弯矩图 12.8(c)，铅直面内的弯矩图 12.8(d)及扭矩图 12.8(f)。

各横截面上合成弯矩的大小：

截面 C

$$M_C = \sqrt{M_z^2 + M_y^2} = \sqrt{(1.5 \text{ kN} \cdot \text{m})^2 + (2.1 \text{ kN} \cdot \text{m})^2} = 2.58 \text{ kN} \cdot \text{m}$$

截面 B

$$M_B = \sqrt{M_z^2 + M_y^2} = \sqrt{(2.25 \text{ kN} \cdot \text{m})^2 + (1.05 \text{ kN} \cdot \text{m})^2} = 2.48 \text{ kN} \cdot \text{m}$$

由此作轴的合成弯矩图，如图 12.8(e)所示，最大弯矩在截面 C。

(3) 确定危险截面并计算直径

由图 12.8(e)，(f)知，截面 C 是轴的危险截面。按第三强度理论的弯扭组合强度条件，由式(12-10)得

$$\frac{\sqrt{(2.58\times10^3\text{ N}\cdot\text{m})^2+(1.50\times10^3\text{ N}\cdot\text{m})^2}}{\frac{\pi}{32}d^3}\leqslant 80\times10^6\text{ Pa}$$

由此求得圆轴所需直径为

$$d\geqslant 72\times10^{-3}\text{ m}=72\text{ mm}$$

【讨论】

(1) 将图 12.8(a)简化为图 12.8(b)这一步很重要；

(2) 由图 12.8(c), (d)确定 M_{max}，一般只要比较 M_B，M_C 即可。作业时，图 12.8(e)可不画出。

小　　结

本章主要研究了斜弯曲、弯扭组合变形的强度计算。

(1) 对于斜弯曲，由于其变形的应力均为同向和反向的正应力，属简单应力状态。故对每种变形的应力代数相加后，就是其总的应力，其强度条件可由简单应力状态的强度条件确定。

(2) 弯扭组合变形时危险点是平面应力状态，一般轴类零件用钢制成，故常用第三，四强度理论来确定其强度条件。

(3) 式(12-10)和式(12-11)只适用于塑性材料制成的圆轴。

本书未讨论拉弯组合等情形，工程中遇到时可参阅文献[1]。

思　考　题

12-1 何谓斜弯曲？何谓弯扭组合变形？

12-2 为何斜弯曲变形的应力可用叠加原理。

12-3 若弯扭组合变形轴用铸铁制成，是否仍可用式(12-10)或式(12-11)进行强度校核？

12-4 斜弯曲的外力特点和变形特点各是什么？

12-5 简述下列 3 个强度条件表达式各适用于什么情况。

(a) $\sigma_1-\sigma_3\leqslant[\sigma]$；　(b) $\sqrt{\sigma^2+3\tau^2}\leqslant[\sigma]$；　(c) $\dfrac{\sqrt{M^2+T^2}}{W}\leqslant[\sigma]$

12-6 当矩形截面杆处于双向弯曲、轴向拉伸(压缩)与扭转组合变形时，危险点位于何处？如何计算危险点处的应力并建立相应的强度条件？

12-7 试用叠加原理推导拉(压)弯组合变形杆件横截面上的正应力计算公式。

习　题

12-1 受集度为 q 的均布载荷作用的矩形截面简支梁，其载荷作用面与梁的纵向对称面间的夹角 $\alpha = 30°$，如图如示。已知该梁材料的弹性模量 $E = 10\,\text{GPa}$；梁的尺寸为 $l = 4\,\text{m}$，$h = 160\,\text{mm}$，$b = 120\,\text{mm}$；许用应力 $[\sigma] = 12\,\text{MPa}$；许用挠度 $[w] = \dfrac{l}{150}$。试校核此梁的强度和刚度。

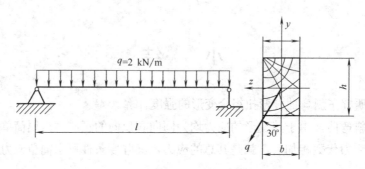

题 12-1 图

12-2 作用于图示悬臂木梁上的载荷 $F_1 = 800\,\text{N}$，$F_2 = 1\,650\,\text{N}$。若木材许用应力 $[\sigma] = 10\,\text{MPa}$，矩形截面边长之比为 $\dfrac{h}{b} = 2$，试确定截面的尺寸。

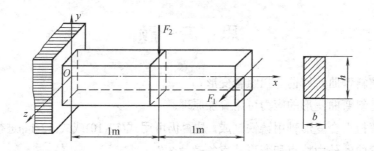

题 12-2 图

12-3 图示齿轮传动轴，齿轮 1 与 2 的节圆直径分别为 $d_1 = 50\,\text{mm}$ 与 $d_2 = 130\,\text{mm}$。在齿轮 1 上，作用有切向力 $F_y = 3.83\,\text{kN}$，径向力 $F_z = 1.393\,\text{kN}$；在齿轮 2 上，作用有切向力 $F_y' = 1.473\,\text{kN}$，径向力 $F_z' = 0.536\,\text{kN}$。轴用 45 号钢制成，直径 $d = 22\,\text{mm}$，许用应力 $[\sigma] = 180\,\text{MPa}$，试按第三强度理论校核轴的强度。

12-4 图示圆截面钢杆，承受横向载荷 F_1，轴向载荷 F_2 与扭力偶矩 M_e 作用。已知 $F_1 = 500\,\text{N}$，$F_2 = 15\,\text{kN}$，$M_e = 1.2\,\text{kN}\cdot\text{m}$，许用应力 $[\sigma] = 160\,\text{MPa}$。试按第三强度理论校核杆的强度。

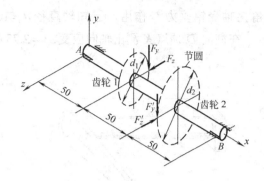

题 12-3 图

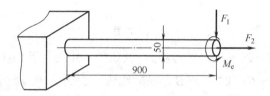

题 12-4 图

12-5 图示圆截面钢轴，由电机带动。在斜齿轮的齿面上，作用有切向力 $F_t = 1.90\,\text{kN}$，径向力 $F_r = 740\,\text{N}$，轴向力 $F_a = 660\,\text{N}$。若许用应力 $[\sigma] = 160\,\text{MPa}$，试按第四强度理论校核轴的强度。

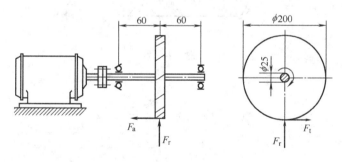

题 12-5 图

12-6 图示钢质拐轴，承受铅垂载荷 F 作用，试按第三强度理论确定轴 AB 的直径。已知载荷 $F = 1\,\text{kN}$，许用应力 $[\sigma] = 160\,\text{MPa}$。

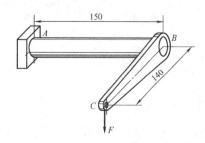

题 12-6 图

12-7 图示水平直角拐轴受铅垂力 F 作用,已知轴直径 $d=100\text{ mm}$; $a=400\text{ mm}$; $E=200\text{ GPa}$,$\mu=0.25$;在截面 D 顶点 K 测出轴向应变 $\varepsilon_0=2.75\times10^{-4}$。求该拐轴危险点的相当应力 σ_{eq3}。

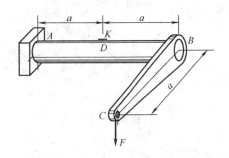

题 12-7 图

12-8 图示圆直径 $d=20\text{ mm}$,受弯矩 M_y 及扭矩 T 作用。若由实验测得轴表面上点 A 沿轴线方向的线应变 $\varepsilon_0=6\times10^{-4}$,点 B 沿与轴线成 $-45°$ 方向的线应变 $\varepsilon_{-45°}=4\times10^{-4}$,已知材料的 $E=200\text{ GPa}$,$\mu=0.25$,$[\sigma]=160\text{ MPa}$。求 M_y 及 T,并按第四强度理论校核轴的强度。

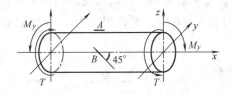

题 12-8 图

第13章 压杆稳定

本章分析细长等截面直杆在对心受压时的非强度破坏问题——失稳。

13.1 压杆稳定的概念

受压低碳钢短柱在正应力达到屈服极限时，材料失效，短柱越压越扁；铸铁短柱受压时将被压碎。这些都是由于强度不足引起的失效。

而细长杆件受压时，有时却表现出与强度失效完全不同的性质。例如取一根长为 300 mm 的钢板尺，其横截面尺寸为 20 mm×1 mm。若钢的许用应力为$[\sigma]=196$ MPa，则按强度条件算出钢尺所能承受的轴向压力为

$$F = (20 \times 1 \times 10^{-6} \text{ m}^2) \times (196 \times 10^6 \text{ Pa}) = 3.92 \text{ kN}$$

但若将此钢尺竖立在桌上，用手压其上端，则当压力不到 40 N 时，钢尺就被明显压弯。显然，这个压力比 3.92 kN 小两个数量级。当钢尺被明显压弯时，就不可能再承担更多的压力。与此类似，工程结构中有很多受压的细长杆。例如桁架结构中的抗压杆件，建筑物中的柱等都是压杆。

现在以图 13.1 所示下端固定、上端自由的细长压杆为例。设压力与杆件轴线重合，如图 13.1(a)所示；当压力逐渐增加，但小于某一极限值时，杆件一直保持直线形状的平衡，即使用微小的侧向干扰力使其暂时发生轻微弯曲，如图 13.1(b)所示；干扰力解除后，它仍将恢复直线形状，如图 13.1(c)所示，这表明压杆直线状态的平衡是稳定的。当压力逐渐增加到某极限值时，如再用微小的侧向干扰力使其发生轻微弯曲，干扰力解除后，它将保持曲线形状的平衡，不能恢复到原有的直线形状，如图 13.1(d)所示，即压杆直线状态的平衡不稳定(或丧失稳定)。中心受压直杆在直线状态下的平衡，由稳定平衡转化为不稳定平衡时所受轴向压力的极限值称为**临界压力**或**临界力**，记为F_{cr}。中心受压直杆在临界力F_{cr}作用下，其直线形态的平衡开始丧失稳定性，简称为**失稳**，也称为**屈曲**。

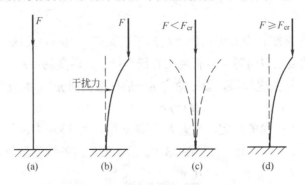

图 13.1 下端固定、上端自由的细长压杆

杆件失稳后，压力的微小增加将引起弯曲变形的显著增大，从而导致杆件丧失承载能力。因失稳造成的失效，可能导致整个结构或机器的破坏。细长压杆失稳时，应力并不一定很高，有时甚至低于比例极限。可见这种形式的失效，并非强度不足，而是稳定性不够。

除压杆外，其他构件也存在稳定失效问题。例如圆柱形薄壳在均匀外压作用下，壁内应力为压应力，如图13.2所示，则当外压到达临界值时，薄壳的圆形平衡就变为不稳定，会突然变成由虚线表示的椭圆形。与此相似，板条或工字梁在最大抗弯刚度平面内弯曲时，会因载荷达到临界值而发生侧向弯曲，如图13.3所示。薄壳在轴向压力或扭矩作用下，会出现局部折皱。这些都是稳定性问题。本章只讨论压杆稳定。

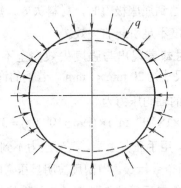

图 13.2　圆柱形薄壳的失稳

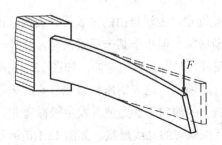

图 13.3　板条梁的失稳

13.2　两端铰支细长压杆的临界载荷

设图 13.4 所示等直细长中心受压杆两端为球铰支座，轴线为直线，压力与轴线重合。如前所述，当压力达到临界值时，压杆将由直线平衡形态转变为曲线平衡形态。

选取如图 13.4 所示的坐标系，设距原点为 x 的任意截面 $n—n$ 的挠度为 w，则弯矩为

$$M(x) = -F_{cr} w \tag{a}$$

弯矩正负号仍采用前面的规定，压力 F_{cr} 取绝对值，图 13.4 中位移 w 为负值。将弯矩 $M(x)$ 的表达式(a)代入式 (10-4)，可得图 13.4(a)所示挠曲线的近似微分方程为

$$\frac{d^2 w}{d x^2} = -\frac{F_{cr}}{EI} w \tag{b}$$

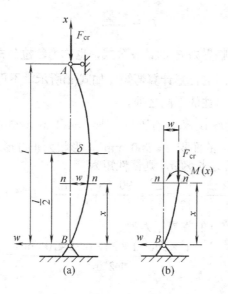

图 13.4 两端铰支的细长压杆

式中 I 为压杆横截面的最小惯性矩（由于两端是球铰，允许杆件在任意纵向平面内发生弯曲变形，因而杆件的微小弯曲变形一定发生在抗弯能力最小的纵向平面内）。

令

$$k^2 = \frac{F_{cr}}{EI} \tag{c}$$

则式(b)可以写为

$$\frac{d^2w}{dx^2} + k^2 w = 0 \tag{d}$$

上述二阶常系数线性微分方程的通解为

$$w = A\sin kx + B\cos kx \tag{e}$$

式中 A，B 为积分常数，由边界条件确定。

由 $x = 0$，$w = 0$，可得 $B = 0$。又由 $x = l$，$w = 0$，可得 $A\sin kl = 0$。因为 $B = 0$，则 $A \neq 0$，所以

$$\sin kl = 0 \tag{f}$$

要求

$$kl = n\pi \quad (n = 0, 1, 2, \cdots)$$

由此求得

$$k = \frac{n\pi}{l} \tag{g}$$

因为 n 是 0，1，2，…等整数中的任一个数，故理论上是多值的，即使杆件保持为曲线平衡的压力也是多值的。在这些压力中，使杆件保持微小弯曲的最小压力才是临界压力 F_{cr}。若取 $n = 0$，即 $k = 0$，则 $F_{cr} = 0$，表示杆上并无压力，这不是我们所要求的。因此，只有取 $n = 1$，才使压力为最小值。于是把式(g)代入式(c)，并取 $n = 1$，得

$$F_{cr} = \frac{\pi^2 EI}{l^2} \qquad (13\text{-}1)$$

这就是两端铰支细长压杆临界力 F_{cr} 的计算公式，也称为**欧拉公式**。注意，在导出上述公式的过程中，采用了变形以后的位置计算弯矩，如式(a)所示，不再使用原始尺寸原理，这是稳定问题在处理方法上与以往的不同之处。

【例 13-1】 两端球铰铰支的压杆，长 $l = 1.2$ m，材料为 Q235 钢，弹性模量 $E = 206$ GPa。已知横截面的面积 $A = 900$ mm²，形状为正方形，求该杆的临界力。

【解】 设该杆横截面边长为 a，则惯性矩为

$$I = \frac{a \times a^3}{12} = \frac{a^4}{12} = \frac{A^2}{12} = \frac{900^2 \times 10^{-12} \text{ m}^4}{12} = 6.75 \times 10^{-8} \text{ m}^4$$

由式(13-1)可计算出该杆的临界压力为

$$F_{cr} = \frac{\pi^2 EI}{l^2} = \frac{\pi^2 \times 206 \times 10^9 \text{ Pa} \times 6.75 \times 10^{-8} \text{ m}^4}{1.2^2 \text{ m}^2} = 95.2 \text{ kN}$$

13.3 其他支座细长压杆的临界载荷

压杆两端除同为铰支座外，还可能有其他情况。例如，千斤顶螺杆就是一根压杆，如图 13.5 所示，其下端可简化成固定端，而上端因可与顶起的重物共同作微小的位移，所以可简化成自由端。这样就成为下端固定、上端自由的压杆。

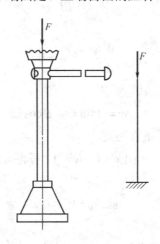

图 13.5　千斤顶螺杆及其计算简图

在不同的杆端约束下，压杆受到的约束程度不同，杆的抗弯能力也就不同，所以临界力的表达式也将不同。不同杆端约束下细长中心受压直杆的临界力表达式，可用与上节相同的方法导出。表 13.1 给出几种典型的理想约束条件下，细长等截面中心受压直杆的欧拉公式。

从表 13.1 可以看出，不同杆端约束条件下，细长等截面中心受压直杆临界力的欧拉公式可以写成统一的形式为

$$F_{cr} = \frac{\pi^2 EI}{(\mu l)^2} \tag{13-2}$$

式中 μ 为压杆的**长度因数**，与杆端的约束情况有关；μl 为压杆的**相当长度**，即把压杆折算成两端铰支杆的长度，或者说，相当长度就是各种支承条件下的细长压杆失稳时，挠曲线中相当于半波正弦曲线的一段长度。

表 13.1 各种理想约束条件下细长等截面中心受压直杆临界力的欧拉公式

约束条件	两端铰支	一端固定 另一端铰支	两端固定	一端固定 另一端自由
失稳时挠曲线形状			C、D—挠曲线拐点	
		C—挠曲线拐点		
欧拉公式	$F_{cr} = \dfrac{\pi^2 EI}{l^2}$	$F_{cr} \approx \dfrac{\pi^2 EI}{(0.7l)^2}$	$F_{cr} = \dfrac{\pi^2 EI}{(0.5l)^2}$	$F_{cr} = \dfrac{\pi^2 EI}{(2l)^2}$
长度因数	$\mu = 1.0$	$\mu \approx 0.7$	$\mu = 0.5$	$\mu = 2$

表 13.1 给出的示例只是几种典型情形，实际问题中压杆的约束还有其他情况，例如杆端与其他弹性构件固接，因弹性构件会变形，则压杆的端部约束就是介于固定端和铰支座之间的弹性支座。此外，压杆上的载荷也有多种形式，例如压力可能沿轴线分布而不是集中于两端。上述各种情况，也可用不同的长度因数 μ 来反映，这些长度因数的值可从相关设计手册或规范中查到。

应当注意，细长压杆临界力的欧拉公式(13-2)中，I 是横截面对某一形心主惯性轴的惯性矩。若杆端在各个方向的约束情况都相同(如球铰等)，则 I 应取最小的形心主惯性矩(例 13-5)。若杆端在不同方向的约束情况不同(如柱形铰)，则 I 应按计算的挠曲方向选取横截面对其相应中性轴的惯性矩(例 13-4)。

13.4 欧拉公式的适用范围 经验公式

13.4.1 欧拉公式的适用范围

前面已经导出了计算临界压力的公式(13-2)，用 F_{cr} 除以压杆的横截面面积 A，可得与临界压力对应的应力为

$$\sigma_{cr} = \frac{F_{cr}}{A} = \frac{\pi^2 EI}{(\mu l)^2 A} \tag{a}$$

式中 σ_{cr} 为**临界应力**。

由惯性半径 $i = \sqrt{I/A}$ 可得 $I = i^2 A$，将其代入式(a)可得

$$\sigma_{cr} = \frac{\pi^2 E}{\left(\dfrac{\mu l}{i}\right)^2} \tag{b}$$

引入符号 λ

$$\lambda = \frac{\mu l}{i} \tag{13-3}$$

式中 λ 是一个量纲为一的量，称为**柔度**或**长细比**。λ 集中反映了压杆的长度、约束条件、截面尺寸和形状等因素对临界应力 σ_{cr} 的影响。这样式(b)便可写为

$$\sigma_{cr} = \frac{\pi^2 E}{\lambda^2} \tag{13-4}$$

上式是欧拉公式(13-2)的应力表达形式，两者没有实质的差别。

因为欧拉公式是由弯曲变形的微分方程 $\dfrac{d^2 w}{dx^2} = \dfrac{M(x)}{EI}$ 导出的，材料服从胡克定律，又是上述微分方程的基础，所以，只有临界应力小于比例极限 σ_p 时，欧拉公式(13-4)才是正确的。于是有

$$\sigma_{cr} = \frac{\pi^2 E}{\lambda^2} \leqslant \sigma_p \tag{c}$$

成立，则

$$\lambda \geqslant \sqrt{\frac{\pi^2 E}{\sigma_p}} \tag{d}$$

可见，只有当压杆柔度 λ 满足式(d)时，欧拉公式才是正确的。用 λ_p 表示这一临界值，即

$$\lambda_p = \sqrt{\frac{\pi^2 E}{\sigma_p}} \tag{13-5}$$

则式(d)可以改写为

$$\lambda \geqslant \lambda_p \tag{13-6}$$

这就是欧拉公式的适用范围。通常称满足 $\lambda \geqslant \lambda_p$ 的压杆为**大柔度杆**或**细长杆**。

式(13-5)表明，λ_p 的值与材料的性质有关，材料不同，λ_p 的值也就不同。对于Q235钢，可取 $E = 206$ GPa，$\sigma_p = 200$ MPa。于是

$$\lambda_p = \sqrt{\frac{\pi^2 E}{\sigma_p}} = \sqrt{\frac{\pi^2 \times 206 \times 10^9 \text{ Pa}}{200 \times 10^6 \text{ Pa}}} \approx 100$$

则用Q235钢制成的压杆只有当 $\lambda \geqslant 100$ 时，才能使用欧拉公式计算其临界力或临界应力。

13.4.2 经验公式

若压杆的柔度小于 λ_p 时，临界应力 σ_{cr} 大于材料的比例极限 σ_p，这时欧拉公式已不能

使用，属于超比例极限的压杆稳定问题。在工程中对这类压杆的计算，一般使用以试验结果为依据的经验公式。这里介绍两种常用的经验公式：直线公式和抛物线公式。

1. 直线公式

直线经验公式把临界应力 σ_{cr} 与柔度 λ 表示为下述的直线关系：

$$\sigma_{cr} = a - b\lambda \tag{13-7}$$

式中，a 和 b 为与材料的力学性能有关的常数。表 13.2 中列出了一些材料的 a 值和 b 值。

表 13.2 直线公式的系数 a 和 b

材料(σ_s, σ_b/MPa)	a/MPa	b/MPa
Q235 钢(σ_s=235，$\sigma_b \geqslant$372)	304	1.12
优质碳钢(σ_s=306，$\sigma_b \geqslant$471)	461	2.57
硅钢(σ_s=353，$\sigma_b \geqslant$510)	578	3.74
铬钼钢	981	5.29
灰口铸铁	332	1.45
硬铝	373	2.15
松木	28.7	0.199

对塑性材料，按式(13-7)算出的应力最高只能等于 σ_s，否则材料已经屈服，成了强度问题，即要求

$$\sigma_{cr} = a - b\lambda \leqslant \sigma_s \tag{a}$$

或

$$\lambda \geqslant \frac{a - \sigma_s}{b} \tag{b}$$

用 λ_s 表示式(b)右侧的临界值，即

$$\lambda_s = \frac{a - \sigma_s}{b} \tag{13-8}$$

则式(b)改写为

$$\lambda \geqslant \lambda_s \tag{13-9}$$

式中，λ_s 为使用直线公式的最小柔度。

柔度满足 $\lambda_s \leqslant \lambda \leqslant \lambda_p$ 的压杆，称为**中柔度杆**或**中长杆**。也就是说，中长杆不能用欧拉公式计算临界应力，但可以用式(13-7)所示的直线公式计算。对于脆性材料只需把以上各式中的 σ_s 改为 σ_b，λ_s 改为 λ_b。

2. 抛物线公式

我国钢结构规范中采用如下抛物线经验公式。

Q235 钢($\sigma_s = 235 \text{ MPa}$，$E = 206 \text{ GPa}$)：

$$\sigma_{cr} = 235 - 0.006\,68\lambda^2 \quad (\lambda \leqslant \lambda_p = 100)$$

16Mn 钢($\sigma_s = 343 \text{ MPa}$，$E = 206 \text{ GPa}$)：

$$\sigma_{cr} = 343 - 0.016\,1\lambda^2 \quad (\lambda \leqslant \lambda_p = 109)$$

可见计算临界应力的抛物线经验公式可统一写为

$$\sigma_{cr} = a_1 - b_1\lambda^2 \tag{13-10}$$

式中，a_1 和 b_1 为与材料有关的常数。

3. 粗短杆

柔度很小的短柱，受压时不可能像大柔度杆那样出现弯曲变形，其失效原因是应力达到屈服极限(塑性材料)或强度极限(脆性材料)。很明显，这是强度问题。所以，对塑性材料，$\lambda < \lambda_s$ 时，临界应力 $\sigma_{cr} = \sigma_s$。对脆性材料 $\lambda < \lambda_b$ 时，临界应力 $\sigma_{cr} = \sigma_b$。

对于 $\lambda < \lambda_s$ 或 $\lambda < \lambda_b$ 的压杆，称为**小柔度杆**或**粗短杆**。

13.4.3 临界应力总图

工程中临界应力总图有两种，分别如图 13.6(a)，(b)所示。按行业习惯，各选用其中一种。其中：

(1) 图 13.6(a)为直线公式临界应力总图，它由水平线 AB，斜直线 BC 和欧拉曲线 CD 组成。它们依次适用于柔度 $\lambda < \lambda_s$ 的粗短压杆(强度计算)，$\lambda_s \leqslant \lambda < \lambda_p$ 的中长压杆(用**斜直线**经验公式计算临界应力)，$\lambda \geqslant \lambda_p$ 的细长压杆(用欧拉公式计算临界应力)。

(2) 图 13.6(b)为抛物线公式临界应力总图，它由抛物线 AC 和欧拉曲线 CD 组成。它们依次适用于柔度 $\lambda < \lambda_p$ 的压杆(用**抛物线**经验公式计算临界应力)和 $\lambda \geqslant \lambda_p$ 的细长压杆(用欧拉公式计算临界应力)。

比较可知，图 13.6(b)是用抛物线 AC 模拟插值图 13.6(a)中水平线 AB 和斜直线 BC 组成的折线。

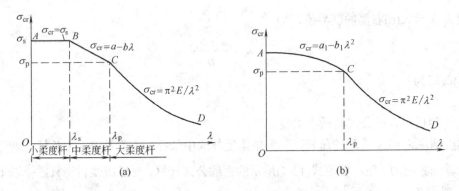

图 13.6 临界应力总图

13.5 压杆稳定条件与合理设计

13.5.1 压杆稳定条件

由前面几节的讨论可知，压杆在使用过程中存在失稳而破坏的问题，且一般情况下发生此类破坏时,其临界应力往往低于强度计算中的许用应力$[\sigma]$。因此,为了保证压杆能安全可靠地使用,必须对压杆建立相应的稳定条件,进行稳定计算。这种计算的思路与强度计算的思路是相似的。

由前面的讨论表明,对各种柔度的压杆,可以用欧拉公式或经验公式求出相应的临界应力,乘以横截面面积A后便得临界压力F_{cr}。F_{cr}与实际工作压力F之比称为压杆的工作安全因数n,它应大于或等于规定的**稳定安全因数**$[n]_{st}$,即

$$n = \frac{F_{cr}}{F} \geqslant [n]_{st} \tag{13-11}$$

式(13-11)为用稳定安全因数表示的压杆稳定条件,即**稳定性设计准则**。稳定安全因数$[n]_{st}$一般要高于强度安全因数。这是因为考虑到杆件的初弯曲、压力偏心、材料不均匀和支座缺陷等因素,它们都严重地影响压杆的稳定,降低压杆的临界压力。压杆柔度λ越大,其影响也越大。而同样这些因素,对杆件强度的影响就不像对稳定的影响那么严重。稳定安全因数$[n]_{st}$一般可在设计手册或规范中查到。

【**例 13-2**】 两端球铰铰支等截面圆柱压杆,长度$l = 703$ mm,直径$d = 45$ mm,材料为优质碳钢,$\sigma_s = 306$ MPa,$\sigma_p = 280$ MPa,$E = 210$ GPa。最大轴向压力$F_{max} = 41.6$ kN,稳定安全因数$[n]_{st} = 10$。试校核其稳定性。

【**解**】 由式(13-5)求得

$$\lambda_p = \sqrt{\frac{\pi^2 E}{\sigma_p}} = \sqrt{\frac{\pi^2 \times 210 \times 10^9 \text{ Pa}}{280 \times 10^6 \text{ Pa}}} = 86$$

因杆为两端球铰铰支,故$\mu = 1$。且$i = \sqrt{I/A} = d/4$,则柔度为

$$\lambda = \frac{\mu l}{i} = \frac{\mu l}{\dfrac{d}{4}} = \frac{1 \times 703 \times 10^{-3} \text{ m}}{\dfrac{1}{4} \times 45 \times 10^{-3} \text{ m}} = 62.5$$

即$\lambda < \lambda_p$,所以不能用欧拉公式计算临界应力。现用直线公式,由表13.2可查得优质碳钢的$a = 461$ MPa,$b = 2.57$ MPa,则由式(13-8)得

$$\lambda_s = \frac{a - \sigma_s}{b} = \frac{461 \times 10^6 \text{ Pa} - 306 \times 10^6 \text{ Pa}}{2.57 \times 10^6 \text{ Pa}} = 60.3$$

因$\lambda_s < \lambda < \lambda_p$,所以该杆是中长杆。由直线公式(13-7)可求出临界应力为

$$\sigma_{cr} = a - b\lambda = (461 - 2.57 \times 62.5) \text{ MPa} = 300 \text{ MPa}$$

临界压力为

$$F_{cr} = \sigma_{cr} A = 300 \times 10^6 \text{ Pa} \times \frac{\pi}{4} \times (45 \times 10^{-3})^2 \text{ m}^2 = 477 \text{ kN}$$

则该杆的工作安全因数为

$$n = \frac{F_{cr}}{F_{max}} = \frac{477 \text{ kN}}{41.6 \text{ kN}} = 11.5 > [n]_{st} = 10$$

故该压杆满足稳定安全要求。

【**例 13-3**】 如图13.7所示的油缸直径$D = 65$ mm,油压$p = 1.2$ MPa。活塞杆长度$l = 1\,250$ mm,材料的$\sigma_p = 220$ MPa,$E = 210$ GPa,稳定安全因数$[n]_{st} = 6$。试确定活塞

杆的直径 d。

图 13.7 例 13-3 图

【解】 活塞杆承受的轴向工作压力为

$$F = \frac{\pi}{4}D^2 p = \frac{\pi}{4} \times (65 \times 10^{-3}\ \text{m})^2 \times (1.2 \times 10^6\ \text{Pa}) = 3\,980\ \text{N}$$

若在稳定条件(13-11)中取等号,则活塞杆的临界压力为

$$F_{cr} = [n]_{st} F = 6 \times 3\,980\ \text{N} = 23\,900\ \text{N} \tag{a}$$

现在要确定活塞杆的直径 d,使它具有上述数值的临界压力。由于直径未知,故无法求出活塞杆的柔度 λ,自然也不能判定究竟应该用欧拉公式还是用经验公式计算。因此,采用试算的方法进行分析,先由欧拉公式确定活塞杆的直径。待直径确定后,再检查是否满足使用欧拉公式的条件。

把活塞杆的两端近似简化为铰支座,由欧拉公式求得临界压力为

$$F_{cr} = \frac{\pi^2 EI}{(\mu l)^2} = \frac{\pi^2 \times (210 \times 10^9\ \text{Pa}) \times \frac{\pi}{64} d^4}{(1 \times 1.25\ \text{m})^2} \tag{b}$$

由(a)和(b)两式解得

$$d = 24.6\ \text{mm}$$

根据上面求出的直径可计算活塞杆的柔度

$$\lambda = \frac{\mu l}{i} = \frac{1 \times 1\,250\ \text{mm}}{\frac{24.6\ \text{mm}}{4}} = 203$$

对所用材料来说,由公式(13-5)求得

$$\lambda_p = \sqrt{\frac{\pi^2 E}{\sigma_p}} = \sqrt{\frac{\pi^2 \times 210 \times 10^9\ \text{Pa}}{220 \times 10^6\ \text{Pa}}} = 97$$

因 $\lambda > \lambda_p$,故前面用欧拉公式进行的试算是正确的。故可取活塞杆的直径为 25 mm。

【例 13-4】 Q235 钢制成的矩形截面杆,受力及两端约束情况如图 13.8 所示,其中图 13.8(a)为正视图,图 13.8(b)为俯视图,在 A,B 两处为销钉连接。已知材料的弹性模量 $E = 206$ GPa,$l = 2\,300$ mm,$b = 40$ mm,$h = 60$ mm。求此杆的临界载荷。

【分析】 给定的压杆在 A 和 B 两处为销钉连接,这种约束与球铰约束不同。在正视图 13.8(a)平面内屈曲时,A 和 B 两处可以自由转动,相当于铰链;而在俯视图 13.8(b)平面内屈曲时,A 和 B 两处不能转动,这时可近似视为固定端约束。又因为是矩形截面,压杆在正视图平面内屈曲时,截面将绕轴 z 转动;而在俯视图平面内屈曲时,截面将绕轴 y 转动。

根据以上分析,为了计算临界力,首先应分别计算压杆在两个平面内的柔度,以确定它将在哪一个平面内屈曲。

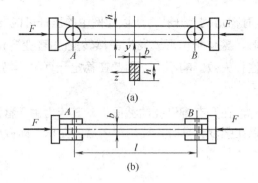

图 13.8　例 13-4 图

【解】　在正视图，如图 13.8(a)所示平面内：

$$I_z = \frac{bh^3}{12}, \quad A = bh, \quad \mu = 1.0$$

$$\lambda_z = \frac{\mu l}{i_z} = \frac{1 \times 2\,300 \times 10^{-3}\ \text{m} \times 2\sqrt{3}}{60 \times 10^{-3}\ \text{m}} = 133$$

在俯视图，如图 13.8(b)所示平面内：

$$I_y = \frac{hb^3}{12}, \quad A = bh, \quad \mu = 1.0, \quad i_y = \sqrt{\frac{I_y}{A}} = \frac{b}{2\sqrt{3}}$$

$$\lambda_y = \frac{\mu l}{i_y} = \frac{0.5 \times 2\,300 \times 10^{-3}\ \text{m} \times 2\sqrt{3}}{40 \times 10^{-3}\ \text{m}} = 99.6$$

由于 $\lambda_z = 133 > \lambda_y = 99.6$，所以压杆将在正视图平面内屈曲，同时，在该平面内，$\lambda_z = 133 > \lambda_p = 100$，压杆属于细长杆，则临界载荷

$$F_{cr} = \sigma_{cr} A = \frac{\pi^2 E}{\lambda_z^2} bh = \frac{\pi^2 \times 206 \times 10^9\ \text{Pa} \times 40 \times 10^{-3}\ \text{m} \times 60 \times 10^{-3}\ \text{m}}{133^2} = 277\ \text{kN}$$

【例 13-5】　图 13.9 所示的压杆，两端为球铰约束，杆长 $l = 2\,400$ mm，压杆由两根 125 mm×125 mm×12 mm 的等边角钢铆接而成，铆钉孔直径为 23 mm。已知压杆所受压力 $F = 800$ kN，材料为 Q235 钢，许用应力 $[\sigma] = 160$ MPa，稳定安全因数 $[n]_{st} = 1.48$。试校核此压杆是否安全。

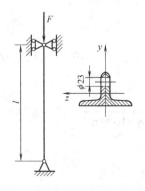

图 13.9　例 13-5 图

【分析】 因为铆接时在角钢上开孔,所以此例中的压杆可能发生两种失效。

(1) 屈曲失效。这时,整体平衡形式发生突然转变(由直变弯)。局部截面的削弱,即个别截面上的铆钉孔对这种失效影响不大。因此在稳定计算中,仍采用未开孔时的横截面面积,即截面毛面积 A_g。

(2) 强度失效。这时,在开有铆钉孔的截面上,其应力由于截面削弱将增加,并有可能超过许用应力值,所以在强度计算时,要用削弱后的面积,即截面净面积 A_n。

【解】
(1) 稳定校核

因为两端为球铰约束,所以 $\mu=1$;又因为两根角钢铆接在一起,故屈曲时,二者将形成一整体发生弯曲。这时,截面将绕惯性矩最小的形心主轴 z 转动。根据已知条件有

$$I_z = 2I_{z1}, \quad A = 2A_1$$

$$i_z = \sqrt{\frac{I_z}{A}} = \sqrt{\frac{2I_{z1}}{2A_1}} = \sqrt{\frac{I_{z1}}{A_1}} = i_{z1}$$

式中 I_{z1},i_{z1} 和 A_1 分别为单根角钢横截面对轴 z 的惯性矩、惯性半径和横截面面积,由型钢表查得

$$i_{z1} = 38.3 \text{ mm}, \quad A_1 = 2.89 \times 10^3 \text{ mm}^2$$

于是有 $i_z = i_{z1} = 38.3$ mm,则给定压杆的柔度为

$$\lambda_z = \frac{\mu l}{i_z} = \frac{1 \times 2\,400 \text{ mm}}{38.3 \text{ mm}} = 62.66$$

对于 Q235 钢,此杆属于中长杆,根据抛物线公式可知其临界应力为

$$\sigma_{cr} = 235 \text{ MPa} - 0.006\,68 \times 62.66^2 \text{ MPa} = 208 \text{ MPa}$$

则压杆的临界载荷为

$$F_{cr} = \sigma_{cr} A_g = 208 \times 10^6 \text{ Pa} \times 2 \times 2.89 \times 10^3 \text{ mm}^2 = 1\,202 \text{ kN}$$

压杆工作安全因数为

$$n = \frac{F_{cr}}{F} = 1.50 > [n]_{st} = 1.48$$

这表明稳定性满足要求。

(2) 强度校核

角钢由于铆钉孔削弱后的面积为

$$A_n = 2 \times 2.89 \times 10^{-3} \text{ m}^2 - 2 \times 23 \times 10^{-3} \text{ m} \times 12 \times 10^{-3} \text{ m} = 5.288 \times 10^{-3} \text{ m}^2$$

该截面上的应力为

$$\sigma = \frac{F}{A_n} = \frac{800 \times 10^3 \text{ N}}{5.288 \times 10^{-3} \text{ m}^2} = 151 \text{ MPa} < [\sigma] = 160 \text{ MPa}$$

这表明铆钉孔处的强度也满足要求。

综上所述,该压杆是安全的。

13.5.2 压杆的合理设计

由前面的讨论可知,影响压杆稳定的因素有压杆的横截面形状与尺寸、长度与约束条件、材料的性质等。因而,对压杆进行合理设计应从以下几个方面入手。

1. 选择合理的横截面形状

从欧拉公式可以看出,横截面的惯性矩 I 越大,临界压力 F_{cr} 越大。又从经验公式可以看到,柔度 λ 越小,临界应力越高。由于 $\lambda = \mu l/i$,所以提高惯性半径 $i = \sqrt{I/A}$ 的值就能减小 λ 的值。于是,在保持横截面面积不变的情况下,尽可能地把材料放在远离截面形心处,可以取得较大的 I 和 i 值,从而提高临界力。图 13.10(b)所示空心环形截面要比图 13.10(a)所示实心圆截面合理,若两者的截面面积相同,环形截面的 I 和 i 都比实心圆截面的 I 和 i 大得多。又如图 13.10(c),(d)所示,由四根角钢组成的起重臂,其四根角钢分散放置在截面的四角,比集中地放置在截面的形心处合理,即图 13.10(c)比图 13.10(d)合理。由型钢组成的桥梁桁架中的压杆或建筑物中的柱,也都是把型钢分开布置的。当然,也不能为了取得较大的 I 和 i,就无限制地增大环形截面的直径并使其壁厚减小,这将使其因壁厚太薄而引起局部失稳,发生局部折皱的危险,反而降低了稳定性。

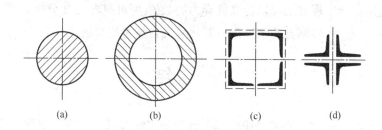

图 13.10 合理截面形状的选择

如果压杆在各个纵向平面内的相当长度 μl 相同,则应使用截面对任一形心轴的 i 相等或接近相等的截面,这样压杆在任一纵向平面内的柔度 λ 都相等或接近相等。于是在任一纵向平面内有相等或接近相等的稳定性。例如图 13.10(a),(b)所示的圆形、环形截面,都能满足这一要求。而压杆在不同的纵向平面内,μl 值不相同时,截面对两个主形心惯性轴 y 和 z 有不同的 i_y 和 i_z,设计的截面应尽量使在两个主惯性平面内的柔度 λ_y 和 λ_z 接近相等,从而使压杆在两个主惯性平面内仍然有接近相等的稳定性。

2. 改变压杆的约束条件

改变压杆的支承条件能直接影响临界力的大小。例如将图 13.11(a)所示长为 l 的两端铰支的细长压杆,在其中点增加一个铰支座,如图 13.11(b)所示,或把压杆的两端改为固定端,如图 13.11(c)所示,则相当长度就由原来的 $\mu l = l$ 变为 $\mu l = l/2$,于是临界压力变为原来的 4 倍。可见增加压杆的约束,使其不容易发生弯曲变形,从而提高压杆的稳定性。

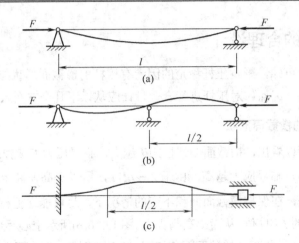

图 13.11 压杆约束条件的选择

3. 合理选择材料

细长压杆的临界力由欧拉公式计算，故临界力的大小与材料的弹性模量有关。由于各种钢材的 E 值大致相等，所以选用优质钢材或普通钢材，对细长压杆临界力来说并无很大差别。对于中长压杆，无论是经验公式还是理论分析，都说明临界力与材料的强度有关。优质钢材的选用在一定程度上可以提高临界力的数值(可对照表 13.2 分析)。至于粗短压杆，本来就是强度问题，优质钢材的强度高，其优越性自然是明显的。

小　结

本章讨论的是与强度、刚度问题迥然不同的稳定性问题，在本章中除必须掌握和理解稳定、失稳、临界力等基本概念之外，还需掌握下述主要内容。

(1) 不同杆端约束下，等截面细长中心受压直杆临界力的欧拉公式为

$$F_{cr} = \frac{\pi^2 EI}{(\mu l)^2}$$

临界应力公式为

$$\sigma_{cr} = \frac{\pi^2 E}{\lambda^2}$$

式中 $\lambda = \frac{\mu l}{i}$，$i$ 为横截面惯性半径。对不同的约束，μ 取不同的值。当 $\lambda \geq \lambda_p$ 时，欧拉公式适用，且 $\lambda_p = \sqrt{\frac{\pi^2 E}{\sigma_p}}$。

(2) $\lambda < \lambda_p$ 时临界应力的经验公式为

直线经验公式　　　　　　　$\sigma_{cr} = a - b\lambda$

抛物线经验公式　　　　　　$\sigma_{cr} = a_1 - b_1 \lambda^2$

上二式中，a，b，a_1，b_1 为材料性能常数。

(3) 压杆的稳定计算方法：

稳定安全因数法 $\qquad n = \dfrac{F_{cr}}{F} \geq [n]_{st}$

注意：由欧拉公式算得的临界力是上限，因为实际杆件的直线度和圆柱度等有形位公差，对心加载也可能有偏差。

(4) 提高压杆承载能力的主要措施有：选择合理的截面形状、改变压杆的约束条件和合理选择材料等。

思 考 题

13-1 压杆失稳是指压杆处于什么状态？

13-2 影响临界力 F_{cr} 大小的因素有哪些？

13-3 为什么说欧拉公式有一定的适用范围？超出这一范围时，应如何求压杆的临界力？

13-4 何谓柔度？它的量纲是什么？它与压杆的哪些因素有关？

13-5 如何区分大柔度杆、中柔度杆与小柔度杆？它们的临界应力如何确定？

13-6 如果细长压杆可在不同方向失稳：

(1) 若在不同方向杆端支承情况相同时，压杆截面的惯性矩如何要求有利？

(2) 若在不同方向杆端支承情况不同时，压杆又应如何要求有利？

13-7 从稳定性的角度考虑，一般压杆截面的周边取圆形较为合理，但可以是空心或实心的。如规定压杆横截面面积相同，则：①从强度方面看，它们有无区别？为什么？②从稳定性方面看，哪一种截面形式较为合理？为什么？③如果空心圆形截面较合理的话，是否其内、外半径越大越好？为什么？

13-8 如何进行压杆的合理设计？

13-9 为什么说理想细长等直轴向受压的临界力是实际压杆临界力的上限值？

13-10 图示一端固定、另一端弹性支承的压杆的长度因数的范围是多少？(提示：与一端固定、另一端自由和一端固定、另一端铰支的压杆比较)

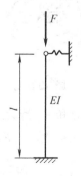

思考题 13-10 图

习 题

13-1 两端球形铰支的压杆，选用22a工字钢，材料弹性模量 $E = 200$ GPa，杆长 $l = 5$ m。试用欧拉公式求其临界力 F_{cr}。

13-2 图示各大柔度等圆截面杆的材料和横截面面积均相同，请问哪一根杆能承受的压力最大，哪一根的最小？

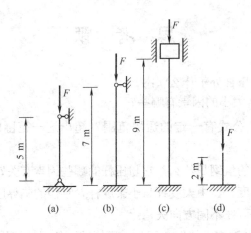

题 13-2 图

13-3 由3根钢管构成的支架如图所示。钢管的外径 $D = 30$ mm，内径 $d = 22$ mm，长度 $l = 2.5$ m，$E = 210$ GPa。在支架的顶点三杆用球铰铰接。稳定安全因数 $[n]_{st} = 3$，求许用载荷 F。

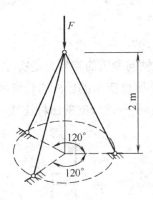

题 13-3 图

13-4 在图示铰接杆系 ABC 中，AB 和 BC 皆为细长压杆，且截面、材料相同。若因在 ABC 平面内失稳而破坏，并规定 $0 < \theta < \pi/2$，求 F 为许用最大值时的 θ 值。

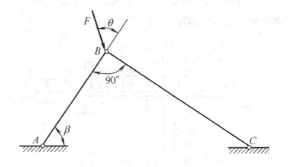

题 13-4 图

13-5 自制简易起重机如图所示，其压杆 BD 为 20 号槽钢，材料为 Q235 钢。起重机的最大起重量是 $W = 40$ kN。稳定安全因数 $[n]_{st} = 5$，试校核杆 BD 的稳定性。

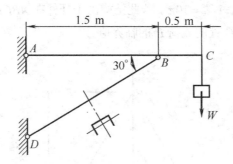

题 13-5 图

13-6 图示刚性杆 AB，在点 C 处由 Q235 钢制成的杆①支持。已知杆①的直径 $d = 50$ mm，材料的 $\sigma_p = 200$ MPa，$E = 206$ GPa。求：

(1) A 处能施加的最大载荷 F 为多少？

*(2) 若在 D 处再设置一根与杆①条件相同的杆②，则 A 处能施加的最大载荷 F 又为多少？

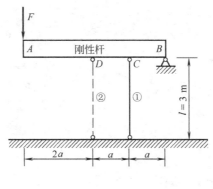

题 13-6 图

13-7 已知图示结构中梁和柱的材料均为 Q235，$E = 206$ GPa，$\sigma_p = 200$ MPa，$\sigma_s = 235$ MPa。求梁和柱的工作安全因数。

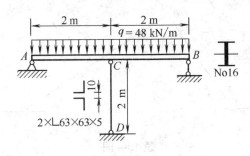

题 13-7 图

13-8 图示结构 $ABCD$ 由三根直径均为 d 的圆截面钢杆组成，在点 B 铰支，而在点 A 和点 C 固定，D 为铰接结点，$l/d = 10\pi$。若此结构由于杆件在 $ABCD$ 平面内弹性失稳而丧失承载能力，求作用于结点 D 处的载荷 F 的临界值。

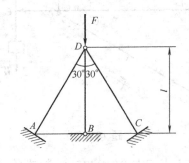

题 13-8 图

第 14 章 冲击与疲劳

前面各章讨论的载荷均为静载荷(即外载荷均为缓慢地由零加到最终值)。而本章则讨论冲击载荷和交变载荷作用时杆件内的应力和变形及其破坏现象。

14.1 冲 击

14.1.1 冲击应力与动荷因数

前面各章讨论的载荷皆为静载荷,即作用力是缓慢地从零加到最终值。在工程实际中,当物体(冲击物)以一定速度作用在构件(被冲击物)上时,构件在极短的时间内使冲击物的速度变为零。这时,在物体与构件之间产生很大的相互作用力,称为**冲击载荷**。现实生活中,我们都知道一个人的头可顶静载 10 块砖,但如果一个人的头遇到一块从高处掉下或远处砸来的砖,后果将不堪设想。实际的冲击问题是一个很复杂的问题,这里只介绍工程中常用的简化计算方法。简化计算的主要假设为:

(1) 视冲击物为刚体,且当其与被冲击物接触后即始终保持接触(不回弹);
(2) 不计被冲击物的质量,即不考虑冲击过程中被冲击物的动能;
(3) 忽略冲击过程中由发声、发热及局部塑性变形等消耗的能量。

下面介绍冲击载荷与冲击应力的工程计算方法。

1. 自由落体冲击

如图 14.1 所示,一重量为 W 的物体自高度 h 处自由下落,冲击某线性弹性体。由于该弹性体阻碍冲击物的运动,后者的速度迅速变为零。这时,弹性体所受冲击载荷及相应位移均达到最大值,并分别用 F_d 与 Δ_d 表示。根据以上假设,由能量守恒原理,可以认为冲击物减少的能量全部转化为被冲击物的弹性应变能。即

$$\Delta E = \Delta V_\varepsilon \tag{14-1}$$

式中,ΔE 表示冲击物冲击前后能量的改变量,通常包括动能变化量 ΔE_k (本例为零)和势能变化量 ΔE_p,即 $\Delta E = \Delta E_k + \Delta E_p$;$\Delta V_\varepsilon$ 表示被冲击物应变能的变化量。

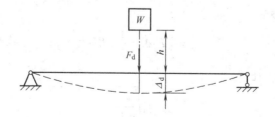

图 14.1 自由落体冲击

由图 14.1 可知,当冲击物的速度变为零时,物体减少的势能为

$$\Delta E_p = W(h+\Delta_d) \tag{a}$$

而弹性体的应变能增加

$$\Delta V_\varepsilon = \frac{F_d \Delta_d}{2} \tag{b}$$

将式(a),式(b)代入式(14-1),得

$$W(h+\Delta_d) = \frac{F_d \Delta_d}{2} \tag{c}$$

如前所述,作用在线弹性体上的载荷与其相应的位移成正比,即

$$F_d = k\Delta_d \tag{d}$$

式中,k 为刚度系数,代表使弹性体在冲击点、沿冲击载荷方向产生单位位移所需之力。且有

$$\Delta_{st} = W/k \tag{e}$$

Δ_{st} 代表将 W 视为静载荷作用在被冲击物上时的相应静位移。式(d),式(e)代入式(c),得

$$\Delta_d^2 - 2\Delta_{st}\Delta_d - 2\Delta_{st}h = 0$$

解得

$$\Delta_d = \Delta_{st}\left(1+\sqrt{1+\frac{2h}{\Delta_{st}}}\right) \tag{14-2}$$

记

$$k_d = 1+\sqrt{1+\frac{2h}{\Delta_{st}}} \tag{14-3}$$

k_d 称为**动荷因数**。则最大冲击力为

$$F_d = k_d W \tag{14-4}$$

由以上分析可知,关键在于确定动荷因数 k_d 的数值。而最大冲击载荷确定后,弹性体内的应力亦随之确定。

由式(14-3),当 $h=0$ 时(此时称为**突加载荷**),$k_d = 2$。

2. 水平冲击问题

重为 W 的物体以水平速度 v 冲击构件,如图14.2所示。在构件被冲击变形最大时,冲击物的初始动能为

$$E_k = \frac{W}{2g}v^2 \tag{a}$$

完全转化为构件的应变能

$$V_\varepsilon = \frac{1}{2}F_d\Delta_d = \frac{1}{2}k_d W \cdot k_d \Delta_{st} \tag{b}$$

由式(14-1)和式(a),(b)得

$$k_d = \sqrt{\frac{v^2}{g\Delta_{st}}} \tag{14-5}$$

式中,Δ_{st} 为重力 W 视为水平静力作用在构件的被冲击点时,引起的水平方向(即冲击方向)的静位移。由悬臂梁自由端挠度公式知

$$\Delta_{st} = \frac{Wl^3}{3EI} \tag{c}$$

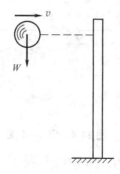

图 14.2 水平冲击

3. 突然刹车问题

如图 14.3 所示的重物 W，在匀速下降过程中突然刹车。设重物 W 静止悬挂在绳索时，绳索的变形为 Δ_{st}，突然刹车后，绳索中最大拉力为 F_d，最大变形为 Δ_d，则重物刹车前后能量减小为

$$\Delta E = \Delta E_k + \Delta E_p = \frac{1}{2}\frac{W}{g}v^2 + W(\Delta_d - \Delta_{st})$$

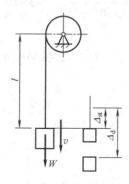

图 14.3 突然刹车

绳索应变能增加为

$$\Delta V_\varepsilon = \frac{1}{2}F_d \Delta_d - \frac{1}{2}W\Delta_{st}$$

代入式(14-1)，解得

$$k_d = 1 + \sqrt{\frac{v^2}{g\Delta_{st}}} \tag{14-6}$$

【例 14-1】 如图 14.4 所示两个相同的钢梁受相同的自由落体冲击，一个两端铰支，另一个两端支于弹簧常数 $k = 100 \text{ N/mm}$ 的弹簧上。已知 $l = 3\text{ m}$，$h = 50\text{ mm}$，$W = 1\text{ kN}$，钢梁的 $I = 34 \times 10^6 \text{ mm}^4$，$W_z = 309 \times 10^3 \text{ mm}^3$，$E = 200\text{ GPa}$，试比较二者的动应力。

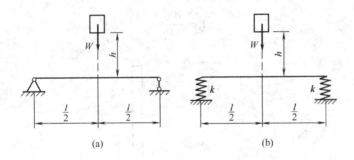

图 14.4 例 14-1 图

【解】 该冲击属自由落体冲击，动荷因数

$$k_d = 1 + \sqrt{1 + \frac{2h}{\Delta_{st}}}$$

对于图 14.4(a)，有

$$\Delta_{st} = \frac{Wl^3}{48EI} = \frac{(1\times 10^3 \text{ N})\times (3\text{ m})^3}{48\times (200\times 10^9 \text{ Pa})\times (3\,400\times 10^{-8}\text{ m}^4)} = 8.27\times 10^{-5}\text{ m}$$

$$k_d = 1 + \sqrt{1 + \frac{2\times (5\times 10^{-2}\text{ m})}{8.27\times 10^{-5}\text{ m}}} = 35.8$$

$$\sigma_{st\,max} = \frac{Wl}{4W_z} = \frac{(1\times 10^3\text{ N})\times 3\text{ m}}{4\times (309\times 10^{-6}\text{ m}^3)} = 2.43\times 10^6\text{ Pa} = 2.43\text{ MPa}$$

于是得

$$\sigma_{d\,max} = k_d \sigma_{st\,max} = 35.8\times 2.43\text{ MPa} = 86.9\text{ MPa}$$

对于图 14.4(b)，有

$$\Delta_{st} = \frac{Wl^3}{48EI} + \frac{W}{2k} = 8.27\times 10^{-5}\text{ m} + \frac{1\times 10^3\text{ N}}{2\times (100\times 10^3\text{ N/m})} = 5.08\times 10^{-3}\text{ m} = 5.08\text{ mm}$$

$$k_d = 1 + \sqrt{1 + \frac{2\times (5\times 10^{-2}\text{ m})}{5.08\times 10^{-3}\text{ m}}} = 5.55$$

$$\sigma_{d\,max} = k_d \sigma_{st\,max} = 5.55\times 2.43\text{ MPa} = 13.5\text{ MPa}$$

由于图 14.4(b)采用了弹簧支座，减小了系统的刚度，因而使动荷因数减小，这是降低冲击应力的有效方法。

14.1.2 提高构件抗冲击能力的措施

为了降低杆件受冲击时的动应力，提高构件的抗冲击能力，就要设法降低动荷因数。从动荷因数表达式(14-3),(14-5)和(14-6)可知，在载荷条件不变的前提下，构件的静位移 Δ_{st} 越大，则动荷因数 k_d 越小。由于静位移 Δ_{st} 与构件的刚度成反比，因此，常常采用降低构件刚度的方法来减小冲击作用的影响。

某些情况下，改变受冲击杆件的尺寸，可以起到增加静位移以降低动应力的效果。但是，采用减小构件的横截面面积来增加静位移以降低动荷因数的方法是不可行的。因为在

降低了动荷因数 k_d 的同时，由于截面的减小又增加了静应力 σ_{st}，反而有可能使应力增加。所以必须在保证构件静强度的前提下，用降低构件刚度来提高其抗冲击能力。在汽车大梁与轮轴之间安装迭板弹簧、火车车厢与轮轴之间安装压缩弹簧、某些机器或零件上加上橡胶垫、建筑工人等戴的安全帽等都是在不改变静强度的前提下提高静位移 Δ_{st}，降低了动荷因数 k_d，从而减小冲击应力，起到缓冲作用。

14.2 疲　　劳

14.2.1 疲劳的概念

前面讨论的强度计算，其基本思想是保证构件的工作应力不超过材料的许用应力，即
$$\sigma \leqslant [\sigma]$$
其中许用应力 $[\sigma] = \sigma_u / n$；σ_u 为危险应力，对于塑性材料，$\sigma_u = \sigma_s$；对于脆性材料，$\sigma_u = \sigma_b$；n 为安全因数。

但是人们在长期的生产实践中，发现根据上述强度计算设计出来的构件，在受到随时间作周期性变化的应力作用时，经过多次重复加载后，在应力 σ 远低于危险应力 σ_u 的情况下，构件产生裂纹或完全断裂。而且，即使是塑性很好的材料，断裂时也无显著的塑性变形。这种破坏有一个形象的名字：**疲劳失效**。随时间作周期性变化的应力，称为**交变应力**。

在工程实践中，交变应力经常出现。例如，如图14.5所示的圆轴以角速度 ω 匀速转动，轴上一点 A 的位置随时间变化，从 A 到 A'，再到 A''，再到 A'''，又到 A 处，如此循环往复。轴上该点的正应力 σ_A 也从 0 到 σ_{max}^+，再到 0，再到 σ_{max}^-，又到 0，产生拉压应力循环。该点的应力即为交变应力。交变应力引起的疲劳强度问题已成为材料力学的重要研究课题之一。

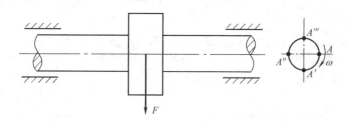

图 14.5　交变应力

14.2.2 交变应力

图 14.6 为构件中一点的交变应力随时间的变化曲线，图中的 S 是广义应力，既可能是正应力 σ，也可能是切应力 τ。

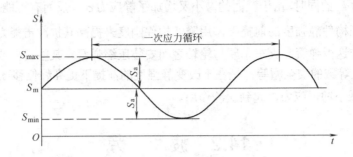

图 14.6 非对称循环应力

根据交变应力随时间的变化情况，对照图 14.6，我们定义下列名词和术语。

应力循环：应力变化一个周期，称为一次应力循环。

最小应力：应力循环中的最小应力值，用 S_{min} 表示。

最大应力：应力循环中的最大应力值，用 S_{max} 表示。

循环特征：一次应力循环中最小应力与最大应力的比值，用 r 表示，即

$$r = \frac{S_{min}}{S_{max}} \tag{14-7}$$

平均应力：最大应力与最小应力的平均值，用 S_m 表示，即

$$S_m = \frac{S_{min} + S_{max}}{2} \tag{14-8}$$

应力幅值：最大应力与最小应力代数差的一半，用 S_a 表示，即

$$S_a = \frac{S_{max} - S_{min}}{2} \tag{14-9}$$

非对称循环是指最大应力与最小应力的绝对值不相等的应力循环，如图 14.6 所示。

对称循环是指最大应力与最小应力大小相等、正负号相反的应力循环，如图 14.7 所示。其特点如下：

$$S_{max} = -S_{min}, \quad S_m = 0, \quad S_a = S_{max}, \quad r = -1$$

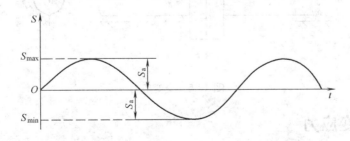

图 14.7 对称循环应力

脉冲循环是指最小应力值等于零，应力的正负号不发生变化的应力循环，如图 14.8 所示。其特点如下：

$$S_{\min} = 0, \quad S_m = S_a = \frac{S_{\max}}{2}, \quad r = 0$$

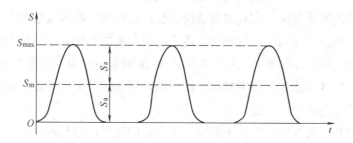

图 14.8 脉冲循环应力

静载荷下的应力是一种不随时间变化的应力,也可以认为是交变应力的一种特殊情况,其特点如下:

$$S_{\max} = S_{\min} = S_m = S, \quad S_a = 0, \quad r = 1$$

14.2.3 疲劳失效

构件在交变应力作用下发生疲劳失效时,具有以下明显的特征:

(1) 失效时应力值远低于材料在静载荷作用下的强度指标。

(2) 构件在确定的应力水平下发生疲劳失效需要一个过程,即需要一定的应力循环次数。

(3) 构件在破坏前和破坏时都没有明显的塑性变形,呈现脆性断裂破坏的特点。

(4) 构件疲劳失效的断口,一般都分成明显的两个区域:光滑区域和颗粒状粗糙区域,如图 14.9 所示。上述破坏断口的特征与疲劳失效的起源及发展过程是密切相关的。

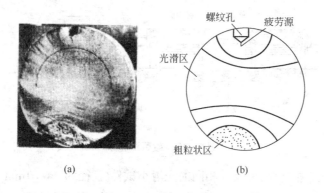

图 14.9 疲劳失效的断口

构件在微观上,其内部组织是不均匀的。在足够大的交变应力下,金属中受力较大或强度较弱的晶粒与晶界上将出现滑移带。随着应力变化次数的增加,滑移加剧,滑移带开裂形成微观裂纹,简称"微裂纹"。另外,构件内部初始缺陷或表面刻痕以及应力集中处,都可能最先产生微裂纹。这些微裂纹便是疲劳失效的起源,简称"疲劳源"。

微裂纹随着应力交变次数的继续增加而不断扩展，形成了裸眼可见的宏观裂纹。在裂纹的扩展过程中，由于应力交替变化，裂纹两表面的材料时而互相挤压、时而分离，这样就形成了断口表面的光滑区；宏观裂纹继续扩展，致使构件的承载截面不断被削弱，类似在构件上形成尖锐的"切口"，这种切口造成的应力集中，使局部区域内的应力达到很大数值。最终在较低的应力水平下，由于累积损伤，致使构件在某一次载荷作用时突然断裂。断口表面的颗粒状区域就是这种突然断裂造成的，所以疲劳失效的过程可以理解为裂纹产生、扩展直至构件断裂的一个过程。

需要指出的是，裂纹的产生和扩展是一个复杂的过程，它与构件的外形、尺寸、应力交变类型以及所处的介质等有很大关系。现实中，飞机、舰船、车辆和机器发生的事故中，有很大一部分是零部件疲劳失效造成的。因此对于承受交变应力的构件，在设计和使用中都必须特别注意裂纹的生成和扩展，重视疲劳强度计算，防止发生疲劳失效。

14.2.4 疲劳极限

金属材料在交变应力作用下，可能在应力低于屈服极限时就发生疲劳失效。因此，静载荷下测定的材料屈服极限或强度极限已不能作为交变应力下的材料强度指标。在交变应力作用下，疲劳计算的主要强度指标是材料的"疲劳极限"。

所谓**疲劳极限**是指对光滑小试件进行交变应力循环试验，经过无穷多次应力循环而不发生破坏的最大应力值的最高限值。也叫**持久极限**，用 σ_r 或 τ_r 表示，下标 r 为对应的循环特征。

疲劳极限一般通过对光滑小试件进行旋转弯曲疲劳试验来测定。

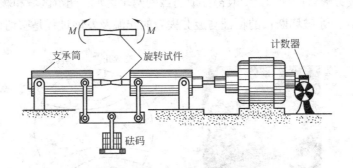

图 14.10 疲劳试验机

准备一组(8～12根)材料和尺寸相同的光滑小试件(直径为7～10 mm)。在图 14.10 所示疲劳试验机上进行试验。让不同的试件分别承受由大到小的不同载荷，使各试件中应力循环的最大应力值不同，由高到低递减。试验时，每根试件经历对称的应力循环(循环特征 $r=-1$)，直至发生疲劳失效。记录下每根试件危险截面上的最大应力值 $\sigma_{\max}$ 以及发生破坏时所经历的循环次数 N。

将试验结果标在 $\sigma_{\max} - N$ 坐标系中，可作一曲线，称为**应力-寿命曲线**或 S-N 曲线，如

图 14.11 所示。

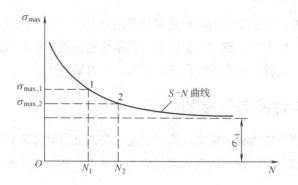

图 14.11　应力-寿命曲线

从试验结果可看出，当最大应力降至某一极限值时，S-N 曲线趋近于水平线。这一极限值即是材料在对称应力循环下的疲劳极限，用 σ_{-1} 表示。

对于某些材料，如有色金属等，其对称循环下的 S-N 曲线没有明显的水平渐近线，这表明很难得到试件经历无穷多次应力循环而不发生疲劳失效的最大应力值的最高限值。对于这些材料，工程上常采用条件疲劳极限或条件持久极限以代替疲劳极限。所谓**条件疲劳极限**是指在规定的应力循环次数 (N_0) 下，不发生疲劳失效的最大应力值的最高限值，N_0 称作"循环基数"，一般取 $N_0 = 10^7 \sim 10^8$ 次。

大量的试验资料表明，钢材在拉压、弯曲或扭转等对称循环下的疲劳极限与静载荷强度极限 σ_b 之间存在下述近似关系：

$$\sigma_{-1(拉压)} \approx 0.28\sigma_b, \quad \sigma_{-1(弯曲)} \approx 0.40\sigma_b, \quad \sigma_{-1(扭转)} \approx 0.23\sigma_b \tag{14-10}$$

上述关系可以在工程中近似估计疲劳极限。

14.2.5　影响构件疲劳极限的主要因素

上面介绍的疲劳极限是用光滑小试件在实验室条件下，排除工程构件中的应力集中、构件尺寸以及表面加工质量等因素的影响后得到的。要确定工程实际构件的疲劳极限，必须考虑这些实际因素的影响。

1. 构件外形的影响(应力集中问题)

在构件上的截面突变、开孔、切槽等截面不连续处，会产生应力集中现象，即在这些截面不连续的局部区域内，应力有可能达到很高的数值，从而使疲劳极限降低。

2. 构件尺寸的影响

构件尺寸对疲劳极限有着明显的影响，这是疲劳强度与静载荷强度的主要差异之一。在大构件中，疲劳裂纹更易于形成并扩展，疲劳极限因而会降低。

3. 表面加工质量的影响

粗糙的机械加工，会在构件表面形成深浅不同的刻痕，这些刻痕本身就是一些初始裂纹。当所受交变应力较大时，裂纹的扩展便首先从这些刻痕开始。因此表面光洁度愈差，疲劳极限降低愈多。且材料的静强度愈高，加工质量的影响愈显著。

14.2.6 提高构件疲劳强度的措施

疲劳裂纹主要位于应力集中部位和构件表面。提高疲劳强度通常是指在不改变构件的基本尺寸和材料的前提下，通过减缓应力集中和改善表面质量，以提高构件的疲劳极限。通常采用下述方法。

1. 减缓应力集中

为了消除或减缓应力集中，在设计构件的外形时，要尽量避免在构件上开方形或带尖角的槽和孔。截面突变处的应力集中是产生裂纹以及裂纹扩展的重要原因，通过适当加大截面突变处的过渡圆角以及其他措施，有利于缓和应力集中，从而可以明显地提高构件的疲劳强度。

对于阶梯形轴，有时由于结构装配上的原因，难以加大过渡圆角，这时采用图 14.12(a)所示环形"减荷槽"或图 14.12(b)所示"退刀槽"，同样可达到减缓应力集中的目的。

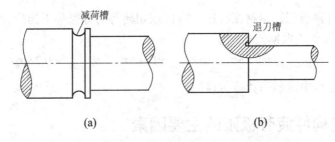

图 14.12 减荷槽与退刀槽

2. 改善表面质量

在应力非均匀分布的情形(例如弯曲和扭转)下，疲劳裂纹大都从构件表面开始形成和扩展。因此在构件加工和使用过程中，应尽量避免使构件表面受到机械损伤(如刀痕、擦伤、打印等)或化学损伤(如腐蚀、生锈等)。

对于疲劳强度要求较高的构件，可以通过精加工来降低表面粗糙度，还可进行冷压机械加工(例如表面滚压和喷丸处理等)，这都有助于提高构件表面层的质量。但采用强化方法处理表层时，要严格控制工艺过程，否则将造成表面细小裂纹，反而降低了构件的疲劳强度。

另外对构件进行表面热处理和化学处理，例如表面高频淬火、渗碳、渗氮、氰化、发黑、发蓝、镀锌、镀铬、镀镉、抛光等，可以提高构件表面材料强度和硬度及防腐蚀能力，有效改善表面质量。

有时进行的表面处理，一方面可以使表面质量提高，同时又可以在表面层中产生残余压应力，抑制疲劳裂纹的形成和扩展。例如喷丸处理方法，近年来得到广泛应用，并取得了明显的效益。这种方法是将很小的钢丸、铸铁丸、玻璃丸或其他硬度较大的小丸，以很高的速度喷射到构件表面上，使表面材料产生塑性变形而强化，同时产生较大的残余压应力。

小 结

通过本章的学习，主要应该掌握：

(1) 冲击问题的计算，采用近似的能量法，导出动荷因数，把静载荷作用下的解答乘以相应的动荷因数即得相应的冲击载荷的解答。

(2) 构件承受随时间作周期性变化的应力称为交变应力。材料在交变应力作用下的破坏称为疲劳失效。其特点是这种破坏常在最大工作应力远小于材料的极限应力指标时出现。

(3) 为了描述构件所承受的交变应力，可采用循环特征 r 表示。

(4) 为了描述材料在交变应力作用下的强度，通常采用疲劳极限 σ_r 或 τ_r 表示。

(5) 影响疲劳极限的主要因素有：构件的外形、尺寸和表面加工质量等。

(6) 了解的提高构件疲劳强度和抗冲击能力的一些措施。

(7) 工程中还会遇到有加速度的情形，这成为动载荷，遇到时，请参考文献[1]或其他。

思 考 题

14-1 冲击计算的基本假设是什么？

14-2 如何提高构件的抗冲击能力？

14-3 从冲击物作功，说明突加载荷的动荷因数 $k_d = 2$ 的道理。

14-4 什么是交变应力？举例说明。

14-5 疲劳失效有何特点？疲劳失效与静载失效有什么区别？疲劳失效时其断口分成几个区域？是如何形成的？

14-6 什么是对称循环？什么是脉冲循环？

14-7 什么是疲劳极限？试件的疲劳极限与构件的疲劳极限有什么区别和联系？

14-8 影响疲劳极限的主要因素是什么？

习 题

14-1 重量为 W 的重物自高度 h 下落冲击于简支架上点 C，已知梁的 EI 及弯曲截面系数 W_z。求：

(1) 梁内最大正应力及梁跨度中点的挠度；
(2) 若重物具有初速度 v 自高度 h 下落冲击，其动荷因数为多少？

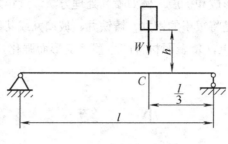

题 14-1 图

14-2 图示钢杆的下端有一固定圆盘，盘上放置弹簧，弹簧在 1 kN 的静载下缩短 0.625 mm，钢杆直径 $d=40$ mm，$l=4$ m，许用应力 $[\sigma]=120$ MPa，$E=200$ GPa。若有重 $W=15$ kN 的重物自由下落，求其许可高度 h。又若没有弹簧时，则许可高度 h 等于多少？

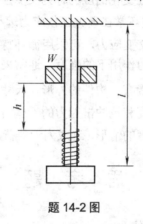

题 14-2 图

14-3 重为 W 的物体以速度 v 水平冲击在杆件点 C，已知构件的横截面惯性矩 I，弯曲截面系数 W_z 和弹性模量 E。求构件的最大弯曲动应力和最大挠度。

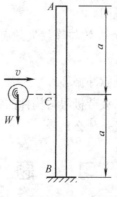

题 14-3 图

14-4 火车轮轴受力情况如图所示。已知 $a = 500$ mm，$l = 1\,435$ mm，轮轴中段直径 $d = 150$ mm。若 $F = 50$ kN，求轮轴中段截面边缘上任一点的最大应力 $\sigma_{\max}$，最小应力 $\sigma_{\min}$，循环特征 r，并作 $\sigma - t$ 曲线。

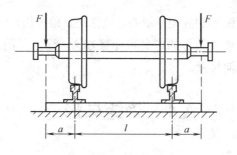

题 14-4 图

14-5 求图示各构件中点 B 的应力循环特征。

(1) 题 14-5 (a) 图所示轴固定不动，滑轮绕轴转动，滑轮上作用有大小和方向均保持不变的铅垂力。

(2) 题 14-5 (b) 图所示轴与滑轮相固结并一起旋转，滑轮上作用有大小和方向均保持不变的铅垂力。

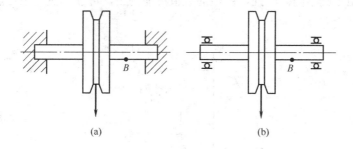

题 14-5 图

14-6 柴油发动机连杆大头螺钉在工作时受到的最大拉力 $F_{\max} = 58.3$ kN，最小拉力 $F_{\min} = 55.8$ kN。螺纹处内径 $d = 11.5$ mm。求其平均应力 σ_{m}、应力幅值 σ_{a} 和循环特征 r。

附录 A 平面图形的几何性质

本附录主要介绍平面图形的静矩、形心、惯性矩、极惯性矩、惯性积、平行移轴公式、转轴公式、主惯性轴、主惯性矩等的定义和计算方法。这些与图形形状及尺寸有关的几何量，统称为**平面图形的几何性质**。

A.1 静矩与形心

1. 静矩

设任意形状平面图形如图 A.1 所示，其面积为 A，建立图示 Oyz 直角坐标系。任取微面积 $\mathrm{d}A$，其坐标为 (y,z)，则积分

$$S_y = \int_A z\,\mathrm{d}A, \quad S_z = \int_A y\,\mathrm{d}A \tag{A-1}$$

分别称为平面图形对轴 y 与轴 z 的**静矩**或**一次矩**。

从式(A-1)可以看出，平面图形的静矩是对某一坐标轴而言的，同一平面图形对不同的坐标轴，其静矩也就不同。因此，静矩的数值可能为正，可能为负，也可能为零。静矩的量纲为长度的 3 次方。

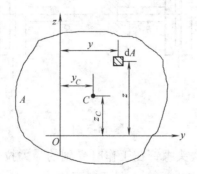

图 A.1　平面图形的静矩与形心

2. 形心

设想有一个厚度很小的均质薄板，薄板板面形状如图 A.1 所示。根据合力矩定理可知，该均质薄板的重心在 Oyz 坐标系中的坐标为

$$\left. \begin{aligned} y_C &= \frac{\int_A y\,\mathrm{d}A}{A} \\ z_C &= \frac{\int_A z\,\mathrm{d}A}{A} \end{aligned} \right\} \tag{A-2}$$

对均质板，该板的重心与其平面图形的形心 C 相重合，因此，上式可用来计算截面形心的位置。

$$z_C = \frac{S_y}{A}, \quad y_C = \frac{S_z}{A} \tag{A-3}$$

或

$$S_y = A \cdot z_C, \quad S_z = A \cdot y_C \tag{A-4}$$

由式(A-4)得知，若坐标轴 z 或 y 通过形心，则平面图形对该轴的静矩等于零；反之，若平面图形对某一轴的静矩等于零，则该轴必通过平面图形的形心。通过平面图形形心的坐标轴称为**形心轴**。

【例 A-1】 求图 A.2 所示半圆形的静矩 S_y，S_z 及形心 C 位置。已知圆的半径为 R。

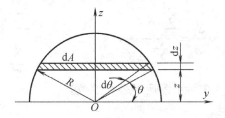

图 A.2　例 A-1 图

【解】

(1) 求静矩

由于轴 z 为对称轴，过形心，则

$$S_z = 0$$

取平行于轴的狭长条为微面积 dA，则

$$dA = 2R\cos\theta\,dz$$

而

$$z = R\sin\theta, \quad dz = R\cos\theta\,d\theta$$

即

$$dA = 2R^2\cos^2\theta\,d\theta$$

将上式代入式(A-1)，得半圆形对轴 y 的静矩为

$$S_y = \int_A z\,dA = \int_0^{\frac{\pi}{2}} R\sin\theta \cdot 2R^2\cos^2\theta\,d\theta = \frac{2}{3}R^3$$

(2) 求形心坐标

由式(A-2)，得形心坐标为

$$z_C = \frac{S_y}{A} = \frac{\frac{2}{3}R^3}{\frac{1}{2}\pi R^2} = \frac{4R}{3\pi}, \quad y_C = 0$$

【讨论】 利用几何对称性，使 $S_z = 0$，$y_C = 0$，则所求计算量减少一半。

3. 组合图形的静矩与形心

当一个平面图形是由几个简单图形(例如矩形、圆形、三角形等)组成时，称为**组合图形**。

根据静矩的定义可知，图形各组成部分对某一轴的静矩的代数和，等于整个图形对同一轴的静矩，即

$$S_z = \sum_{i=1}^{n} A_i y_{C_i}, \quad S_y = \sum_{i=1}^{n} A_i z_{C_i} \tag{A-5}$$

式中，A_i 和 y_{C_i}，z_{C_i} 分别表示任一组成部分的面积及其形心的坐标。n 表示图形由 n 个部分组成。

将式(A-5)代入式(A-3)，得组合图形形心坐标的计算公式为

$$y_C = \frac{S_z}{A} = \frac{\sum_{i=1}^{n} A_i y_{C_i}}{\sum_{i=1}^{n} A_i}, \quad z_C = \frac{S_y}{A} = \frac{\sum_{i=1}^{n} A_i z_{C_i}}{\sum_{i=1}^{n} A_i} \tag{A-6}$$

【**例 A-2**】 试确定图 A.3 所示图形形心 C 的位置。

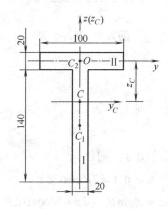

图 A.3　例 A-2 图

【**解**】　选取图示参考坐标系 Oyz，并将图形划分为 I 和 II 两个矩形。

矩形 I 的面积与形心的纵坐标分别为

$$A_1 = 0.14 \text{ m} \times 0.02 \text{ m} = 2.8 \times 10^{-3} \text{ m}^2$$

$$z_{C_1} = -8.0 \times 10^{-2} \text{ m}$$

矩形 II 的面积与形心纵坐标则分别为

$$A_2 = 0.02 \text{ m} \times 0.1 \text{ m} = 2.0 \times 10^{-3} \text{ m}^2$$

$$z_{C_2} = 0$$

由式(A-6)得组合图形形心 C 的纵坐标为

$$z_C = \frac{2.8 \times 10^{-3} \text{ m} \times (-8.0 \times 10^{-2} \text{ m}) + 2.0 \times 10^{-3} \text{ m} \times 0}{2.8 \times 10^{-3} \text{ m} + 2.0 \times 10^{-3} \text{ m}} = -0.046\ 7 \text{ m}$$

因轴 z 通过图形的形心 C，则 $y_C = 0$。

A.2 惯性矩和惯性积

1. 惯性矩和极惯性矩

设任意形状平面图形如图 A.4 所示。其图形面积为 A，任取微面积 $\mathrm{d}A$，坐标为 (y,z)，则积分

$$I_y = \int_A z^2 \mathrm{d}A, \quad I_z = \int_A y^2 \mathrm{d}A \tag{A-7}$$

分别称为平面图形对轴 y 与轴 z 的**惯性矩**或**二次矩**。由式(A-7)知，惯性矩 I_y 和 I_z 恒为正，其量纲为长度的四次方。

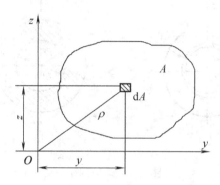

图 A.4 平面图形的惯性矩与惯性积

在力学计算中，有时也把惯性矩写成如下形式

$$I_y = A i_y^2, \quad I_z = A i_z^2 \tag{A-8}$$

或者改写成为

$$i_y = \sqrt{\frac{I_y}{A}}, \quad i_z = \sqrt{\frac{I_z}{A}} \tag{A-9}$$

式中，i_y 和 i_z 分别称为平面图形对轴 y 和轴 z 的**惯性半径**。惯性半径的量纲为长度。

若以 ρ 表示微面积 $\mathrm{d}A$ 到坐标原点的距离，则下述积分

$$I_\mathrm{p} = \int_A \rho^2 \mathrm{d}A \tag{A-10}$$

定义为平面图形对坐标原点的**极惯性矩**或**二次极矩**。

由图 A.4 可以看出

$$\rho^2 = y^2 + z^2$$

于是有

$$I_\mathrm{p} = \int_A (y^2 + z^2) \mathrm{d}A = I_z + I_y \tag{A-11}$$

式(A-11)表明，平面图形对任意两个互相垂直轴的惯性矩之和，等于它对该两轴交点的极惯性矩。

2. 惯性积

在图 A.4 中，下述积分

$$I_{yz} = \int_A yz\,dA \tag{A-12}$$

定义为平面图形对轴 y，z 的**惯性积**。由式(A-12)知，I_{yz} 可能为正、为负或为零。量纲是长度的四次方。

若坐标轴 y 或 z 中有一个是平面图形的对称轴，则平面图形的惯性积 I_{yz} 恒为零。因为在对称轴的两侧，处于对称位置的两面积元素 dA 的惯性积 $zy\,dA$，数值相等而正负号相反，致使整个图形的惯性积 $I_{yz} = \int_A yz\,dA$ 必等于零。

【**例 A-3**】 求图 A.5 所示实心圆和圆环对形心的极惯性矩和对形心轴的惯性矩。

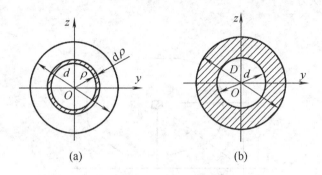

图 A.5　例 A-3 图

【**解**】

(1) 实心圆

如图 A.5(a)所示，设有直径为 d 的圆，微面积取厚度为 $d\rho$ 的圆环，则有

$$dA = 2\pi\rho\,d\rho$$

由式(A-10)得实心圆的极惯性矩为

$$I_p = \int_0^{d/2} \rho^2 2\pi\rho\,d\rho = \frac{\pi d^4}{32} \tag{A-13}$$

由于图形对称，则 $\qquad I_y = I_z$

再由式(A-11)，显然有 $\qquad I_p = 2I_y = 2I_z$

则有

$$I_y = I_z = \frac{I_p}{2} = \frac{\pi d^4}{64} \tag{A-14}$$

(2) 圆环

设圆环(图 A.5(b))的内径为 d，外径为 D，按实心圆的方法，由式(A-10)得其极惯性矩为

$$I_p = \frac{\pi D^4}{32} - \frac{\pi d^4}{32} = \frac{\pi}{32}(D^4 - d^4) = \frac{\pi D^4}{32}(1-\alpha^4) \tag{A-15}$$

同理，可得圆环对轴 y 和轴 z 的惯性矩为

$$I_y = I_z = \frac{\pi D^4}{64} - \frac{\pi d^4}{64} = \frac{\pi}{64}(D^4 - d^4) = \frac{\pi D^4}{64}(1 - \alpha^4) \tag{A-16}$$

式中，$\alpha = \dfrac{d}{D}$ 代表圆环内外径的比值。

【例 A-4】 求图 A.6 所示矩形图形对形心对称轴的惯性矩。

【解】 如图 A.6 所示，微面积取宽为 dy，高为 h 且平行于轴 z 的狭长矩形，即 $dA = hdy$。

于是，由式(A-7)得矩形图形对轴 z 的惯性矩为

$$I_z = \int_A y^2 dA = \int_{-b/2}^{b/2} y^2 h dy = \frac{hb^3}{12} \tag{A-17}$$

同理，得矩形图形对轴 y 的惯性矩为

$$I_y = \frac{bh^3}{12} \tag{A-18}$$

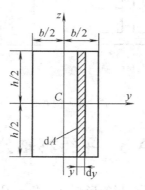

图 A.6　例 A-4 图

3. 组合图形的惯性矩

当一个平面图形是若干个简单的图形组成时，根据惯性矩的定义，可先计算出每一个简单图形对同一轴的惯性矩，然后求其总和，即得整个图形对于这一轴的惯性矩。用公式表达为

$$I_y = \sum_{i=1}^{n} I_{y_i}, \quad I_z = \sum_{i=1}^{n} I_{z_i} \tag{A-19}$$

【例 A-5】 计算图 A.7(a)所示工字形图形对形心轴 y 的惯性矩。

【解】 如图 A.7(b)所示的边长为 $b \times h$ 的矩形图形，可视为由工字形图形与阴影部分矩形图形的组合。即边长为 $b \times h$ 的矩形图形对形心轴 y 的惯性矩 I_{y_1}，等于工字形图形对轴 y 的惯性矩 I_y 加上阴影部分矩形对轴 y 的惯性矩 I_{y_2}。亦即

$$I_{y_1} = I_{y_2} + I_y$$

由式(A-18)知

$$I_{y_1} = \frac{bh^3}{12}$$

$$I_{y_2} = 2 \times \frac{\frac{b-d}{2} h_0^3}{12} = \frac{(b-d)h_0^3}{12}$$

所以工字形图形对轴 y 的惯性矩

$$I_y = \frac{bh^3}{12} - \frac{(b-d)h_0^3}{12}$$

【讨论】 若将工字形图形视为上、下及中间三个矩形条组成，则如何求解？请看下节公式。

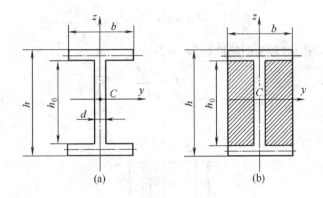

图 A.7 例 A-5 图

A.3 平行移轴公式

如图 A.8 所示，设 C 为平面图形的形心，y_C 和 z_C 是通过形心的坐标轴，图形对形心轴的惯性矩和惯性积已知，分别记为

$$\left. \begin{array}{l} I_{y_C} = \int_A z_C^2 \, dA \\ I_{z_C} = \int_A y_C^2 \, dA \\ I_{y_C z_C} = \int_A y_C z_C \, dA \end{array} \right\} \tag{A-20}$$

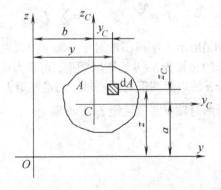

图 A.8 平行移轴公式

若轴 y 平行于轴 y_C，且两者的距离为 a；轴 z 平行于轴 z_C，且两者的距离为 b。按照定义，图形对轴 y 和轴 z 的惯性矩和惯性积分别为

$$\left. \begin{array}{l} I_y = \int_A z^2 \, dA \\ I_z = \int_A y^2 \, dA \\ I_{yz} = \int_A yz \, dA \end{array} \right\} \tag{A-21}$$

由图 A.8 可以看出

$$y = y_C + b, \quad z = z_C + a \tag{A-22}$$

以式(A-22)代入式(A-21)得

$$I_y = \int_A z^2 \, dA = \int_A (z_C + a)^2 \, dA = \int_A z_C^2 \, dA + 2a \int_A z_C \, dA + a^2 \int_A dA$$

$$I_z = \int_A y^2 \, dA = \int_A (y_C + b)^2 \, dA = \int_A y_C^2 \, dA + 2b \int_A y_C \, dA + b^2 \int_A dA$$

$$I_{yz} = \int_A yz \, dA = \int_A (y_C + b)(z_C + a) \, dA$$

$$= \int_A y_C z_C \, dA + a \int_A y_C \, dA + b \int_A z_C \, dA + ab \int_A dA$$

在以上三式中，$\int_A z_C \, dA$ 和 $\int_A y_C \, dA$ 分别为图形对形心轴 y_C 和 z_C 的静矩，故其值为零。而 $\int_A dA = A$，再应用式(A-20)，则上三式简化为

$$\left. \begin{array}{l} I_y = I_{y_C} + a^2 A \\ I_z = I_{z_C} + b^2 A \\ I_{yz} = I_{y_C z_C} + abA \end{array} \right\} \tag{A-23}$$

式(A-23)称为惯性矩和惯性积的**平行移轴公式**。应用式(A-23)时要注意 a 和 b 是图形的形心 C 在 Oyz 坐标系中的坐标，它们有正负。由式(A-23)可知，平面图形对所有平行轴的惯性矩中，以对形心轴的惯性矩为最小。

【例 A-6】 求例 A-2 中(图 A.3)T 形图形对水平形心轴 y_C 的惯性矩。

【解】 如图 A.3 所示，将图形分解为矩形 I 和矩形 II。由平行移轴公式(A-23)知，矩形 I 对轴 y_C 的惯性矩为

$$I_{y_C}^{\mathrm{I}} = \frac{0.02 \text{ m} \times (0.14 \text{ m})^3}{12} + (0.08 \text{ m} - 0.046\,7 \text{ m})^2 \times 0.02 \text{ m} \times 0.1 \text{ m} = 7.69 \times 10^{-6} \text{ m}^4$$

矩形 II 对轴 y_C 的惯性矩为

$$I_{y_C}^{\mathrm{II}} = \frac{0.1 \text{ m} \times (0.02 \text{ m})^3}{12} + (0.046\,7 \text{ m})^2 \times 0.02 \text{ m} \times 0.1 \text{ m} = 4.43 \times 10^{-6} \text{ m}^4$$

于是得到整个图形对轴 y_C 的惯性矩为

$$I_{y_C} = I_{y_C}^{\mathrm{I}} + I_{y_C}^{\mathrm{II}} = 7.69 \times 10^{-6} \text{ m}^4 + 4.43 \times 10^{-6} \text{ m}^4 = 12.12 \times 10^{-6} \text{ m}^4$$

【讨论】

(1) 应用平行移轴公式时要注意两个坐标轴必须平行且其中一个是形心轴。

(2) 对于组合图形，可将图形划分成多个简单形状的图形，利用平行移轴公式先求出

各简单形状图形对所求轴的惯性矩,然后叠加即得组合图形对该轴的惯性矩。

(3) 请用平行移轴公式完成例 A-5 的讨论。

A.4 转 轴 公 式

1. 转轴公式

设有面积为 A 的任意平面图形(图 A.9),对轴 y、轴 z 的惯性矩和惯性积已知,即有

$$\left.\begin{aligned} I_y &= \int_A z^2 \, \mathrm{d}A \\ I_z &= \int_A y^2 \, \mathrm{d}A \\ I_{yz} &= \int_A yz \, \mathrm{d}A \end{aligned}\right\} \tag{A-24}$$

若将坐标轴绕点 O 旋转角 α,且以逆时针转角为正,旋转后得到新的坐标轴为 y_1,z_1,而图形对轴 y_1,z_1 的惯性矩和惯性积应分别为

$$I_{y_1} = \int_A z_1^2 \, \mathrm{d}A, \quad I_{z_1} = \int_A y_1^2 \, \mathrm{d}A, \quad I_{y_1 z_1} = \int_A y_1 z_1 \, \mathrm{d}A \tag{A-25}$$

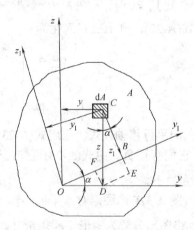

图 A.9 转轴公式

由图 A.9 知,微面积 $\mathrm{d}A$ 在新旧两个坐标系中的坐标关系为

$$\left.\begin{aligned} y_1 &= OB = OF + DE = y\cos\alpha + z\sin\alpha \\ z_1 &= CB = CE - BE = z\cos\alpha - y\sin\alpha \end{aligned}\right\} \tag{A-26}$$

将式(A-26)代入式(A-25)中展开,整理得

$$\left.\begin{aligned} I_{y_1} &= I_y \cos^2\alpha + I_z \sin^2\alpha - I_{yz}\sin 2\alpha \\ I_{z_1} &= I_y \sin^2\alpha + I_z \cos^2\alpha + I_{yz}\sin 2\alpha \\ I_{y_1 z_1} &= \frac{I_y - I_z}{2}\sin 2\alpha + I_{yz}\cos 2\alpha \end{aligned}\right\} \tag{A-27}$$

改写后，得

$$\left.\begin{aligned} I_{y_1} &= \frac{I_y+I_z}{2} + \frac{I_y-I_z}{2}\cos 2\alpha - I_{yz}\sin 2\alpha \\ I_{z_1} &= \frac{I_y+I_z}{2} - \frac{I_y-I_z}{2}\cos 2\alpha + I_{yz}\sin 2\alpha \\ I_{y_1z_1} &= \frac{I_y-I_z}{2}\sin 2\alpha + I_{yz}\cos 2\alpha \end{aligned}\right\} \quad (A-28)$$

I_{y_1}，I_{z_1}，$I_{y_1z_1}$ 随角 α 的改变而变化，它们都是 α 的函数。式(A-27)，式(A-28)称为惯性矩与惯性积的**转轴公式**。

将上述 I_{y_1} 与 I_{z_1} 相加得

$$I_{y_1} + I_{z_1} = I_y + I_z = I_p \quad (A-29)$$

即图形对于通过同一点的任意一对直角坐标轴的两个惯性矩之和恒为常数。

2. 主轴与主惯性矩

由式(A-28)的第三式可以看出，当一对坐标轴绕原点转动时，惯性积随坐标轴转动变化而改变。由此，总可以找到一个特殊角度 α_0，以及相应的坐标轴 y_0，z_0，使得图形对这一对坐标轴的惯性积 $I_{y_0z_0}$ 为零，则称这一对坐标轴为图形的**主惯性轴**，简称**主轴**。图形对主惯性轴的惯性矩称为**主惯性矩**。需要指出是，对于任意一点(图形内或图形外)都有主轴，通过图形形心 C 的主惯性轴称为**形心主惯性轴**。图形对形心主惯性轴的惯性矩称为**形心主惯性矩**。

在式(A-28)中令 $\alpha = \alpha_0$ 及 $I_{y_1z_1} = 0$ 有

$$\frac{I_y - I_z}{2}\sin 2\alpha_0 + I_{yz}\cos 2\alpha_0 = 0 \quad (A-30)$$

从而得

$$\tan 2\alpha_0 = -\frac{2I_{yz}}{I_y - I_z} \quad (A-31)$$

由式(A-31)可以求出两个相差 $\frac{\pi}{2}$ 的角度 α_0，从而确定了一对坐标轴 y_0 和 z_0。图形对这对轴中的一个轴的惯性矩为最大值 $I_{\max}$，而对另一个轴的惯性矩则为最小值 $I_{\min}$。

由式(A-31)求出的角度 α_0 的数值，代入式(A-28)，经简化后得主惯性矩的计算公式为

$$\left.\begin{aligned} I_{y_0} &= \frac{I_y+I_z}{2} + \frac{1}{2}\sqrt{(I_y-I_z)^2 + 4I_{yz}^2} \\ I_{z_0} &= \frac{I_y+I_z}{2} - \frac{1}{2}\sqrt{(I_y-I_z)^2 + 4I_{yz}^2} \end{aligned}\right\} \quad (A-32)$$

在式(A-28)中，将 I_{y_1}，I_{z_1} 对 α 求导，并令其等于零，即

$$\left.\frac{\mathrm{d}I_{y_1}}{\mathrm{d}\alpha}\right|_{\alpha=\alpha_0} = 0 , \quad \left.\frac{\mathrm{d}I_{z_1}}{\mathrm{d}\alpha}\right|_{\alpha=\alpha_0} = 0$$

同样可得式(A-31)的结论。

由以上分析还可推出：

(1) 若图形有两个以上(大于两个)对称轴时，任一对称轴都是图形的形心主轴，且图形对任一形心轴的惯性矩都相等。

(2) 若图形有两个对称轴时，这两个轴都是图形的形心主轴。

(3) 若图形只有一个对称轴时，则该轴必是一个形心主轴，另一个形心主轴为通过图形形心且与对称轴垂直的轴。

(4) 若图形没有对称轴时，可通过计算得到形心主轴及形心主惯性矩的值。

小　　结

本附录介绍了平面图形的静矩、形心、惯性矩(积)、极惯性矩、平行移轴公式、转轴公式、主惯性轴与主惯性矩。要求熟练掌握静矩、形心计算方法；熟练掌握矩形、圆(环)形截面形心主惯性矩计算公式和圆(环)形截面极惯性矩计算公式；熟练掌握利用平行移轴公式计算简单组合截面形心主惯性矩。

思　考　题

A-1 何谓静矩？如何确定平面图形形心位置？

A-2 何谓惯性矩？惯性积？极惯性矩？惯性矩与极惯性矩有何关系？

A-3 何谓平行移轴公式？转轴公式？

A-4 何谓主轴？形心主轴？主惯性矩？形心主惯性矩？如何计算组合图形的形心主惯性矩？

A-5 平面图形对某一轴的静矩为零的条件是什么？

A-6 平面图形对某一对正交坐标轴的惯性积为零的条件是什么？

A-7 平面图形对一系列平行轴的惯性矩中，以对哪根轴的惯性矩为最小？

习　　题

A-1 求图示平面阴影部分面积对轴 y 的静矩。

A-2 计算图示各图形对形心轴 z 的惯性矩。

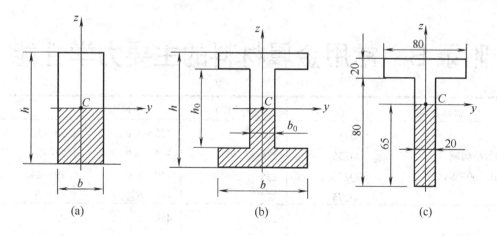

题 A-1 图

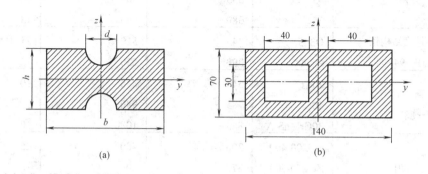

题 A-2 图

A-3 由两个 20a 槽钢构成的组合图形,若要使 $I_y = I_z$,求间距 a 应为多大?

A-4 确定图示平面图形的形心主惯性轴位置,并求形心主惯性矩。

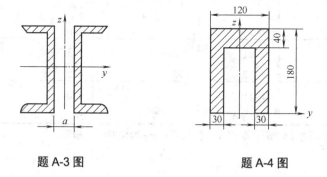

题 A-3 图　　　　　　题 A-4 图

附录 B 常用金属材料的主要力学性能

材料名称	牌号	σ_s/MPa	σ_b/MPa	δ_5/%
碳素结构钢 (GB 700—88)	Q215	215	335～450	26～31
	Q235	235	375～500	21～26
	Q255	255	410～550	19～24
	Q275	275	490～630	15～20
优质碳素结构钢 (GB 699—88)	25	275	450	23
	35	315	530	20
	45	355	600	16
	55	380	645	13
低合金高强度结构钢 (GB/T 1591—94)	Q345	345	510	21
	Q390	390	530	19
合金结构钢 (GB 3077—88)	20Cr	540	835	10
	40Cr	785	980	9
	30CrMnSiA	885	1080	10
铸钢 (GB 11352—89)	ZG200-400	200	400	25
	ZG270-500	270	500	18
可锻铸铁 (GB 9440—88)	KTZ450-06	270	450	6
	KTZ700-02	530	700	2
球墨铸铁 (GB1348—88)	QT400-18	250	400	18
	QT600-3	370	600	3
灰铸铁 (GB 9439—88)	HT150		150	
	HT250		250	
铝合金 (GB 3191—82)	LY11	216	373	12
	LY12	275	422	12
铜合金 (GB 13808—92)	QAl 9-2		470	24
	QAl 9-4		540	40

注：表中 δ_5 表示标距 $l=5d$ 标准试样的伸长率；σ_b 为拉伸强度极限。

附录 C 梁的挠度与转角

梁的简图	挠曲线方程	挠度和转角
悬臂梁，自由端集中力 F	$w = -\dfrac{Fx^2}{6EI}(3l - x)$	$w_B = -\dfrac{Fl^3}{3EI}$ $\theta_B = -\dfrac{Fl^2}{2EI}$
悬臂梁，距固定端 a 处集中力 F	$w = -\dfrac{Fx^2}{6EI}(3a - x),\ (0 \leqslant x \leqslant a)$ $w = -\dfrac{Fa^2}{6EI}(3x - a),\ (a \leqslant x \leqslant l)$	$w_B = -\dfrac{Fa^2}{6EI}(3l - a)$ $\theta_B = -\dfrac{Fa^2}{2EI}$
悬臂梁，均布载荷 q	$w = -\dfrac{qx^2}{24EI}(6l^2 - 4lx + x^2)$	$w_B = -\dfrac{ql^4}{8EI}$ $\theta_B = -\dfrac{ql^3}{6EI}$
悬臂梁，自由端力偶 M_e	$w = -\dfrac{M_e x^2}{2EI}$	$w_B = -\dfrac{M_e l^2}{2EI}$ $\theta_B = -\dfrac{M_e l}{EI}$
悬臂梁，距固定端 a 处力偶 M_e	$w = -\dfrac{M_e x^2}{2EI},\ (0 \leqslant x \leqslant a)$ $w = -\dfrac{M_e a}{EI}\left(x - \dfrac{a}{2}\right),\ (a \leqslant x \leqslant l)$	$w_B = -\dfrac{M_e a}{EI}\left(l - \dfrac{a}{2}\right)$ $\theta_B = -\dfrac{M_e a}{EI}$
简支梁，跨中集中力 F	$w = -\dfrac{Fx}{48EI}(3l^2 - 4x^2),$ $(0 \leqslant x \leqslant \dfrac{l}{2})$	$w_C = -\dfrac{Fl^3}{48EI}$ $\theta_A = -\theta_B = -\dfrac{Fl^2}{16EI}$
简支梁，距 A 端 a 处集中力 F	$w = -\dfrac{Fbx}{6lEI}(l^2 - x^2 - b^2),$ $(0 \leqslant x \leqslant a)$ $w = -\dfrac{Fa(l-x)}{6lEI}(2lx - x^2 - a^2),$ $(a \leqslant x \leqslant l)$	$\delta = -\dfrac{Fb(l^2 - a^2)^{3/2}}{9\sqrt{3}\,lEI}$ （位于 $x = \sqrt{(l^2 - b^2)/3}$） $\theta_A = -\dfrac{Fb(l^2 - b^2)}{6lEI}$ $\theta_B = \dfrac{Fa(l^2 - a^2)}{6lEI}$

续表

梁的简图	挠曲线方程	挠度和转角
(简支梁受均布载荷 q, 跨度 l)	$w = -\dfrac{qx}{24EI}(l^3 - 2lx^2 + x^3)$	$\delta = -\dfrac{5ql^4}{384EI}$ $\theta_A = -\theta_B = -\dfrac{ql^3}{24EI}$
(简支梁右端受集中力偶 M_e)	$w = \dfrac{M_e x}{6lEI}(l^2 - x^2)$	$\delta = \dfrac{M_e l^2}{9\sqrt{3}EI}$ (位于 $x = l/\sqrt{3}$) $\theta_A = \dfrac{M_e l}{6EI}$ $\theta_B = -\dfrac{M_e l}{3EI}$
(简支梁中间 C 处受集中力偶 M_e, $a+b=l$)	$w = \dfrac{M_e x}{6lEI}(l^2 - 3b^2 - x^2)$, $(0 \leqslant x \leqslant a)$ $w = -\dfrac{M_e(l-x)}{6lEI}(2lx - x^2 - 3a^2)$, $(a \leqslant x \leqslant l)$	$\delta_1 = \dfrac{M_e(l^2 - 3b^2)^{3/2}}{9\sqrt{3}lEI}$ (位于 $x = \sqrt{l^2 - 3b^2}/\sqrt{3}$) $\delta_2 = -\dfrac{M_e(l^2 - 3a^2)^{3/2}}{9\sqrt{3}lEI}$ (位于距 B 端 $\bar{x} = \sqrt{l^2 - 3a^2}/\sqrt{3}$) $\theta_A = \dfrac{M_e(l^2 - 3b^2)}{6lEI}$ $\theta_B = \dfrac{M_e(l^2 - 3a^2)}{6lEI}$ $\theta_C = \dfrac{M_e(l^2 - 3a^2 - 3b^2)}{6lEI}$

注：δ 为极值挠度。

附录 D 型 钢 表

表 D.1 热轧等边角钢(GB/T9787—1988)

符号意义：

b —— 边宽；
d —— 边厚；
r —— 内圆弧半径；
r_1 —— 边端内弧半径；
r_2 —— 边端外弧半径；
r_0 —— 顶端圆弧半径；
I —— 惯性矩；
i —— 惯性半径；
W —— 弯曲截面系数；
z_0 —— 形心距离。

角钢号数	尺寸/mm			截面面积/cm²	理论质量/(kg/m)	外表面积/(m²/m)	参考数值										
							$x-x$			x_0-x_0			y_0-y_0			x_1-x_1	z_0/cm
	b	d	r				I_x/cm⁴	i_x/cm	W_x/cm³	I_{x0}/cm⁴	i_{x0}/cm	W_{x0}/cm³	I_{y0}/cm⁴	i_{y0}/cm	W_{y0}/cm³	I_{x1}/cm⁴	
2	20	3	3.5	1.132	0.889	0.078	0.40	0.59	0.29	0.63	0.75	0.45	0.17	0.39	0.20	0.81	0.60
		4		1.459	1.145	0.077	0.50	0.58	0.36	0.78	0.73	0.55	0.22	0.38	0.24	1.09	0.64
2.5	25	3		1.432	1.124	0.098	0.82	0.76	0.46	1.29	0.95	0.73	0.34	0.49	0.33	1.57	0.73
		4		1.859	1.459	0.097	1.03	0.74	0.59	1.62	0.93	0.92	0.43	0.48	0.40	2.11	0.76
3.0	30	3	4.5	1.749	1.373	0.117	1.46	0.91	0.68	2.31	1.15	1.09	0.61	0.59	0.51	2.71	0.85
		4		2.276	1.786	0.117	1.84	0.90	0.87	2.92	1.13	1.37	0.77	0.58	0.62	3.63	0.89

续表

角钢号数	尺寸/mm			截面面积/cm²	理论质量/(kg/m)	外表面积/(m²/m)	参 考 数 值										
							$x-x$			x_0-x_0			y_0-y_0			x_1-x_1	z_0/cm
	b	d	r				I_x/cm⁴	i_x/cm	W_x/cm³	I_{x0}/cm⁴	i_{x0}/cm	W_{x0}/cm³	I_{y0}/cm⁴	i_{y0}/cm	W_{y0}/cm³	I_{x1}/cm⁴	
3.6	36	3	4.5	2.109	1.656	0.141	2.58	1.11	0.99	4.09	1.39	1.61	1.07	0.71	0.76	4.68	1.00
		4		2.756	2.163	0.141	3.29	1.09	1.28	5.22	1.38	2.05	1.37	0.70	0.93	6.25	1.04
		5		3.382	2.654	0.141	3.95	1.08	1.56	6.24	1.36	2.45	1.65	0.70	1.09	7.84	1.07
4.0	40	3	5	2.359	1.852	0.157	3.59	1.23	1.23	5.69	1.55	2.01	1.49	0.79	0.96	6.41	1.09
		4		3.086	2.422	0.157	4.60	1.22	1.60	7.29	1.54	2.58	1.91	0.79	1.19	8.56	1.13
		5		3.791	2.976	0.156	5.53	1.21	1.96	8.76	1.52	3.10	2.30	0.78	1.39	10.74	1.17
4.5	45	3	5	2.659	2.088	0.177	5.17	1.40	1.58	8.20	1.76	2.58	2.14	0.90	1.24	9.12	1.22
		4		3.486	2.736	0.177	6.65	1.38	2.05	10.56	1.74	3.32	2.75	0.89	1.54	12.18	1.26
		5		4.292	3.369	0.176	8.04	1.37	2.51	12.74	1.72	4.00	3.33	0.88	1.81	15.25	1.30
		6		5.076	3.985	0.176	9.33	1.36	2.95	14.76	1.70	4.64	3.89	0.88	2.06	18.36	1.33
5	50	3	5.5	2.971	2.332	0.197	7.18	1.55	1.96	11.37	1.96	3.22	2.98	1.00	1.57	12.50	1.34
		4		3.897	3.059	0.197	9.26	1.54	2.56	14.70	1.94	4.16	3.82	0.99	1.96	16.69	1.38
		5		4.803	3.770	0.196	11.21	1.53	3.13	17.79	1.92	5.03	4.64	0.98	2.31	20.90	1.42
		6		5.688	4.465	0.196	13.05	1.52	3.68	20.68	1.91	5.85	5.42	0.98	2.63	25.14	1.46
5.6	56	3	6	3.343	2.624	0.221	10.19	1.75	2.48	16.14	2.20	4.08	4.24	1.13	2.02	17.56	1.48
		4		4.390	3.446	0.220	13.18	1.73	3.24	20.92	2.18	5.28	5.46	1.11	2.52	23.43	1.53
		5		5.415	4.251	0.220	16.02	1.72	3.97	25.42	2.17	6.42	6.61	1.10	2.98	29.33	1.57
		8		8.367	6.568	0.219	23.63	1.68	6.03	37.37	2.11	9.44	9.89	1.09	4.16	47.24	1.68
6.3	63	4	7	4.978	3.907	0.248	19.03	1.96	4.13	30.17	2.46	6.78	7.89	1.26	3.29	33.35	1.70
		5		6.143	4.822	0.248	23.17	1.94	5.08	36.77	2.45	8.25	9.57	1.25	3.90	41.73	1.74
		6		7.288	5.721	0.247	27.12	1.93	6.00	43.03	2.43	9.66	11.20	1.24	4.46	50.14	1.78
		8		9.515	7.469	0.247	34.46	1.90	7.75	54.56	2.40	12.25	14.33	1.23	5.47	67.11	1.85
		10		11.657	9.151	0.246	41.09	1.88	9.39	64.85	2.36	14.56	17.33	1.22	6.36	84.31	1.93

附录 D 型钢表

角钢号数	尺寸/mm			截面面积/cm²	理论质量/(kg/m)	外表面积/(m²/m)	参考数值									
							$x-x$			x_0-x_0			y_0-y_0			x_1-x_1	z_0/cm
	b	d	r				I_x/cm⁴	i_x/cm	W_x/cm³	I_{x0}/cm⁴	i_{x0}/cm	W_{x0}/cm³	I_{y0}/cm⁴	i_{y0}/cm	W_{y0}/cm³	I_{x1}/cm⁴	
7	70	4	8	5.570	4.372	0.275	26.39	2.18	5.14	41.80	2.74	8.44	10.99	1.40	4.17	45.74	1.86
		5		6.875	5.397	0.275	32.21	2.16	6.32	51.08	2.73	10.32	13.34	1.39	4.95	57.21	1.91
		6		8.160	6.406	0.275	37.77	2.15	7.48	59.93	2.71	12.11	15.61	1.38	5.67	68.73	1.95
		7		9.424	7.398	0.275	43.09	2.14	8.59	68.35	2.69	13.81	17.82	1.38	6.34	80.29	1.99
		8		10.667	8.373	0.274	48.17	2.12	9.68	76.37	2.68	15.43	19.98	1.37	6.98	91.92	2.03
7.5	75	5	9	7.367	5.818	0.295	39.97	2.33	7.32	63.30	2.92	11.94	16.63	1.50	5.77	70.56	2.04
		6		8.797	6.905	0.294	46.95	2.31	8.64	74.38	2.90	14.02	19.51	1.49	6.67	84.55	2.07
		7		10.106	7.976	0.294	53.57	2.30	9.93	84.96	2.89	16.02	22.18	1.48	7.44	98.71	2.11
		8		11.503	9.030	0.294	59.96	2.28	11.20	95.07	2.88	17.93	24.86	1.47	8.19	112.97	2.15
		10		14.126	11.089	0.293	71.98	2.26	13.64	113.92	2.84	21.48	30.05	1.46	9.56	141.71	2.22
8	80	5	9	7.912	6.211	0.315	48.79	2.48	8.34	77.33	3.13	13.67	20.25	1.60	6.66	85.36	2.15
		6		9.397	7.367	0.314	57.35	2.47	9.87	90.98	3.11	16.08	23.72	1.59	7.65	102.50	2.19
		7		10.860	8.525	0.314	65.58	2.46	11.37	104.07	3.10	18.40	27.09	1.58	8.58	119.70	2.23
		8		12.303	9.658	0.314	73.49	2.44	12.83	116.60	3.08	20.61	30.39	1.57	9.46	136.97	2.27
		10		15.126	11.874	0.313	88.43	2.42	15.64	140.09	3.04	24.76	36.77	1.56	11.08	171.74	2.35
9	90	6	10	10.637	8.350	0.354	82.77	2.79	12.61	131.26	3.51	20.36	34.28	1.80	9.95	145.87	2.44
		7		12.301	9.656	0.354	94.83	2.78	14.54	150.47	3.50	23.64	39.18	1.78	11.19	170.30	2.48
		8		13.944	10.946	0.353	106.47	2.76	16.42	168.97	3.48	26.55	43.97	1.78	12.35	194.80	2.52
		10		17.167	13.476	0.353	128.58	2.74	20.07	203.90	3.45	32.04	53.26	1.76	14.52	244.07	2.59
		12		20.306	15.940	0.352	149.22	2.71	23.57	236.21	3.41	37.12	62.22	1.75	16.49	293.76	2.67

续表

续表

角钢号数	尺寸/mm			截面面积 /cm²	理论质量 /(kg/m)	外表面积 /(m²/m)	参考数值										
							$x-x$			x_0-x_0			y_0-y_0			x_1-x_1	z_0 /cm
	b	d	r				I_x /cm⁴	i_x /cm	W_x /cm³	I_{x0} /cm⁴	i_{x0} /cm	W_{x0} /cm³	I_{y0} /cm⁴	i_{y0} /cm	W_{y0} /cm³	I_{x1} /cm⁴	
10	100	6		11.932	9.366	0.393	114.95	3.10	15.68	181.98	3.90	25.74	47.92	2.00	12.69	200.07	2.67
		7		13.796	10.830	0.393	113.86	3.09	18.10	208.97	3.89	29.55	54.74	1.99	14.26	233.54	2.71
		8		15.638	12.276	0.393	148.24	3.08	20.47	235.07	3.88	33.24	61.41	1.98	15.75	267.09	2.76
		10	12	19.261	15.120	0.392	179.51	3.05	25.06	284.68	3.84	40.26	74.35	1.96	18.54	334.48	2.84
		12		22.800	17.898	0.391	208.90	3.03	29.48	330.95	3.81	46.80	86.84	1.95	21.08	402.34	2.91
		14		26.256	20.611	0.391	236.53	3.00	33.73	374.06	3.77	52.90	99.00	1.94	23.44	470.75	2.99
		16		29.627	23.257	0.390	262.53	2.98	37.82	414.16	3.74	58.57	110.89	1.94	25.63	539.80	3.06
11	110	7		15.196	11.928	0.433	177.16	3.41	22.05	280.94	4.30	36.12	73.38	2.20	17.51	310.64	2.96
		8		17.238	13.532	0.433	199.46	3.40	24.95	316.49	4.28	40.69	82.42	2.19	19.39	355.20	3.01
		10		21.261	16.690	0.432	242.19	3.38	30.60	384.39	4.25	49.42	99.98	2.17	22.91	444.65	3.09
		12		25.200	19.782	0.431	282.55	3.35	36.05	448.17	4.22	57.62	116.93	2.15	26.15	534.60	3.16
		14		29.056	22.809	0.431	320.71	3.32	41.31	508.01	4.18	65.31	133.40	2.14	29.14	625.16	3.24
12.5	125	8		19.750	15.504	0.492	297.03	3.88	32.52	470.89	4.88	53.28	123.16	2.50	25.86	521.01	3.37
		10		24.373	19.133	0.491	361.67	3.85	39.97	573.89	4.85	64.93	149.46	2.48	30.62	651.93	3.45
		12		28.912	22.696	0.491	423.16	3.83	41.17	671.44	4.82	75.96	174.88	2.46	35.03	783.42	3.53
		14	14	33.367	26.193	0.490	481.65	3.80	54.16	763.73	4.78	86.41	199.57	2.45	39.13	915.61	3.61
14	140	10		27.373	21.488	0.551	514.65	4.34	50.58	817.27	5.46	82.56	212.04	2.78	39.20	915.11	3.82
		12		32.512	25.522	0.551	603.68	4.31	59.80	958.79	5.43	96.85	248.57	2.76	45.02	1 099.28	3.90
		14		37.567	29.490	0.550	688.81	4.28	68.75	1 093.56	5.40	110.47	284.06	2.75	50.45	1 284.22	3.98
		16		42.539	33.393	0.549	770.24	4.26	77.46	1 221.81	5.36	123.42	318.67	2.74	55.55	1 470.07	4.06

附录 D 型钢表

续表

角钢号数	尺寸/mm			截面面积/cm²	理论质量/(kg/m)	外表面积/(m²/m)	$x-x$			x_0-x_0			y_0-y_0			x_1-x_1	z_0/cm
	b	d	r				I_x/cm⁴	i_x/cm	W_x/cm³	I_{x0}/cm⁴	i_{x0}/cm	W_{x0}/cm³	I_{y0}/cm⁴	i_{y0}/cm	W_{y0}/cm³	I_{x1}/cm⁴	
16	160	10	16	31.502	24.729	0.630	779.53	4.98	66.70	1 237.30	6.27	109.36	321.76	3.20	52.76	1 365.33	4.31
		12		37.441	29.391	0.630	916.58	4.95	78.98	1 455.68	6.24	128.67	377.49	3.18	60.74	1 639.57	4.39
		14		43.296	33.987	0.629	1 048.36	4.92	90.95	1 655.02	6.20	147.17	431.70	3.16	68.24	1 914.68	4.47
		16		49.067	38.518	0.629	1 175.08	4.89	102.63	1 865.57	6.17	164.89	484.59	3.14	75.31	2 190.82	4.55
18	180	12	16	42.241	33.159	0.710	1 321.35	5.59	100.82	2 100.10	7.05	165.00	542.61	3.58	78.41	2 332.80	4.89
		14		48.896	38.383	0.709	1 514.48	5.56	116.25	2 407.42	7.02	189.14	621.53	3.56	88.38	2 723.48	4.97
		16		55.467	43.542	0.709	1 700.99	5.54	131.13	2 703.37	6.98	212.40	698.60	3.55	97.83	3 115.29	5.05
		18		61.955	48.634	0.708	1 875.12	5.50	145.64	2 988.24	6.94	234.78	762.01	3.51	105.14	3 502.43	5.13
20	200	14	18	54.642	42.894	0.788	2 103.55	6.20	144.70	3 343.26	7.82	236.40	863.83	3.98	111.82	3 734.10	5.46
		16		62.013	48.680	0.788	2 366.15	6.18	163.65	3 760.89	7.79	265.93	971.41	3.96	123.96	4 270.39	5.54
		18		69.301	54.401	0.787	2 620.64	6.15	182.22	4 164.54	7.75	294.48	1 076.74	3.94	135.52	4 808.13	5.62
		20		76.505	60.056	0.787	2 867.30	6.12	200.42	4 554.55	7.72	322.06	1 180.04	3.93	146.55	5 347.51	5.69
		24		90.661	71.168	0.785	3 338.25	6.07	236.17	5 294.97	7.64	374.41	1 381.53	3.90	166.55	6 657.16	5.87

注：① $r_1 = \frac{1}{3}d$，$r_2 = 0$，$r_0 = 0$。
② 角钢长度：2~4 号，长 3~9 m；4.5~8 号，长 4~12 m；9~14 号，长 4~19 m；16~20 号，长 6~19 m。
③ 一般采用材料为 Q215、Q235、Q275、Q235—F。

表 D.2 热轧不等边角钢(GB/T 9788—1988)

符号意义：
- B——长边宽度；
- d——边厚；
- r_1——边端内弧半径；
- r_0——顶端内弧半径；
- i——惯性半径；
- x_0——形心距离
- b——短边宽度；
- r——内圆弧半径；
- r_2——边端外弧半径；
- I——惯性矩；
- W——弯曲截面系数；
- y_0——形心距离。

角钢号数	尺寸/mm				截面面积/cm²	理论质量/(kg/m)	外表面积/(m²/m)	$x-x$				$y-y$				x_1-x_1		y_1-y_1		$u-u$				
	B	b	d	r				I_x/cm⁴	i_x/cm	W_x/cm³	I_y/cm⁴	i_y/cm	W_y/cm³	I_{x1}/cm⁴	y_0/cm	I_{y1}/cm⁴	x_0/cm	I_u/cm⁴	i_u/cm	W_u/cm³	$\tan\alpha$
2.5/1.6	25	16	3	3.5	1.162	0.912	0.080	0.70	0.78	0.43	0.22	0.44	0.19	1.56	0.86	0.43	0.42	0.14	0.34	0.16	0.392
			4		1.499	1.176	0.079	0.88	0.77	0.55	0.27	0.43	0.24	2.09	0.90	0.59	0.46	0.17	0.34	0.20	0.381
3.2/2	32	20	3		1.492	1.171	0.102	1.53	1.01	0.72	0.46	0.55	0.30	3.27	1.08	0.82	0.49	0.28	0.43	0.25	0.382
			4		1.939	1.522	0.101	1.93	1.00	0.93	0.57	0.54	0.39	4.37	1.12	1.12	0.53	0.35	0.42	0.32	0.374
4/2.5	40	25	3	4	1.890	1.484	0.127	3.08	1.28	1.15	0.93	0.70	0.49	6.39	1.32	1.59	0.59	0.56	0.54	0.40	0.385
			4		2.467	1.936	0.127	3.93	1.26	1.49	1.18	0.69	0.63	8.53	1.37	2.14	0.63	0.71	0.54	0.52	0.381
4.5/2.8	45	28	3	5	2.149	1.687	0.143	4.45	1.44	1.47	1.34	0.79	0.62	9.10	1.47	2.23	0.64	0.80	0.61	0.51	0.383
			4		2.806	2.203	0.143	5.69	1.42	1.91	1.70	0.78	0.80	12.13	1.51	3.00	0.68	1.02	0.60	0.66	0.380
5/3.2	50	32	3	5	2.431	1.908	0.161	6.24	1.60	1.84	2.02	0.91	0.82	12.49	1.60	3.31	0.73	1.20	0.70	0.68	0.404
			4		3.177	2.494	0.160	8.02	1.59	2.39	2.58	0.90	1.06	16.65	1.65	4.45	0.77	1.53	0.69	0.87	0.402

附录D 型钢表

续表

角钢号数	尺寸/mm B	b	d	r	截面面积/cm²	理论质量/(kg/m)	外表面积/(m²/m)	I_x/cm⁴	i_x/cm	W_x/cm³	I_y/cm⁴	i_y/cm	W_y/cm³	I_{x1}/cm⁴	y_0/cm	I_{y1}/cm⁴	x_0/cm	I_u/cm⁴	i_u/cm	W_u/cm³	$\tan\alpha$
5.6/3.6	56	36	3	6	2.743	2.153	0.181	8.88	1.80	2.32	2.92	1.03	1.05	17.54	1.78	4.70	0.80	1.73	0.79	0.87	0.408
			4		3.590	2.818	0.180	11.45	1.79	3.03	3.76	1.02	1.37	23.39	1.82	6.33	0.85	2.23	0.79	1.13	0.408
			5		4.415	3.466	0.180	13.86	1.77	3.71	4.49	1.01	1.65	29.25	1.87	7.94	0.88	2.67	0.78	1.36	0.404
6.3/4	63	40	4	7	4.058	3.185	0.202	16.49	2.02	3.87	5.23	1.14	1.70	33.30	2.04	8.63	0.92	3.12	0.88	1.40	0.398
			5		4.993	3.920	0.202	20.02	2.00	4.74	6.31	1.12	2.71	41.63	2.08	10.86	0.95	3.76	0.87	1.71	0.396
			6		5.908	4.638	0.201	23.36	1.96	5.59	7.29	1.11	2.43	49.98	2.12	13.12	0.99	4.34	0.86	1.99	0.393
			7		6.802	5.339	0.201	26.53	1.98	6.40	8.24	1.10	2.78	58.07	2.15	15.47	1.03	4.97	0.86	2.29	0.389
7/4.5	70	45	4	7.5	4.547	3.570	0.226	23.17	2.26	4.86	7.55	1.29	2.17	45.92	2.24	12.26	1.02	4.40	0.98	1.77	0.410
			5		5.609	4.403	0.225	27.95	2.23	5.92	9.13	1.28	2.65	57.10	2.28	15.39	1.06	5.40	0.98	2.19	0.407
			6		6.647	5.218	0.225	32.54	2.21	6.95	10.62	1.26	3.12	68.35	2.32	18.58	1.09	6.35	0.98	2.59	0.404
			7		7.657	6.011	0.225	37.22	2.20	8.03	12.01	1.25	3.57	79.99	2.36	21.48	1.13	7.16	0.97	2.94	0.402
7.5/5	75	50	5	8	6.125	4.808	0.245	34.86	2.39	6.83	12.61	1.44	3.30	70.00	2.40	21.04	1.17	7.41	1.10	2.74	0.435
			6		7.260	5.699	0.245	41.12	2.38	8.12	14.70	1.42	3.88	84.30	2.44	25.37	1.21	8.54	1.08	3.19	0.435
			8		9.467	7.431	0.244	52.39	2.35	10.52	18.53	1.40	4.99	112.50	2.52	34.23	1.29	10.87	1.07	4.10	0.429
			10		11.590	9.098	0.244	62.71	2.33	12.79	21.96	1.38	6.04	140.80	2.60	43.43	1.36	13.10	1.06	4.99	0.423
8/5	80	50	5	8	6.375	5.005	0.255	41.96	2.56	7.78	12.82	1.42	3.32	85.21	2.60	21.06	1.14	7.66	1.10	2.74	0.388
			6		7.560	5.935	0.255	49.49	2.56	9.25	14.95	1.41	3.91	102.53	2.65	25.41	1.18	8.85	1.08	3.20	0.387
			7		8.724	6.848	0.255	56.16	2.54	10.58	16.96	1.39	4.48	119.33	2.69	29.82	1.21	10.18	1.08	3.70	0.384
			8		9.867	7.745	0.254	62.83	2.52	11.92	18.85	1.38	5.03	136.41	2.73	34.32	1.25	11.38	1.07	4.16	0.381

续表

角钢号数	尺寸/mm				截面面积/cm²	理论质量/(kg/m)	外表面积/(m²/m)	$x-x$				$y-y$				x_1-x_1		y_1-y_1		$u-u$			
	B	b	d	r				I_x/cm⁴	i_x/cm	W_x/cm³		I_y/cm⁴	i_y/cm	W_y/cm³		I_{x1}/cm⁴	y_0/cm	I_{y1}/cm⁴	x_0/cm	I_u/cm⁴	i_u/cm	W_u/cm³	$\tan\alpha$
9/5.6	90	56	5	9	7.212	5.661	0.287	60.45	2.90	9.92		18.32	1.59	4.21		121.32	2.91	29.53	1.25	10.98	1.23	3.49	0.385
			6		8.557	6.717	0.286	71.03	2.88	11.74		21.42	1.58	4.96		145.59	2.95	35.58	1.29	12.90	1.23	4.18	0.384
			7		9.880	7.756	0.286	81.01	2.86	13.49		24.36	1.57	5.70		169.66	3.00	41.71	1.33	14.67	1.22	4.72	0.382
			8		11.183	8.779	0.286	91.03	2.85	15.27		27.15	1.56	6.41		194.17	3.04	47.93	1.36	16.34	1.21	5.29	0.380
10/6.3	100	63	6	10	9.617	7.550	0.320	99.06	3.21	14.64		30.94	1.79	6.35		199.71	3.24	50.50	1.43	18.42	1.38	5.25	0.394
			7		11.111	8.722	0.320	113.45	3.29	16.88		35.26	1.78	7.29		233.00	3.28	59.14	1.47	21.00	1.38	6.02	0.393
			8		12.584	9.878	0.319	127.37	3.18	19.08		39.39	1.77	8.21		266.32	3.32	67.88	1.50	23.50	1.37	6.78	0.391
			10		15.467	12.142	0.319	153.81	3.15	23.32		47.12	1.74	9.98		333.06	3.40	85.73	1.58	28.33	1.35	8.24	0.387
10/8	100	80	6	10	10.637	8.350	0.354	107.04	3.17	15.19		61.24	2.40	10.16		199.83	2.95	102.68	1.97	31.65	1.72	8.37	0.627
			7		12.301	9.656	0.354	122.73	3.16	17.52		70.08	2.39	11.71		233.20	3.00	119.98	2.01	36.17	1.72	9.60	0.606
			8		13.944	10.946	0.353	137.92	3.14	19.81		78.58	2.37	13.21		266.61	3.04	137.37	2.05	40.58	1.71	10.80	0.625
			10		17.167	13.476	0.353	166.87	3.12	24.24		94.65	2.35	16.12		333.63	3.12	172.48	2.13	49.10	1.69	13.12	0.622
11/7	110	70	6	10	10.637	8.350	0.354	133.37	3.54	17.85		42.92	2.01	7.90		265.78	3.53	69.08	1.57	25.36	1.54	6.53	0.403
			7		12.301	9.656	0.354	153.00	3.53	20.60		49.01	2.00	9.09		310.07	3.57	80.82	1.61	28.95	1.53	7.50	0.402
			8		13.944	10.946	0.353	172.04	3.51	23.30		54.87	1.98	10.25		354.39	3.62	92.70	1.65	32.45	1.53	8.45	0.401
			10		17.167	13.476	0.353	208.39	3.48	28.54		65.88	1.96	12.48		443.13	3.70	116.83	1.72	39.20	1.51	10.29	0.397
12.5/8	125	80	7	11	14.096	11.066	0.403	227.98	4.02	26.86		74.42	2.30	12.01		454.99	4.01	120.32	1.80	43.84	1.76	9.92	0.408
			8		15.989	12.551	0.403	256.77	4.01	30.41		83.49	2.28	13.56		519.99	4.06	137.85	1.84	49.15	1.75	11.18	0.407
			10		19.712	15.474	0.402	312.04	3.98	37.33		100.67	2.26	16.56		650.09	4.14	173.40	1.92	59.45	1.74	13.64	0.404
			12		23.351	18.330	0.402	364.41	3.95	44.01		116.67	2.24	19.43		780.30	4.22	209.67	2.00	69.35	1.72	16.01	0.400

附录 D 型钢表

续表

角钢号数	尺寸/mm				截面面积/cm²	理论质量/(kg/m)	外表面积/(m²/m)	x—x			y—y			x₁—x₁		y₁—y₁		u—u			tanα
	B	b	d	r				I_x/cm⁴	i_x/cm	W_x/cm³	I_y/cm⁴	i_y/cm	W_y/cm³	I_{x1}/cm⁴	y_0/cm	I_{y1}/cm⁴	x_0/cm	I_u/cm⁴	i_u/cm	W_u/cm³	
14/9	140	90	8	12	18.038	14.160	0.453	365.64	4.50	38.48	120.69	2.59	17.34	730.53	4.50	195.79	2.04	70.83	1.98	14.31	0.411
			10		22.621	17.475	0.452	445.50	4.47	47.31	146.03	2.56	21.22	913.20	4.58	245.92	2.12	85.82	1.96	17.48	0.409
			12		26.400	20.724	0.452	521.59	4.44	55.87	169.79	2.54	24.95	1096.09	4.66	296.89	2.19	100.21	1.95	20.54	0.406
			14		30.456	23.908	0.451	594.10	4.42	64.18	192.10	2.51	28.54	1279.26	4.74	348.82	2.27	114.13	1.94	23.52	0.403
16/10	160	100	10	13	25.315	19.872	0.512	668.69	5.14	62.13	205.03	2.85	26.56	1362.89	5.24	336.59	2.28	121.74	2.19	21.92	0.390
			12		30.054	23.592	0.511	784.91	5.11	73.49	239.06	2.82	31.28	1635.56	5.32	405.94	2.36	142.33	2.17	25.79	0.388
			14		34.709	27.247	0.510	896.30	5.08	84.56	271.20	2.80	35.83	1908.50	5.40	476.42	2.43	162.23	2.16	29.56	0.385
			16		39.281	30.835	0.510	1003.04	5.05	95.33	301.60	2.77	40.24	2181.79	5.48	548.22	2.51	182.57	2.16	33.44	0.382
18/11	180	110	10	14	28.373	22.273	0.571	956.25	5.80	78.96	278.11	3.13	32.49	1940.40	5.89	447.22	2.44	166.50	2.42	26.88	0.376
			12		33.712	26.464	0.571	1124.72	5.78	93.53	325.03	3.10	38.32	2328.38	5.98	538.94	2.52	194.87	2.40	31.66	0.374
			14		38.967	30.589	0.570	1286.91	5.75	107.76	369.55	3.08	43.97	2716.60	6.06	631.95	2.59	222.30	2.39	36.32	0.372
			16		44.139	34.649	0.569	1443.06	5.72	121.64	411.85	3.06	49.44	3105.15	6.14	726.46	2.67	248.94	2.38	40.87	0.369
20/12.5	200	125	12	14	37.912	29.761	0.641	1570.90	6.44	116.73	483.16	3.57	49.99	3193.85	6.54	787.74	2.83	285.79	2.74	41.23	0.392
			14		43.867	34.436	0.640	1800.97	6.41	134.65	550.83	3.54	57.44	3726.17	6.62	922.47	2.91	326.58	2.73	47.34	0.390
			16		49.739	39.045	0.639	2023.35	6.38	152.18	615.44	3.52	64.69	4258.86	6.70	1058.86	2.99	366.21	2.71	53.32	0.388
			18		55.526	43.588	0.639	2238.30	6.35	169.33	677.19	3.49	71.74	4792.00	6.78	1197.13	3.06	404.83	2.70	59.18	0.385

注：① $r_1 = \frac{1}{3}d$，$r_2 = 0$，$r_0 = 0$。
② 角钢长度：2.5/1.6～5.6/3.6号，长3～9 m；6.3/4～9/5号，长4～12 m；10/6.3～14/9号，长4～19 m；16/10～20/12.5号，长6～19 m。
③ 一般采用材料为Q215，Q235，Q275，Q235-F。

表 D.3 热轧普通槽钢(GB/T 707—1988)

符号意义:
h——高度;
b——腿宽;
d——腰厚;
t——平均腿厚;
r——内圆弧半径;
r_1——腿端圆弧半径;
I——惯性矩;
W——弯曲截面系数;
i——惯性半径;
x_0——$y-y$ 轴与 y_1-y_1 间距离。

型号	尺寸/mm						截面面积 /cm²	理论质量 /(kg/m)	参考数值								
									$x-x$			$y-y$			y_1-y_1	x_0 /cm
	h	b	d	t	r	r_1			W_x /cm³	I_x /cm⁴	i_x /cm	W_y /cm³	I_y /cm⁴	i_y /cm	I_{y1} /cm⁴	
5	50	37	4.5	7.0	7.0	3.5	6.928	5.438	10.4	26.0	1.94	3.55	8.30	1.10	20.9	1.35
6.3	63	40	4.8	7.5	7.5	3.8	8.451	6.634	16.1	50.8	2.45	4.50	11.9	1.19	28.4	1.36
8	80	43	5.0	8.0	8.0	4.0	10.248	8.045	25.3	101	3.15	5.79	16.6	1.27	37.4	1.43
10	100	48	5.3	8.5	8.5	4.2	12.748	10.007	39.7	198	3.95	7.80	25.6	1.41	54.9	1.52
12.6	126	53	5.5	9.0	9.0	4.5	15.692	12.318	62.1	391	4.95	10.2	38.0	1.57	77.1	1.59
14a	140	58	6.0	9.5	9.5	4.8	18.516	14.535	80.5	564	5.52	13.0	53.2	1.70	107	1.71
14b	140	60	8.8	9.5	9.5	4.8	21.316	16.733	87.1	609	5.35	14.1	61.1	1.69	121	1.67
16a	160	63	6.5	10.0	10.0	5.0	21.962	17.240	108	866	6.28	16.3	73.3	1.83	144	1.80
16b	160	65	8.5	10.0	10.0	5.0	25.162	19.752	117	935	6.10	17.6	83.4	1.82	161	1.75
18a	180	68	7.0	10.5	10.5	5.2	25.699	20.174	141	1270	7.04	20.0	98.6	1.96	190	1.88
18b	180	70	9.0	10.5	10.5	5.2	29.299	23.000	152	1370	6.84	21.5	111	1.95	210	1.84

附录 D 型钢表

续表

型号	尺寸/mm						截面面积/cm²	理论质量/(kg/m)	参考数值						
	h	b	d	t	r	r₁			$x-x$			$y-y$			y_1-y_1
									W_x/cm³	I_x/cm⁴	i_x/cm	W_y/cm³	I_y/cm⁴	i_y/cm	I_{y1}/cm⁴	x_0/cm
20a	200	73	7.0	11.0	11.0	5.5	28.837	22.637	178	1 780	7.86	24.2	128	2.11	244	2.01
20b	200	75	9.0	11.0	11.0	5.5	32.833	25.777	191	1 910	7.64	25.9	144	2.09	268	1.95
22a	220	77	7.0	11.5	11.5	5.8	31.846	24.999	218	2 390	8.67	28.2	158	2.23	298	2.10
22b	220	79	9.0	11.5	11.5	5.8	36.246	28.453	234	2 570	8.42	30.1	176	2.21	326	2.03
25a	250	78	7.0	12.0	12.0	6.0	34.917	27.410	270	3 370	9.82	30.6	176	2.24	322	2.07
25b	250	80	9.0	12.0	12.0	6.0	39.917	31.335	282	3 530	9.41	32.7	196	2.22	353	1.98
25c	250	82	11.0	12.0	12.0	6.0	44.917	35.260	295	3 690	9.07	35.9	218	2.21	384	1.92
28a	280	82	7.5	12.5	12.5	6.2	40.034	31.427	340	4 760	10.9	35.7	218	2.33	388	2.10
28b	280	84	9.5	12.5	12.5	6.2	45.634	35.823	366	5 130	10.6	37.9	242	2.30	428	2.02
28c	280	86	11.5	12.5	12.5	6.2	51.234	40.219	393	5 500	10.4	40.3	268	2.29	463	1.95
32a	320	88	8.0	14.0	14.0	7.0	48.513	38.083	475	7 600	12.5	46.5	305	2.50	552	2.24
32b	320	90	10.0	14.0	14.0	7.0	54.913	45.107	509	8 140	12.2	49.2	336	2.47	593	2.16
32c	320	92	12.0	14.0	14.0	7.0	61.313	48.131	543	8 690	11.9	52.6	374	2.47	643	2.09
36a	360	96	9.0	16.0	16.0	8.0	60.910	47.814	660	11 900	14.0	63.5	455	2.73	818	2.44
36b	360	98	11.0	16.0	16.0	8.0	68.110	53.466	703	12 700	13.6	66.9	497	2.70	880	2.37
36c	360	100	13.0	16.0	16.0	8.0	75.310	59.118	746	13 400	13.4	70.0	536	2.67	948	2.34
40a	400	100	10.5	18.0	18.0	9.0	75.068	58.928	879	17 600	15.3	78.8	592	2.81	1070	2.49
40b	400	102	12.5	18.0	18.0	9.0	83.068	65.208	932	18 600	15.0	82.5	640	2.78	1140	2.44
40c	400	104	14.5	18.0	18.0	9.0	91.068	71.488	986	19 700	14.7	86.2	688	2.75	1220	2.42

注：① 槽钢长度：5~8号，长5~12 m；10~18号，长5~19 m；20~40号，长6~19 m。
② 一般采用材料Q215，Q235，Q275，Q235-F。

表 D.4 热轧普通工字钢(GB/T 706—1988)

符号意义：
h——高度；
b——腿宽；
d——腰厚；
t——平均腿厚；
r——内圆弧半径；
r_1——腿端圆弧半径；
I——惯性矩；
W——弯曲截面系数；
i——惯性半径；
S——半截面的静矩。

型号	尺寸/mm						截面面积/cm²	理论质量/(kg/m)	参考数值						
									$x-x$				$y-y$		
	h	b	d	t	r	r_1			I_x/cm⁴	W_x/cm³	i_x/cm	I_x/S_x/cm	I_y/cm⁴	W_y/cm³	i_y/cm
10	100	68	4.5	7.6	6.5	3.3	14.345	11.261	245	49.0	4.14	8.59	33.0	9.72	1.52
12.6	126	74	5.0	8.4	7.0	3.5	18.118	14.223	488	77.5	5.20	10.8	46.9	12.7	1.61
14	140	80	5.5	9.1	7.5	3.8	21.516	16.890	712	102	5.76	12.0	64.4	16.1	1.73
16	160	88	6.0	9.9	8.0	4.0	26.131	20.513	1 130	141	6.58	13.8	93.1	21.2	1.89
18	180	94	6.5	10.7	8.5	4.3	30.756	24.143	1 660	185	7.36	15.4	122	26.0	2.00
20a	200	100	7.0	11.4	9.0	4.5	35.578	27.929	2 370	237	8.15	17.2	158	31.5	2.12
20b	200	102	9.0	11.4	9.0	4.5	39.578	31.069	2 500	250	7.96	16.9	169	33.1	2.06
22a	220	110	7.5	12.3	9.5	4.8	42.128	33.070	3 400	309	8.99	18.9	225	40.9	2.31
22b	220	112	9.5	12.3	9.5	4.8	46.528	36.524	3 570	325	8.78	18.7	239	42.7	2.27
25a	250	116	8.0	13.0	10.0	5.0	48.541	38.105	5 020	402	10.2	21.6	280	48.3	2.40
25b	250	118	10.0	13.0	10.0	5.0	48.541	42.030	5 280	423	9.94	21.3	309	52.4	2.40
28a	280	122	8.5	13.7	10.5	5.3	55.404	43.492	7 110	508	11.3	24.6	345	56.6	2.50
28b	280	124	10.5	13.7	10.5	5.3	61.004	47.888	7 480	534	11.1	24.2	379	61.2	2.49

附录 D 型钢表

续表

型号	尺寸/mm						截面面积/cm²	理论质量/(kg/m)	参考数值					
	h	b	d	t	r	r₁			x—x			y—y		
									I_x/cm⁴	W_x/cm³	i_x/cm	I_x/S_x/cm	I_y/cm⁴	W_y/cm³	i_y/cm
32a	320	130	9.5	15.0	11.5	5.8	67.156	52.717	11 100	692	12.8	27.5	460	70.8	2.62
32b	320	132	11.5	15.0	11.5	5.8	73.556	57.741	11 600	726	12.6	27.1	502	76.0	2.61
32c	320	134	13.5	15.0	11.5	5.8	79.956	62.765	12 200	760	12.3	26.8	544	81.2	2.61
36a	360	136	10.0	15.8	12.0	6.0	76.480	60.037	15 800	875	14.4	30.7	552	81.2	2.69
36b	360	138	12.0	15.8	12.0	6.0	83.680	65.689	16 500	919	14.1	30.3	582	84.3	2.64
36c	360	140	14.0	15.8	12.0	6.0	90.880	71.341	17 300	962	13.8	29.9	612	87.4	2.60
40a	400	142	10.5	16.5	12.5	6.3	86.112	67.598	21 700	1 090	15.9	34.1	660	93.2	2.77
40b	400	144	12.5	16.5	12.5	6.3	94.112	73.878	22 000	1 140	15.6	33.6	692	96.2	2.71
40c	400	146	14.5	16.5	12.5	6.3	102.112	80.158	23 900	1 190	15.2	33.2	727	99.6	2.65
45a	450	150	11.5	18.0	13.5	6.8	102.446	80.420	32 200	1 430	17.7	38.6	855	114	2.89
45b	450	152	13.5	18.0	13.5	6.8	111.446	87.485	33 800	1 500	17.4	38.0	894	118	2.84
45c	450	154	15.5	18.0	13.5	6.8	120.446	94.550	35 300	1 570	17.1	37.6	938	122	2.97
50a	500	158	12.0	20.0	14.0	7.0	119.304	93.654	46 500	1 860	19.7	42.8	1 120	142	3.07
50b	500	160	14.0	20.0	14.0	7.0	129.304	101.504	48 600	1 940	19.4	42.4	1 170	146	3.01
50c	500	162	16.0	20.0	14.0	7.0	139.304	109.354	50 600	2 080	19.0	41.8	1 220	151	2.96
56a	560	166	12.5	21.0	14.5	7.3	135.435	106.316	65 600	2 340	22.0	47.7	1 370	165	3.18
56b	560	168	14.5	21.0	14.5	7.3	146.635	115.108	68 500	2 450	21.6	47.2	1 490	174	3.16
56c	560	170	16.5	21.0	14.5	7.3	157.835	123.900	71 400	2 550	21.3	46.7	1 560	183	3.16
63a	630	176	13.0	22.0	15.0	7.5	154.658	121.407	93 900	2 980	24.5	54.2	1 700	193	3.31
63b	630	178	15.0	22.0	15.0	7.5	176.258	131.298	98 100	3 160	24.2	53.5	1 810	204	3.29
63c	630	180	17.0	22.0	15.0	7.5	179.858	141.189	102 000	3 300	23.8	52.9	1 920	214	3.27

注：① 工字钢长度：10～18 号，长 5～19 m；20～63 号，长 6～19 m。
② 一般采用材料：Q215，Q235，Q275，Q235-F。

习题答案

第1章

1-1 $M_y = M_z$

1-2 $M_z = 0$,$M_x \neq 0$,$M_y \neq 0$

1-3 图(a)沿坐标轴分解的分力的模与在坐标轴上投影的代数值相等；
图(b)分力的模与投影值不等。

1-4 $\sum M_H(F) = -(F_1ci + F_3bj + F_2ak)$,$\sum M_{HC}(F) = -\dfrac{F_1bc + F_3ab + F_2ac}{\sqrt{a^2+b^2+c^2}}$

1-5 $\sum M_A(F) = Fb(-0.6i + 0.8j - 1.4k)$

第2章

2-1 $F_R = 5\,000$ N,$\angle(F_R, F_1) = 38°28'$

2-2 $M = (3.6,\ 12\sin 40°,\ 0)$ kN·m

2-3 合力大小 F,方向同 $2F$,在 $2F$ 外侧,距离为 d

2-4 合力 $F = \dfrac{25}{6}$ kN,$F = \left(-\dfrac{5}{2}i - \dfrac{10}{3}j\right)$ kN,作用线 $y = \left(\dfrac{4}{3}x + 4\right)$ m

2-5 $F_R' = 466.5$ N,$M_O = 21.44$ N·m；$F_R = 466.5$ N,$d = 45.96$ mm

2-6 (1) $F_R' = 10k$ (kN),$M_O = (-80i + 105j)$ (kN·m)
(2) $F_R = F_R' = 10k$ (kN),作用线与平面 Oxy 交点的坐标 $(-10.5,\ -8.0)$ (m)

2-7 $F_R' = (-300i - 200j + 300k)$ (N),$M_O = (200i - 300j)$ (N·m)
合力 $F_R = (-300i - 200j + 300k)$ (N),通过点 $\left(1,\ \dfrac{2}{3},\ 0\right)$ (m)

2-8 应满足条件 $F_R \cdot M_O = 0$,得 $l_1 + l_2 + l_3 = 0$；合力 $F_R = \sqrt{3} F_O$,
方向余弦 $\cos\alpha = \cos\beta = \cos\gamma = 1/\sqrt{3}$,$F_R$ 与原点的垂直距离 $d = M_O/F_R = \sqrt{l_1^2 + l_2^2 + l_3^2}/\sqrt{3}$

第3章

3-1 $F_T = (1+r)W/(R+d)$,$F_N = (R+r)W/(R+d)$

3-2 $F_A = \sqrt{W_1^2 - W_2^2}$,$\theta = 2\arcsin(W_2/W_1)$

3-3 $F_A = 0.707F$,沿 CA 向左下；$F_B = 0.707F$,沿 BC 向左上

3-4 $l_{max} = 2h/(\sin\theta \cos^2\theta)$,$F_{Ax} = W\tan\theta$,$F_{Ay} = 0$

3-5 $l_{max} = 1$ m

3-6 $W_1/W_2 = a/l$

3-7 $F_{Ax} = 40 \text{ kN}$, $F_{Ay} = 113.3 \text{ kN}$, $M_A = 575.8 \text{ kN} \cdot \text{m}$, $F_C = -44 \text{ kN}$

3-8 $F_{Ax} = 12.5 \text{ kN}$, $F_{Ay} = 105.8 \text{ kN}$; $F_{Bx} = -22.5 \text{ kN}$, $F_{By} = 94.17 \text{ kN}$

3-9 $F_{Ax} = 1\,200 \text{ N}$, $F_{Ay} = 150 \text{ N}$; $F_B = 1\,050 \text{ N}$; $F_{BC} = -1\,500 \text{ N}$

3-10 $F_E = \sqrt{2}F$; $F_{Ax} = F - 6qa$, $F_{Ay} = 2F$, $M_A = 18qa^2 - Fa$

3-11 $F_{Ax} = 8\,660 \text{ N}$, $F_{Ay} = 0$, $F_{Az} = 250 \text{ N}$, $F_{BE} = F_{BD} = -3\,712 \text{ N}$

3-12 $M_1 = \dfrac{d_3}{d_1}M_3 + \dfrac{d_2}{d_1}M_2$; $F_{Ay} = -\dfrac{M_3}{d_1}$, $F_{Az} = \dfrac{M_2}{d_1}$; $F_{Dy} = \dfrac{M_3}{d_1}$, $F_{Dz} = -\dfrac{M_2}{d_1}$

3-13 $F = 70.95 \text{ N}$; $F_{Ax} = -68.38 \text{ N}$, $F_{Ay} = -47.62 \text{ N}$;
$F_{Bx} = -207.4 \text{ N}$, $F_{By} = -19.05 \text{ N}$

3-14 $F_1 = F_2 = F_3 = 2M/(3d)$, $F_4 = F_5 = F_6 = -4M/(3d)$

第 4 章

4-1 $F_1 = -20 \text{ kN}$, $F_2 = 0$, $F_3 = 20\sqrt{2} \text{ kN}$, $F_4 = -20 \text{ kN}$

4-2 $F_1 = -4F/9$, $F_2 = -2F/3$, $F_3 = 0$

4-3 $F_{BH} = -47.1 \text{ kN}$, $F_{CD} = -6.67 \text{ kN}$, $F_{GD} = 0$

4-4 $F_1 = -0.293F$, $F_2 = -F$, $F_3 = -1.21F$

4-5 A，B 都不动

4-6 $d \leqslant 110 \text{ mm}$

4-7 (1) A 与 B 相对滑动时 $F = 678 \text{ N}$；(2) A 与 B 一起滑动时 $F = 553 \text{ N}$

4-8 $2\varphi_f$

4-9 $\dfrac{\sin\alpha - f_s\cos\alpha}{\cos\alpha + f_s\sin\alpha}W \leqslant F \leqslant \dfrac{\sin\alpha + f_s\cos\alpha}{\cos\alpha - f_s\sin\alpha}W$

4-10 $W_{\max} = 208 \text{ kN}$

第 6 章

6-1 $F_{N1} = -20 \text{ kN}$, $\sigma_1 = -50 \text{ MPa}$; $F_{N2} = -10 \text{ kN}$, $\sigma_2 = -33.3 \text{ MPa}$;
$F_{N3} = 10 \text{ kN}$, $\sigma_3 = 50 \text{ MPa}$

6-2 $\sigma = 100 \text{ MPa}$

α	0°	30°	45°	60°	90°
σ_α/MPa	σ	$3\sigma/4$	$\sigma/2$	$\sigma/4$	0
τ_α/MPa	0	$\sqrt{3}\sigma/4$	$\sigma/2$	$\sqrt{3}\sigma/4$	0

6-3 $\theta = 54.8°$

6-4 (1) $\sigma_{AC} = -2.5 \text{ MPa}$, $\sigma_{CD} = -6.5 \text{ MPa}$;

(2) $\varepsilon_{AC} = -2.5 \times 10^{-4}$, $\varepsilon_{CD} = -6.5 \times 10^{-4}$

(3) $\Delta l = -1.35$ mm

6-5 $x = \dfrac{ll_1 E_2 A_2}{l_1 E_2 A_2 + l_2 E_1 A_1}$

6-6 $k = 0.729$ kN/m^3, $\Delta l = 1.97$ mm

6-7 $\Delta l = \dfrac{Fl}{E\delta(b_2 - b_1)} \ln \dfrac{b_2}{b_1}$

6-8 $F_{\max} = \dfrac{2}{3} F$

6-9 $A = 4 \times 10^{-4}$ m^2

6-10 (1) $\sigma_1 = 127$ MPa, $\sigma_2 = 26.8$ MPa, $\sigma_3 = -86.5$ MPa;

(2) $\sigma_1 = -\sigma_3 = 150$ MPa, $\sigma_2 = 0$

6-11 $\sigma_1 = \sigma_3 = 17.5$ MPa, $\sigma_2 = -35$ MPa

6-12 $F_{N1} = F_{N2} = F_{N3} = 0.241 \dfrac{EA\delta}{l}$, $F_{N4} = F_{N5} = -0.139 \dfrac{EA\delta}{l}$

第 7 章

7-1 (a) $T_{\max} = 2M_e$; (b) $T_{\max} = M_e$

7-2 (1) $T_{\max} = 1\,146$ kN·m; (2) $T'_{\max} = 763.9$ kN·m

7-3 $\tau_{\max} = \dfrac{16M}{\pi d_2^3}$

7-4 $\tau = 189$ MPa, $\gamma = 2.53 \times 10^{-3}$ rad

7-5 $G = 79.6$ GPa

7-6 $d \geqslant 70$ mm

7-7 $\tau_{\max} = 81.5$ MPa, $\theta_{\max} = 1.17°$/m

7-8 $d \geqslant 57.7$ mm

第 8 章

8-1 (a) $F_{SA+} = F$, $M_{A+} = 0$, $F_{SC} = F$, $M_C = \dfrac{Fl}{2}$, $F_{SB-} = F$, $M_{B-} = Fl$

(b) $F_{SA+} = -\dfrac{M_e}{l}$, $M_{A+} = M_e$, $F_{SC} = -\dfrac{M_e}{l}$, $M_C = \dfrac{M_e}{2}$, $F_{SB-} = -\dfrac{M_e}{l}$, $M_{B-} = 0$

(c) $F_{SA+} = \dfrac{bF}{a+b}$, $M_{A+} = 0$, $F_{SC-} = \dfrac{bF}{a+b}$, $M_{C-} = \dfrac{abF}{a+b}$

$F_{SC+} = -\dfrac{aF}{a+b}$, $M_{C+} = \dfrac{abF}{a+b}$, $F_{SB-} = -\dfrac{aF}{a+b}$, $M_{B-} = 0$

(d) $F_{SA+} = \dfrac{ql}{2}$, $M_{A+} = -\dfrac{3ql^2}{8}$, $F_{SC-} = \dfrac{ql}{2}$, $M_{C-} = -\dfrac{ql^2}{8}$

$F_{SC+} = \dfrac{ql}{2}$, $M_{C+} = -\dfrac{ql^2}{8}$, $F_{SB-} = 0$, $M_{B-} = 0$

习题答案

8-2 (a) $F_{S\max} = F$, $|M|_{\max} = M_e$; (b) $|F_S|_{\max} = \dfrac{3ql}{4}$, $|M|_{\max} = \dfrac{ql^2}{4}$

(c) $F_{S\max} = \dfrac{3ql}{2}$, $M_{\max} = \dfrac{9ql^2}{8}$; (d) $F_{S\max} = \dfrac{9ql}{8}$, $M_{\max} = ql^2$

8-3 (a) $|F_S|_{\max} = \dfrac{M}{2l}$, $|M|_{\max} = 2M$; (b) $|F_S|_{\max} = \dfrac{5ql}{4}$, $|M|_{\max} = ql^2$

(c) $|F_S|_{\max} = ql$, $|M|_{\max} = \dfrac{3ql^2}{2}$; (d) $|F_S|_{\max} = \dfrac{5ql}{4}$, $|M|_{\max} = \dfrac{25ql^2}{32}$

8-5 (a) $F_{S\max} = \dfrac{q_0 l}{4}$, $M_{\max} = \dfrac{q_0 l^2}{12}$; (b) $|F_S|_{\max} = \dfrac{ql}{2}$, $|M|_{\max} = \dfrac{ql^2}{8}$

(c) $|F_S|_{\max} = 2ql$, $|M|_{\max} = \dfrac{3ql^2}{2}$; (d) $|F_S|_{\max} = ql$, $|M|_{\max} = \dfrac{3ql^2}{2}$

8-6 (a) $|F_S|_{\max} = 4\ \text{kN}$, $|M|_{\max} = 4\ \text{kN} \cdot \text{m}$; (b) $|F_S|_{\max} = 75\ \text{kN}$, $|M|_{\max} = 200\ \text{kN} \cdot \text{m}$

(c) $|F_S|_{\max} = \dfrac{3ql}{2}$, $|M|_{\max} = ql^2$; (d) $|F_S|_{\max} = 2ql$, $|M|_{\max} = 3ql^2$

第 9 章

9-1 $d = 2$ mm

9-2 $\dfrac{\sigma_{\max 1}}{\sigma_{\max 2}} = \dfrac{17}{10}$

9-3 $\sigma_{\max} = 63.4$ MPa

9-4 $[F] = 28.9$ kN

9-5 $a = \dfrac{2}{3} l$, $\sigma_{\max} = \dfrac{Wl}{3bt^2}$

9-6 $F = 44.3$ kN

9-7 $a = 1.385$ m

9-8 $l_0 = 5.22$ m

9-9 $\tau_A = 0.154$ MPa, $\tau_B = 0.229$ MPa

9-10 选 20a 号工字钢

第 10 章

10-2 (a) $w_A = -\dfrac{ql^4}{8EI}$, $\theta_B = -\dfrac{ql^3}{6EI}$; (b) $w_A = -\dfrac{q_0 l^4}{30EI}$, $\theta_B = -\dfrac{q_0 l^3}{24EI}$

(c) $w_A = 0$, $\theta_B = \dfrac{M_e l}{24EI}$; (d) $w_A = -\dfrac{5ql^4}{768EI}$, $\theta_B = \dfrac{7ql^3}{384EI}$

10-3 (a) $w_A = -\dfrac{2Fl^3}{9EI}$, $\theta_B = -\dfrac{5Fl^2}{18EI}$; (b) $w_A = \dfrac{ql^4}{16EI}$, $\theta_B = \dfrac{ql^3}{12EI}$

(c) $w_A = -\dfrac{5ql^4}{24EI}$, $\theta_B = \dfrac{ql^3}{12EI}$; (d) $w_A = \dfrac{ql^4}{24EI}$, $\theta_B = -\dfrac{ql^3}{24EI}$

10-4 若 $w_C = 0$，则 $F = \dfrac{ql}{6}$；若 $\theta_C = 0$，则 $F = \dfrac{ql}{7}$

10-5 $w_{\max} = \dfrac{2[\sigma]l^2}{3Eh}$

10-6 No.18 工字钢

10-7 $\delta = \dfrac{7ql^4}{72EI}$

10-8 (a) $F_A = \dfrac{13qa}{16}$，$M_A = \dfrac{5qa^2}{16}$；(b) $F_A = \dfrac{3M_e}{4a}$，$M_A = \dfrac{M_e}{4}$；(c) $F_B = \dfrac{7qa}{4}$

10-9 (1) $F_C = \dfrac{5}{4}F$；(2) w_B 减小 39%，$M_{\max}$ 减小 50%

10-10 $F_{簧} = 82.6\text{ N}$

第 11 章

11-1 (a) $\sigma_\alpha = 40\text{ MPa}$，$\tau_\alpha = 10\text{ MPa}$；(b) $\sigma_\alpha = 0.49\text{ MPa}$，$\tau_\alpha = -20.5\text{ MPa}$
(c) $\sigma_\alpha = 35\text{ MPa}$，$\tau_\alpha = -8.66\text{ MPa}$

11-2 (a) $\sigma_1 = 57\text{ MPa}$，$\sigma_3 = -7\text{ MPa}$，$\alpha_0 = -19°20'$，$\tau_{\max} = 32\text{ MPa}$
(b) $\sigma_1 = 57\text{ MPa}$，$\sigma_3 = -7\text{ MPa}$，$\alpha_0 = 19°20'$，$\tau_{\max} = 32\text{ MPa}$
(c) $\sigma_1 = 25\text{ MPa}$，$\sigma_3 = -25\text{ MPa}$，$\alpha_0 = -45°$，$\tau_{\max} = 25\text{ MPa}$

11-3 同 11-1

11-4 同 11-2

11-5 $\sigma_x = 120\text{ MPa}$，$\tau_{xy} = 69.3\text{ MPa}$

11-6 $\sigma_1 = 70\text{ MPa}$，$\sigma_2 = 10\text{ MPa}$，$\alpha_0 = -24°$，$\theta = 144°$

11-8 $\varepsilon_x = 380 \times 10^{-6}$，$\varepsilon_y = 250 \times 10^{-6}$，$\gamma_{xy} = 650 \times 10^{-6}$，$\varepsilon_{30°} = 66 \times 10^{-6}$

11-9 (1) $\sigma_x = 63.7\text{ MPa}$，$\sigma_y = 0$，$\tau_{xy} = -76.4\text{ MPa}$
(2) $\sigma_{30°} = 114\text{ MPa}$，$\sigma_{120°} = -50.3\text{ MPa}$，$\tau_{30°} = -10.6\text{ MPa}$
(3) $\sigma_1 = 114.6\text{ MPa}$，$\sigma_3 = -51\text{ MPa}$，$\alpha_0 = 33.69°$

11-10 $T = 125.7\text{ N} \cdot \text{m}$

11-11 (a) $\sigma_1 = 84.7\text{ MPa}$，$\sigma_2 = 20.0\text{ MPa}$，$\sigma_3 = -4.7\text{ MPa}$，$\tau_{\max} = 44.7\text{ MPa}$
(b) $\sigma_1 = 50\text{ MPa}$，$\sigma_2 = 30\text{ MPa}$，$\sigma_3 = -50\text{ MPa}$，$\tau_{\max} = 50\text{ MPa}$

11-12 $F = 125.6\text{ kN}$

11-13 $\sigma_{eq3} = 90\text{ MPa}$，$\sigma_{eq4} = 84.2\text{ MPa}$

11-14 两单元体 σ_{eq4} 相等，危险程度相同。

第 12 章

12-1 $\sigma_{\max} = 12\text{ MPa}$，$\dfrac{w_{\max}}{l} = \dfrac{1}{200}$

习题答案

12-2 $h = 180 \text{ mm}$, $b = 90 \text{ mm}$

12-3 $\sigma_{eq3} = 176 \text{ MPa}$

12-4 $\sigma_{eq3} = 107.4 \text{ MPa}$

12-5 $\sigma_{eq4} = 119.6 \text{ MPa}$

12-6 $d \geqslant 23.6 \text{ mm}$

12-7 $\sigma_{eq3} = 123 \text{ MPa}$

12-8 $T = 100.5 \text{ N} \cdot \text{m}$, $M_y = 94.2 \text{ N} \cdot \text{m}$, $\sigma_{eq4} = 163 \text{ MPa}$

第 13 章

13-1 $F_{cr} = 178 \text{ kN}$

13-2 F_{cr}^{a} 最小，F_{cr}^{d} 最大

13-3 $F = 7.5 \text{ kN}$

13-4 $\theta = \arctan(\cot^2 \beta)$

13-5 $n = 6.5 > [n_{st}]$，安全

13-6 (1) $F_{max} = 17.3 \text{ kN}$；(2) $F_{max} = 43.1 \text{ kN}$

13-7 $n_{梁} = 1.41$，$n_{柱} = 2$

*13-8 $F_{cr} = 36.1 \dfrac{EI}{l^2}$

第 14 章

14-1 (1) $\sigma_{d\max} = \dfrac{2Wl}{9W_z}\left(1 + \sqrt{1 + \dfrac{243EIh}{2Wl^3}}\right)$, $w\left(\dfrac{l}{2}\right) = \dfrac{23Wl^3}{1\,296EI}\left(1 + \sqrt{1 + \dfrac{243EIh}{2Wl^3}}\right)$;

(2) $k_d = 1 + \sqrt{1 + \dfrac{2\left(\dfrac{v^2}{2g} + h\right)}{\Delta_{st}}}$, 其中 $\Delta_{st} = \dfrac{4Wl^3}{3EI}$

14-2 有弹簧时，$h = 388 \text{ mm}$；无弹簧时，$h = 9.75 \text{ mm}$

14-3 $\sigma_{d\max} = \dfrac{v}{W_z}\sqrt{\dfrac{3WEI}{ga}}$, $\Delta_{d\max} = \dfrac{5v}{6}\sqrt{\dfrac{3Wa^3}{gEI}}$

14-4 $\sigma_{\max} = -\sigma_{\min} = 75.5 \text{ MPa}$, $r = -1$

14-5 (1) $r = 1$；(2) $r = -1$

14-6 $\sigma_m = 549 \text{ MPa}$，$\sigma_a = 12 \text{ MPa}$，$r = 0.957$

附 录 A

A-1 (a) $S_y = \dfrac{bh^2}{8}$; (b) $S_y = -\left[\dfrac{b}{8}(h^2 - h_0^2) + \dfrac{b_0 h_0^2}{8}\right]$; (c) $S_y = 52\,240\text{ mm}^3$

A-2 (a) $I_z = \dfrac{hb^3}{12} - \dfrac{\pi d^4}{64}$; (b) $I_z = 1\,497\text{ cm}^4$

A-3 $a = 111.2\text{ mm}$

A-4 $y_C = 0$, $z_C = 103\text{ mm}$, $I_{y_C} = 3.91 \times 10^{-5}\text{ m}^4$, $I_{z_C} = 2.34 \times 10^{-5}\text{ m}^4$

索 引

(按汉语拼音字母顺序)

A

安全因数 safety factor 6.4[①]

B

比例极限 proportional limit 6.2
变截面杆 beams of variable cross section 5.5
边界条件 boundary conditions 10.3
变形 deformation 5.4
变形固体 deformable body 5.2
变形协调方程
              compatibility equation of deformation 6.5
标距 gage length 6.2
本构方程 constitutive equation 6.6
薄壁截面梁 thin-walled beams 9.3
泊松比 Poisson's ratio 6.5

C

材料力学 mechanics of materials 5.1
超静定 statically indeterminate 3.3
超静定梁 statically indeterminate beams 10.5
超静定次数 degree of statically indeterminacy 10.5
超静定问题 statically indeterminate problem 10.5
超静定结构 statically indeterminate structure 10.6
长度因数 factor of length 13.3
持久极限 endurance limit 14.2
冲击应力 impact stress 14.1
冲击载荷 impact load 14.1
纯剪切 pure shear 7.3
纯剪切应力状态 shearing state of stresses 11.1
纯弯曲 pure bending 9.1
脆性材料 brittle materials 6.2

D

大柔度杆 long columns 13.4
单向应力状态 state of uniaxial stress 11.1
单元体 element 5.4
等强度梁 beams of constant strength 9.2
等效力系 equivalent forces system 1.1
叠加法 superposition method 10.4
定位矢量 fixed vector 1.1
动荷因数 factor of dynamical load 14.1
动摩擦力 kinetic friction force 4.2
动摩擦因数 kinetic friction factor 4.2
动能 kinetic energy 14.1
断面收缩率 percentage reduction of area 6.2
对称循环 symmetrical reversed cycle 14.2
多余约束 redundant restraint 3.3

E

二力杆 two-force member 1.3
二力构件 members subjected to the action of two
          forces 1.3
二向应力状态 state of biaxial stress 11.1

F

法向力 normal force 4.2
非光滑面 rough contacting surface 4.2
非自由体 non-free body 1.3
分布力 distributed force 1.1
分力 components 1.1
分离体 isolated body 1.4

G

刚度 stiffness 5.1

[①] 章节号

刚化原理 principle of rigidization 1.2
刚体 rigid body 1.1
刚性约束 rigid constraint 1.3
光滑面约束 smooth surface 1.3
光滑圆柱铰链 smooth cylindrical pin 1.3
各向同性 isotropy 5.2
构件 structure member 5.1
惯性半径 radius of gyration of an area A.2
惯性积 product of inertia A.2
惯性矩 second axial moment of area A.2
广义胡克定律 generalized Hook's law 11.4
公理 axiom 1.2
固定端 fixed end 3.3
滚动阻碍 rolling resistance 4.3
滚动阻力偶 rolling resistance couple 4.3
滚阻系数 coefficient of rolling resistance 4.3
辊轴支承 roller support 1.3

H

桁架 truss 4.1
合力 resultant 1.1
合力矩定理
　　theorem of moment of resultant force 1.1
合力偶 resultant couple 2.2
胡克定律 Hooke's law 6.5
滑动摩擦 sliding friction 4.2
滑动矢量 sliding vector 1.2
滑移线 slip-lines 6.2
横力弯曲 transverse bending 9.1
横向变形 lateral deformation 6.5
汇交力系 concurrent force system 2.1

J

畸变能密度 distortional strain energy density 11.4
畸变能密度理论 distortion energy theory 11.5
基本变形 basic deformation 5.5
节点 node, joint 4.1
节点法 method of joints 4.1
积分法 integration method 10.3

极惯性矩 second polar moment of area A.2
极限应力 ultimate stress 6.4
机械性质 mechanical properties 6.2
集中力 concentrated force 1.1
简化中心 center of reduction 2.3
剪力 shear force 5.3
剪力 equation of shear force 8.3
剪力图 shear force diagram 8.3
剪切 shearing 5.5
剪切胡克定律 Hooke's law in shear 7.3
交变应力 alternating stress 14.2
铰链 hinge 1.3
截面法 method of sections 5.3
静定 statically determinate 3.3
静定结构 statically determinate structures 3.3
静定问题 statically determinate problems 3.3
静矩 static moment A.1
颈缩 necking 6.2
静滑动摩擦力 static force of friction 4.2
静力学 statics 1.1
静摩擦因数 static friction factor 4.2
矩心 center of moment 1.1
均匀性 homogenization 5.2

K

空间桁架 space truss 4.1
空间力系 forces in space 2.3
库仑摩擦定律 Coulomb's law of friction 4.2

L

拉伸图 force–elongation curve 6.2
拉压刚度 axial rigidity 6.5
拉压杆 axially loaded bar 6.1
连续条件 continuity conditions 10.3
连续性 continuity 5.2
力 force 1.1
力臂 moment arm 1.1
力的可传性 transmissibility of a force 1.2
力的三要素 three factors of force 1.2

力多边形 force polygon 2.1
力对点之矩 moment of force about an point 1.1
力对轴的矩 moment of force about an axis 1.1
力螺旋 wrench 2.3
力偶 couple 2.2
力偶臂 arm of couple 2.2
力偶作用面 active plane of couple 2.2
力偶矩矢量 moment vector of a couple 2.2
力系 system of forces 1.1
力系的简化 reduction of force system 2.1
梁 beam 8.1
临界力 critical force 13.1
零杆 zero bar 4.1

M

脉冲循环 fluctuating cycle 14.2
名义屈服极限 offset yielding stress 6.2
摩擦 friction 4.2
摩擦角 angle of friction 4.2
摩擦力 friction force 4.2
摩擦锥 cone of static friction 4.2
摩擦因数 factor of friction 4.2

N

挠度 deflection 10.2
挠度表 deflection table 10.4
挠曲线 deflection curve 10.2
挠曲线方程 equation of deflection curve 10.2
挠曲线近似微分方程 approximately differential equation of the deflection curve 10.2
挠曲线微分方程 differential equation of the deflection curve 10.2
内力 internal force 1.4
扭矩 torsion moment 5.3
扭矩图 torque diagram 7.2
扭力偶 twisting couple 7.1
扭转 torsion 5.5
扭转刚度 torsional rigidity 7.5
扭转极限应力 ultimate stress in torsion 7.4
扭转角 angle of twist 7.1
扭转截面系数 section modulus in torsion 7.4

O

欧拉公式 Euler's formula 13.2

P

抛物线公式 parabola formula 13.4
疲劳失效 failure by fatique 14.2
疲劳极限 fatique limit 14.2
平均应力 mean stress 11.4
平面假设 plane cross-section assumption 6.1
平面应力状态 state of plane stress 11.1
平行移轴公式 parallel axis formula A.3
平衡 equilibrium 2.3
平衡方程 equilibrium equations 3.1
平衡力系 equilibrium force system 1.1
平面力系 coplanar forces 3.1
平面图形 section A.1
平面桁架 planar truss 4.1
平行力系 parallel forces 3.1

Q

强度 strength 5.1
强度极限 ultimate strength 6.2
强度理论 theory of strength 9.5
强度条件 strength condition 6.4
强化 strengthening 6.2
翘曲 warping 7.6
切变模量 shear modulus 7.3
切应变 角应变 shear strain 5.4
切应力 shear stress 5.3
切应力互等定理 theorem of conjugate shearing stress 7.3
屈服 yield 6.2
屈服极限 yield limit 6.2
屈服强度 yield strength 6.2
屈服应力 yielding stress 6.2
球铰链 ball joint 1.3

全约束力 total reaction 4.2

R

任意力系 general force system 3.3
柔度 长细比 slenderness ratio 13.4
柔索 flexible cable 1.3

S

三向应力状态 state of tri-axial stress 11.1
圣维南原理 Saint–Venant's principle 6.3
矢径 position vector 1.1
受力图 free body diagram 1.4
塑性 ductility plasticity 6.2
塑性变形 residual deformation 6.2
塑性材料 plastic material 6.2
失稳 lost stability 13.1
失效 failure 6.4

T

弹性变形 elastic deformation 6.2
弹性极限 elastic limit 6.2
弹性模量 modulus of elasticity 6.2
体积改变能密度
　　strain-energy density of volume change 11.4
条件持久极限 offset endurance limit 14.2

W

弯矩 bending moment 5.3
弯矩图 bending moment diagram 8.3
弯扭组合
　　combined flexural and torsional loads 12.3
弯曲 bending 5.5
弯曲变形 bending deformation 9.1
弯曲刚度 flexural rigidity 9.2
弯曲截面系数 section modulus in bending 9.2
弯曲切应力 shearing stress in bending 9.3
弯曲正应力 normal stress in bending 9.2
危险截面 critical section 6.1
位移 displacement 5.4

稳定安全因数 safety factor for stability 13.5
稳定性 stability 5.1
外力 external force 1.4
位移 displacement 5.3

X

压缩 compression 5.5
线应变 正应变 linear strain 5.4
小变形 small deformation 5.2
小柔度杆 short columns 13.4
斜弯曲 oblique bending 11.2
卸载定律 unloading rule 6.2
形心 center of an area A.1
形心轴 centric axis A.1
形心主惯性矩
　　principal controllable moments of inertia A.3
形心主轴 principal controllable axis A.3
许用应力 allowable stress 6.4
许用载荷 allowable load 6.5
循环特征 cycle performance 14.2

Y

延伸率 percentage elongation 6.2
一点的应力状态 state of stress 11.1
应变 strain 5.4
应变能 strain energy 11.4
应变能密度 strain-energy density 11.4
应力 stress 5.3
应力幅值 stress amplitude 14.2
应力集中 stress concentration 6.3
应力—寿命曲线 stress-cycle curve 14.2
应力循环 stress cycle 14.2
应力圆 莫尔圆 stress circle 11.2
约束 constraint 1.3
约束力 constraint reaction 1.3

Z

载荷 load 1.3
正应力 normal stress 5.3

直线公式 linear formula 13.4
中柔度杆 intermediate columns 13.4
纵向变形 longitudinal deformation 6.5
中性层 neutral surface 9.2
中性轴 neutral axis 9.2
中性轴方程 equation of neutral axis 9.2
轴 shaft 7.1
轴力 axial force 5.3
轴力图 axial force diagram 6.1
轴扭转平面假设
　　　plane cross-section assumption for torsion 7.4
轴向变形 axial deformation 6.5
轴向拉伸 axial tension 5.5
轴向压缩 axial compression 5.5
轴向载荷 axial loads 6.1
主动力 active forces 1.3
主惯性矩 principal moment of inertia A.3
主平面 principal plane 11.2
主矢 principal vector 2.3
主应力 principal stress 11.2
主轴 principal axis A.3

主矩 principal moment 2.3
转角 angle of rotation 10.2
转角方程 equation of angle of rotation 10.2
转轴公式 transformation equations A.3
自锁 self-locking 4.2
自由扭转 free torsion 7.6
自由体 free body 1.3
组合变形 combined deformation 12.1
组合截面 composite area A.1
最大工作应力 maximum working stress 6.1
最大静摩擦力 maximum friction force 4.2
最大拉应变理论
　　　maximum tensile strain criterion 11.5
最大拉应力理论
　　　maximum tensile stress criterion 11.5
最大切应力 maximum shear stress 11.3
最大切应力理论
　　　maximum shear stress criterion 11.5
最大应力 maximum stress 14.2
最小应力 minimum stress 14.2
作用与反作用 action and reaction 1.2

参 考 文 献

1. 景荣春. 材料力学简明教程. 北京：清华大学出版社，2006
2. 景荣春，郑建国. 理论力学简明教程. 北京：清华大学出版社，2005
3. 胡运康，景荣春. 理论力学. 北京：高等教育出版社，2006
4. 范钦珊，王琪. 工程力学(1). 北京：高等教育出版社，2002
5. 贾书惠，李万琼. 理论力学. 北京：高等教育出版社，2002
6. 哈尔滨工业大学理论力学教研室. 理论力学(I). 第6版. 北京：高等教育出版社，2002
7. 刘鸿文. 材料力学(I). 第4版. 北京：高等教育出版社，2004
8. 单辉祖，谢传锋. 工程力学. 北京：高等教育出版社，2004
9. 孙训方，方孝淑，关来泰. 材料力学(I) (II). 第4版. 北京：高等教育出版社，2002
10. 赵志岗，叶金铎，王燕群. 材料力学. 北京：机械工业出版社，2003
11. 杨伯源. 材料力学(I). 北京：机械工业出版社，2001
12. 江苏省力学学会教育科普委员会. 理论力学材料力学考研与竞赛试题精解. 第2版. 徐州：中国矿业大学出版社，2006
13. 华东地区材料力学课程协作组. 材料力学概念思考题集. 徐州：中国矿业大学出版社，1991
14. 江苏省力学学会固体力学专业委员会. 材料力学试题库试题精选. 南京:东南大学出版社，1991
15. 胡增强. 材料力学习题解析. 北京：清华大学出版社，2005
16. 程靳. 理论力学思考题集. 北京：高等教育出版社，2004
17. Meriam J L, Kraige L G. Engineering Mechanics: Vol 1: Statics, New York: John willy & sons lnc, 1992
18. J.M. Gere. Mechanics of Materials. Fifth Edition. 北京：机械工业出版社，2003